"十一五"国家重点图书出版规划项目
服务三农·农产品深加工技术丛书

玉米深加工技术

（第二版）

尤 新 编著

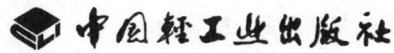
中国轻工业出版社

图书在版编目(CIP)数据

玉米深加工技术/尤新编著.—2版.—北京:中国轻工业出版社,2024.2

"十一五"国家重点图书出版规划项目

(服务三农·农产品深加工技术丛书)

ISBN 978 - 7 - 5019 - 6022 - 4

Ⅰ.玉… Ⅱ.尤… Ⅲ.玉米制食品-食品加工 Ⅳ.TS213.4

中国版本图书馆CIP数据核字(2007)第091209号

责任编辑:李亦兵　　伊双双

策划编辑:李亦兵　　责任终审:劳国强　　封面设计:伍毓泉
版式设计:马金路　　责任校对:郎静瀛　　责任监印:张　可

出版发行:中国轻工业出版社(北京鲁谷东街5号,邮编:100040)
印　　刷:三河市万龙印装有限公司
经　　销:各地新华书店
版　　次:2024年2月第2版第7次印刷
开　　本:850×1168　1/32　印张:10.375
字　　数:269千字
书　　号:ISBN 978-7-5019-6022-4　定价:30.00元
邮购电话:010 - 85119873
发行电话:010 - 85119832　　010 - 85119912
网　　址:http://www.chlip.com.cn
Email:club@chlip.com.cn
版权所有　侵权必究
如发现图书残缺请与我社邮购联系调换

240241K1C207ZBQ

前　　言

《玉米深加工技术》(第一版)1999年8月出版至今,已有整整八年。在此期间,我国的玉米产量、工业消费量、玉米深加工产品品种和产量均有大幅增长。我国玉米的年产量从2000年的1.06亿t,到2005年时增加至1.4亿t,增长32%;用于工业消费量的玉米,2000年为850万t,2005年增加至2 000万t,是2000年的2.35倍;关于玉米深加工产品产量,由于政府的玉米加工产业化政策的推动以及玉米深加工行业全体同仁的努力,更是高速增长,如味精从1999年65万t至2005年136万t,增长2倍,淀粉糖从60万t增至420万t。增长了6倍。

当今,按照国家"十一五"国民经济发展规划的精神,我国玉米深加工产业已进入转变增长方式的新时期,不再是鼓励扩大加工量和同质低水平的重复建设,而是着重于资源节约,提高原料利用率、产品的技术含量和附加值,以及根据国家节能减排的要求,建设环境友好的玉米深加工企业。

为适应国家对发展玉米深加工发展政策的要求,以及开展玉米深加工行业技术交流的需要,作者对原版内容作了重大修正和补充:

(1) 淀粉糖有很多品种,是玉米深加工中产量最大的门类,其中结晶葡萄糖和果葡糖浆是21世纪淀粉糖中发展最快的品种,结晶葡萄糖2000年产量仅20万t,2005年增加至105万t;果葡糖浆2000年产量不到1万t,2005年达17万t。因此,结晶葡萄糖和果葡糖浆生产技术增设专章。

(2) 糖醇是国际公认的食糖替代品,是近年国内作为无糖食品发展的热点,第二版除对原有品种木糖醇、山梨醇、麦芽糖醇的内容作了较多补充外,又新增国家批准使用的甘露醇、赤藓醇的内容。

(3) 随着生物技术的进展,生物材料、生物燃料是国内外普遍关注的研发课题,国家也颁布了非粮食原料生产酒精的政策。为此第二版设置了糖类生产有机合成原料和可降解材料及玉米秸秆生产酒精技术两章内容。

(4) 为推进国内玉米资源的充分利用,第二版对玉米成分中非淀粉部分的玉米皮、玉米胚芽、玉米蛋白、玉米浸泡水的综合利用技术,也作了一定的补充。

此外,第一版中有"氢化玉米油"一章,由于近年发现油脂在氢化过程中会产生对人体健康有害的反式脂肪酸。因此用作人造奶油、起酥油的食用氢化油今后不宜推广,而应严加控制。故本版不含"氢化玉米油"一章。

感谢国内玉米深加工企业秦皇岛骊骅淀粉有限公司、山东保龄宝生物技术有限公司、山东西王糖业有限公司以及山东鲁洲集团等在本书编著过程中提供相关技术资料。特别是山东鲁洲集团的热心赞助以及中国轻工业出版社的大力支持,使本书能顺利发行,在此一并表示感谢。

由于玉米深加工技术发展迅速,作者虽对本书努力作了修正和补充,但因时间关系,尚有不少新发展的技术未来得及收录,遗漏和错误也难避免,敬请读者批评指正。

尤　新

目 录

第一章 概述 ……………………………………………… (1)
第一节 世界玉米生产概况 ………………………………… (1)
第二节 玉米的成分 ………………………………………… (4)
第三节 玉米深加工的意义 ………………………………… (6)
第四节 玉米深加工的概况 ………………………………… (9)

第二章 玉米淀粉 ………………………………………… (15)
第一节 湿法生产玉米淀粉 ………………………………… (16)
第二节 干法生产玉米淀粉 ………………………………… (23)

第三章 麦芽糊精 ………………………………………… (27)
第一节 麦芽糊精的生产原理与物理性质 ………………… (27)
第二节 麦芽糊精的生产 …………………………………… (32)
第三节 麦芽糊精在食品工业中的应用 …………………… (45)

第四章 酸水解淀粉糖浆 ………………………………… (47)
第一节 概述 ………………………………………………… (47)
第二节 淀粉的酸糖化 ……………………………………… (51)
第三节 糖液的净化 ………………………………………… (56)
第四节 糖液的蒸发 ………………………………………… (62)
第五节 产品的贮藏与包装 ………………………………… (66)

第五章 麦芽糖 …………………………………………… (67)
第一节 麦芽糖的制法 ……………………………………… (68)
第二节 固体麦芽糖 ………………………………………… (83)

第六章 结晶葡萄糖 ……………………………………… (87)
第一节 葡萄糖的生产技术 ………………………………… (89)
第二节 葡萄糖的结晶技术 ………………………………… (93)

第三节　结晶葡萄糖母液综合利用 …………………… (99)
　　第四节　结晶葡萄糖的应用 …………………………… (100)
第七章　果葡糖浆 ………………………………………… (103)
　　第一节　果葡糖浆酶法生产技术 ……………………… (103)
　　第二节　结晶果糖简介 ………………………………… (111)
第八章　全糖 ……………………………………………… (114)
　　第一节　酸法制取全糖 ………………………………… (114)
　　第二节　酶法制取全糖 ………………………………… (116)
第九章　功能性低聚糖 …………………………………… (132)
　　第一节　低聚异麦芽糖 ………………………………… (135)
　　第二节　低聚龙胆糖 …………………………………… (137)
　　第三节　低聚糖在食品中的应用 ……………………… (139)
第十章　糖醇 ……………………………………………… (143)
　　第一节　概述 …………………………………………… (143)
　　第二节　山梨醇 ………………………………………… (151)
　　第三节　麦芽糖醇 ……………………………………… (173)
　　第四节　甘露醇 ………………………………………… (177)
　　第五节　赤藓醇 ………………………………………… (181)
　　第六节　木糖醇 ………………………………………… (187)
第十一章　糖类生产有机合成原料和可降解材料 ……… (216)
　　第一节　糖类生产有机合成原料 ……………………… (216)
　　第二节　糖类生产生物可降解材料 …………………… (223)
　　第三节　糖类生产绿色环保型可降解表面活性剂 …… (231)
　　第四节　糖类生产食品添加剂 ………………………… (234)
第十二章　变性淀粉与高吸水性树脂 …………………… (237)
　　第一节　变性淀粉 ……………………………………… (237)
　　第二节　高吸水性树脂 ………………………………… (239)
第十三章　玉米皮综合利用 ……………………………… (242)
　　第一节　玉米皮的水解产物 …………………………… (242)

第二节	玉米皮生产饲料酵母	(245)
第三节	玉米皮生产膳食纤维	(251)

第十四章 玉米蛋白及其利用 (255)
- 第一节 玉米蛋白的性质 (256)
- 第二节 醇溶蛋白的生产 (257)
- 第三节 玉米蛋白粉制取谷氨酸 (259)
- 第四节 玉米蛋白粉制取食品配料 (260)
- 第五节 玉米蛋白粉制取可食包装膜 (262)
- 第六节 玉米蛋白粉制取玉米黄色素 (263)
- 第七节 玉米浸泡水的利用 (264)

第十五章 玉米胚芽制取玉米油 (269)
- 第一节 玉米胚芽制油 (270)
- 第二节 玉米油的精炼 (272)
- 第三节 玉米油的营养功能和发展前景 (274)
- 第四节 玉米胚芽饼的利用 (276)

第十六章 玉米生产酒精 (278)
- 第一节 玉米生产酒精工艺 (278)
- 第二节 玉米制酒精主要设备 (282)

第十七章 玉米酒精糟液综合利用 (283)
- 第一节 玉米酒精糟液的成分 (283)
- 第二节 玉米酒精糟液制取全干燥蛋白饲料 (285)
- 第三节 玉米酒精糟液生产沼气 (291)
- 第四节 玉米酒精糟液培养饲料酵母 (295)
- 第五节 玉米酒精糟液生产酱油 (298)

第十八章 玉米淀粉制取味精 (301)
- 第一节 概况 (301)
- 第二节 淀粉发酵制取味精工艺 (302)
- 第三节 工程设计主要经济技术参数 (307)
- 第四节 味精的清洁生产 (308)

第十九章　玉米秸秆生产酒精 …………………（311）
　第一节　概况 ……………………………………（311）
　第二节　植物纤维废料生产酒精基本原理 …………（315）
　第三节　酸法糖化工艺 …………………………（316）
　第四节　酶法糖化工艺 …………………………（319）
参考文献 ……………………………………………（323）

第一章 概 述

第一节 世界玉米生产概况

玉米又称玉蜀黍,它是世界三大粮食作物之一,又是重要的饲料原料,由于其为干地作物,单产高、增产潜力大,因此在农业生产中占有重要的地位。作为工业原料,玉米比甘薯含有较高的脂肪和蛋白质,因而自 20 世纪 50 年代以来,世界上的淀粉、淀粉糖、酒精工业,越来越多地用玉米代替甘薯作原料,这也大大促进了玉米生产的发展。

2005 年世界产玉米 6.9 亿 t,美国为玉米第一生产大国,年产约 3 亿 t,其播种面积占全世界的 20% 以上。在近年来的国际玉米贸易中占有 75% 的份额,年出口 4000 万 ~ 6000 万 t。我国玉米年产量为 1 亿 t 左右,居世界第 2 位。

一、世界玉米产量

根据联合国粮农组织(FAO)1995 年报道,世界玉米种植面积 1.35 亿 hm^2。其中种植面积较大的国家是美国、中国、巴西、墨西哥和南非,种植面积分别占世界的 22.3%、15.1%、8.9%、5.8% 和 5.2%,至 2005 年世界玉米总产量在 6.9 亿 t 左右。

据 2005 年美国玉米年报报道,世界主要玉米生产国的产量如表 1-1 所示。

表 1-1　　　　世界玉米生产情况　　　　单位:kt

产量 年份 产地	2002/2003	2003/2004
美　国	228805	256905
中　国	121300	114000

续表

产地 \ 年份 产量	2002/2003	2003/2004
巴　西	45000	42000
墨西哥	19280	19000
阿根廷	15500	12500
印　度	11100	14000
加拿大	8999	9600
罗马尼亚	7300	6000
匈牙利	6121	4534
埃　及	5880	5900
塞尔维亚	5800	3800
南　非	9675	7500
印度尼西亚	6100	6800
尼日利亚	5200	5150
菲律宾	4300	4400
泰　国	4200	4400
乌克兰	4200	6850
欧　盟	39450	30230
其　它	54759	55494
共　计	602969	609063

注：据美国农业部报道，美国2005年玉米产量达2.8亿t。

二、中国玉米生产情况

玉米起源于南美洲，然后由欧洲、非洲传入亚洲。据历史记载，玉米在我国已有470多年栽培历史。我国玉米分布区域很广，南到海南岛，北至黑龙江省，东至我国台湾地区，西至新疆，均有玉米种植，但主要产区集中在东北、华北及西南地区，形成一个从东北到西南的一条斜带，其中黑龙江、吉林、辽宁、河北、北京、天津、山西、山东、河南、陕西、四川、贵州、云南等省、市、自治区的产量，约占全国的4/5。我国整个玉米的生产地区可以分成三大区：

一是北方春玉米区，大体于北纬40°以北，包括黑龙江省、吉林省、辽宁省、内蒙古自治区、宁夏回族自治区以及河北省、陕西省、山西省大部分地区,其播种面积约占全国27%,其单产也最高。

二是黄淮平原春、夏玉米区,包括山东省、河南省、河北省、山西省南部、江苏省及安徽省北部,其播种面积约占全国40%。

三是西南丘陵玉米区,包括四川、贵州、云南等省和广西壮族自治区,其播种面积约占全国25%。

1949年以来,我国玉米播种面积不断扩大,目前玉米总产量已居世界第二位,占世界总产量的20%。我国1978年的玉米产量为5595万t,1992年为9538万t,2000年为1.06亿t,2005年为1.34亿t。

我国玉米产量较集中的东北三省、内蒙古地区近几年玉米生产情况如表1-2所示。

表 1-2　　　　　我国玉米主要产区产量　　　　单位:万t

年份	黑龙江省	吉林省	辽宁省	内蒙古自治区
2001年	819.5	1328.4	818.7	757
2002年	1070.5	1540	858	821.5
2003年	830.9	1615.3	907.5	888.7
2004年	939	1810	1079	948

我国玉米的生产消费情况如表1-3所示。

表 1-3　　　　　我国玉米的生产消费情况

生产与消费	2000年	2001年	2002年	2003年	2004年
生产量/亿t	1.060	1.141	1.213	1.158	1.317
国内消费/亿t	1.153	1.152	1.193	1.201	1.210
饲料用/万t	8900	8700	8900	9000	9200
工业用/万t	850	1050	1250	1300	1400
出口/万t	72.5	86	150	75.5	50
年度结余/万t	-1656	-971	-1298	-1181	+570

我国 2005 年产玉米 1.34 亿 t,其使用状况和美国比较如表 1-4 所示。

表 1-4　　　2005 年中美玉米使用结构比较

国家名称	工业用/万 t	饲料用/万 t	出口/万 t	其它/万 t	总产量/亿 t
中国	1400	9200	861	1939	1.34
美国	6438	14732	5080	1750	2.8

第二节　玉米的成分

一、玉米粒的主要化学成分

玉米粒的主要化学成分如表 1-5 所示。

表 1-5　　　　玉米粒的化学成分

成　分	含量范围/%	含量平均值/%	成　分	含量范围/%	含量平均值/%
水　分	7~23	15	灰　分	1.1~3.9	1.3
淀　粉	64~78	70	纤　维	1.8~3.5	2~2.8
蛋白质	8~14	9.5~10	半纤维	—	5~6
脂　肪	3.1~5.7	4.4~4.7	糖　分	1.5~3.7	2.5

注:%均指质量分数,下同。

二、玉米粒各部分的组分

玉米粒各部分的组分如表 1-6 所示。

表 1-6　　　　玉米粒各部分的组分

成　分	全粒	胚乳	胚芽	玉米皮	玉米冠
皮子粒含量/%		82.3	11.5	5.3	0.8
淀粉含量/%	71	86.4	8.2	7.3	5.3
蛋白质含量/%	10.3	9.4	18.8	3.7	9.1

续表

成　分	全粒	胚乳	胚芽	玉米皮	玉米冠
脂肪含量/%	4.8	0.8	34.5	1	3.8
糖含量/%	2	0.6	10.8	0.3	1.6
矿物质含量/%	1.4	1.6	10.1	0.8	1.6

三、玉米粒的淀粉构成

淀粉主要含在胚乳的细胞中,在胚里含得甚少。玉米淀粉粒较小,仅比大米淀粉稍大,比大麦、小麦淀粉的颗粒小。胚乳中的淀粉,其化学成分也不完全是纯净的,其中还含有 0.2% 灰分和 0.9% 五氧化二磷,0.03% 脂肪酸。

玉米淀粉按其结构可分直链淀粉和支链淀粉两种。直链淀粉遇碘呈蓝色,支链淀粉遇碘呈紫红色。直链淀粉的分子大约含有 200 个葡萄糖基,支链淀粉则有 300~400 个葡萄糖基。

普通的玉米淀粉只含 23%~27% 的直链淀粉和 73%~79% 的支链淀粉。用直链淀粉可制成强度较高的食用淀粉薄膜。经人工培育的玉米品种,可以获得含直链淀粉 80% 以上。也可以从直链淀粉和支链淀粉的混合物中分离直链淀粉。黏玉米品种所含的淀粉,全部为支链淀粉,这种淀粉糊化后透明度大,胶黏力强。

四、玉米粒的蛋白质

玉米含有约 8%~14% 的蛋白质,这些蛋白质 9.4% 在胚乳中,18.8% 在胚芽中。

如表 1-7 所示,玉米粒中的蛋白质主要是醇溶蛋白和谷蛋白,分别占 40% 左右。而白蛋白、球蛋白只有 8%~9%。因此,从营养角度考虑,玉米蛋白不是人类理想的蛋白质资源。惟独玉米的胚芽部分,其蛋白质中白蛋白和球蛋白分别含有 30%,应该是一种生物学价值较高的蛋白质。

表 1-7　玉米和玉米分离物中蛋白质含量　　　单位：%

项目	整子粒	胚乳	胚芽	玉米皮
子仁	100	84	10	6
子仁蛋白质	100	76	20	4
分离物蛋白质	10	9	19	5
蛋白质组成：				
白蛋白	8	4	30	—
球蛋白	9	4	30	—
醇溶蛋白	39	47	5	—
谷蛋白	40	39	25	—

五、玉米的脂肪

玉米中含有干物质 4.6% 左右的脂肪，近代研究培育的新品种，其脂肪含量可达 7%。玉米子粒的脂肪主要含在胚芽中，一般胚芽含油达 35%～40%。玉米的脂肪约有 72% 液态脂肪酸和 28% 固体脂肪酸，其中有软脂酸、硬脂酸、花生酸、油酸、亚麻二烯酸等。玉米脂肪的皂化价一般为 189～192，碘化价为 111～130。

此外，玉米还含有物理性质和脂肪相似的磷脂，它们和脂肪同样均是甘油酯，但酯键处含有磷酸，玉米含磷脂在 0.28% 左右。

另外，玉米子粒中含有大约 1.24% 灰分，但其组分比较复杂，主要分布在胚芽和玉米皮中，在玉米淀粉的浸泡过程中，有很多溶入浸泡水中。

第三节　玉米深加工的意义

一、提高玉米附加值，服务于"三农"

我国的玉米产量居世界第 2 位。在很多玉米产区，农民不再把玉米当主食，因此如何进一步提高玉米的附加值，发展我国的玉米产业，提高农村经济水平，增加农民收入，有极重要的意义。

应该看到,我国的玉米产量虽仅次于美国,但人均占有量只有100kg,是一个低水平。美国2005年产玉米2.8亿t,人口共有2.8亿,人均占有量达1000kg,是我国的10倍。美国的玉米,有1.4亿t以上用作饲料,占玉米总产量的50%。目前我国用于饲料的玉米9200万t,占玉米总产量的70%。今后随着养殖业的发展,人民生活的提高,需要更多的玉米应用于饲料。而工业的发展,特别是食品工业的发展,也需要更多的玉米,所以必须对我国不太富裕的玉米资源进行合理利用,以深加工为主。在以玉米为原料的工业企业,必须实行资源节约、环境友好的循环经济措施,提高玉米加工的经济效益,促进玉米生产的经济发展。

二、为社会提供营养丰富和具有保健功能的食品

我国有13亿人口,其中有1亿多老年人,3亿多少年儿童。老年人要求营养丰富,但不含胆固醇的食品;儿童希望有不龋齿的糖果。还有各种常见病多发病人,如全国有1.6亿高血脂病人和4000万糖尿病人,要求有不含糖的营养甜食品。总之,随着人民生活水平的提高,人们对食品工业提出了新的要求。

玉米深度加工,可获得营养丰富的食用油和具有多功能的糖醇,这是人所共知的。玉米胚芽油,国际称为保健油,它不仅含有丰富的不饱和脂肪酸,而且含有比其他食用油更多的植物固醇(又称植物甾醇)。近代科学研究证明,植物固醇能降低血中低密度胆固醇,但对人体有益的高密度胆固醇则不受任何影响。而人们常用的植物油,不论大豆油花生油,其所含植物固醇,均没有玉米胚芽油高。

玉米淀粉可制食用结晶葡萄糖和麦芽糖,葡萄糖和麦芽糖氢化以后,可以制成山梨醇和麦芽糖醇。山梨醇、麦芽糖醇人体能代谢且不影响血糖,均是国际公认的食糖替代品,广泛用于无糖口香糖、糖果、糕点、冰淇淋。在面制品中使用,山梨醇、麦芽糖醇不易被微生物利用,可以防止变质,使产品柔软,延长其保存期,日本生

产人造蟹肉,就必须添加山梨醇。大家熟知的营养品维生素 C,也是用玉米淀粉经转化成葡萄糖和山梨醇,最后经发酵提取而得。

此外玉米加工副产品进一步利用还能分离出 β - 胡萝卜素、玉米黄质等抗衰老的抗氧化剂,以及高生物学价值的玉米胚芽蛋白。总之玉米深加工将为社会发展健康产业发挥重要作用。

三、全面深加工的意义

根据玉米的化学成分,除了淀粉外,还含有蛋白质、脂肪、纤维等物质。过去玉米加工业往往受各种因素限制,只注重利用原料中淀粉部分,当然抓好 70% 淀粉的深度加工并没有错,但忽视了玉米其他 30% 的利用和深加工也不妥当。目前我国以及美国的玉米加工业,除淀粉外,只有玉米胚芽油作食品,而把其他成分(大约占玉米的 25% ~27%)均当作饲料处理,有些当"三废"处理。这样不仅浪费资源,经济效益低,而且造成环境污染。所以必须把玉米的组成充分加以利用,实现物尽其用,化害为利,才能获得经济效益、社会效益双丰收。

我国生产玉米淀粉 900 万~1000 万 t,按国内平均先进水平,每加工 100 万 t 玉米,其产品产量及经济增值情况如表 1-8 所示。

表 1-8　　加工 100 万 t 玉米的经济增值情况

产品属性	产品名称	投入(产出)/万t	投入(产出)单位价格/(元/t)	总价值/亿元
原料(投入)	玉　米	100	1300	13
主要产品(产出)	淀　粉	68	2000	13.6
副产品(产出)	玉米蛋白粉	6.5	3000	1.95
	玉米胚芽	7(产出)	2500	1.63
	玉米纤维	9(产出)	600	0.54
	玉米浆	7(产出)	800	0.56

68万t玉米淀粉价值13.6亿元,副产品29.5万t,价值4.67亿元,是淀粉价值的34.3%,即1/3。但如将四种副产品深加工,其附加值提高至少4倍,将超过淀粉的总产值。具体如下:

每100万t玉米可产出7万t玉米胚芽,经加工可提取玉米胚榨油2.8万t,价值1.96亿元;蛋白粉1.2万t,价值2.4亿元;胚芽饼3万t,价值0.45亿元,合计胚芽深加工产值从1.63亿元,增加到4.81亿元。

每100万t玉米,分出玉米纤维9万t,每1t 600元,价值0.54亿元,进一步提取木糖纤维油、饲料酵母,产值能达4.32亿元。

如果将68万t淀粉深加工糖化,如制结晶葡萄糖,62万t (3000元/t),价值18.6亿元;母液12万t(1200元/t),价值1.44亿元,两者价值合计20.4亿元。

进一步将糖化液发酵制谷氨酸,可产味精35万t,平均单价按8000元计,为28亿元。

综上所述,玉米的综合利用为农业产业化发展所必须。通过综合利用、深度加工,资源得到合理利用,不仅使企业的经济效益有较大的提高,而且可以减轻对环境的污染。玉米的综合利用、深度加工为社会提供了丰富的健康食品,为养殖业提供了高蛋白饲料。这对于实现国民经济中种植、加工、养殖的良性循环有重要意义,符合资源节约、环境友好的发展方向。

第四节 玉米深加工的概况

一、国内玉米深加工企业经营模式

按国内现有大中型玉米深加工企业的成功经验,主要模式有五种,如表1-9所示。

表 1-9　目前国内玉米深加工企业经营模式

模式	主要产品	副产品
一	淀粉和各种淀粉糖[麦芽糊精、结晶葡萄糖、不同 DE 的葡萄糖浆及粉末葡萄糖(全糖粉)、果葡糖浆、麦芽糖饴、麦芽糖]	玉米油、玉米蛋白粉、纤维蛋白饲料等
二	淀粉糖和糖醇(结晶葡萄糖和山梨醇、麦芽糖和麦芽糖醇、木糖和木糖醇)	玉米油、玉米蛋白粉、纤维蛋白饲料
三	谷氨酸	玉米油、玉米蛋白粉、纤维蛋白饲料
四	柠檬酸	玉米蛋白饲料
五	酒糟	酒糟蛋白饲料

二、国外玉米深加工产品

(一) 匈牙利

1980 年匈牙利建成了一个以玉米为原料,生产淀粉、果葡糖浆、酒精、酒、饮料等的联合企业。采用湿法,全面回收淀粉以外的各种副产品,专设有饲料分厂。该厂日处理玉米 400t,其流程如图 1-1 所示。

匈牙利玉米加工联合企业,1983 年实际处理玉米 12.1 万 t,产淀粉 6.54 万 t,用于生产糖浆的玉米原料为 36.53%,生产酒精的玉米原料为 26.72%。余下非淀粉部分,由饲料分厂生产了干胚芽 6661t、玉米蛋白粉 2892t、玉米纤维蛋白颗粒饲料 2.2 万 t。合计饲料分厂总产量 3.16 万 t,是玉米原料 31%。主产品和副产品的原料利用率达到 94% 左右。匈牙利每加工 1t 玉米,副产品的总价值为原料总价值的 47%,这对于降低主产品淀粉、果葡糖浆、酒精的成本有重要意义。

据匈牙利介绍,在前南斯拉夫、菲律宾均有类似的工厂采用这种生产方法。

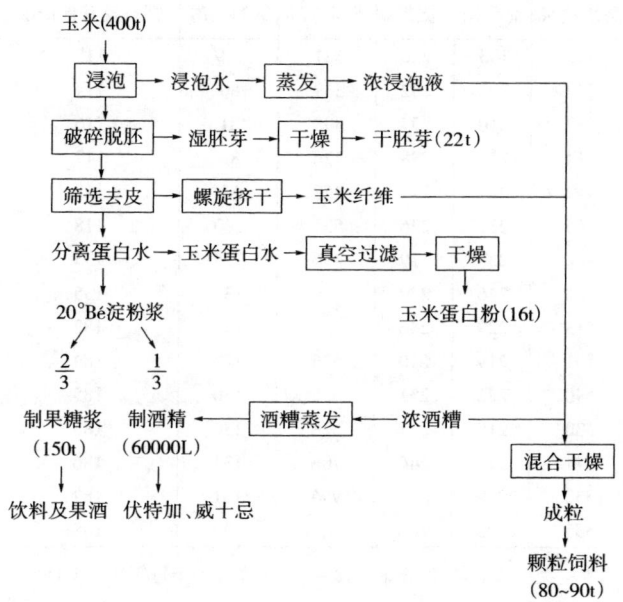

图 1-1　匈牙利玉米综合利用流程（日处理玉米 400t）

（二）美国

美国是世界上玉米加工业最发达的国家，重点发展的是两大方向：一为玉米加工成淀粉，经糖化生产淀粉糖；二为玉米制乙醇（食用及燃料乙醇）。玉米淀粉糖化系列的主要产品有淀粉糖、变性淀粉、麦芽糊精、葡萄糖浆、结晶葡萄糖、果葡糖浆。两个方向均产出玉米胚芽或胚芽油、胚芽饼、玉米蛋白粉、玉米浆、含有玉米纤维和玉米浆的玉米蛋白饲料。个别企业有用糖化液发酵制柠檬酸、赖氨酸；也有的将糖浆氢化成山梨醇、麦芽糖醇。美国主要的玉米深加工产品及产量如表 1-10 所示。

（三）欧洲

1. 罗盖特跨国集团

表 1-10　　美国玉米深加工产品及产量　　单位：百万美蒲式耳

年份	高果糖浆	葡萄糖	淀粉	燃料乙醇	饮料乙醇	饲料及其他产品	总计
1989	368	193	230	321	109	115	1336
1990	379	200	232	349	80	114	1354
1991	392	210	237	398	81	116	1434
1992	414	214	238	426	83	117	1493
1993	442	223	244	458	83	118	1568
1994	465	231	226	533	100	118	1672
1995	482	237	219	396	125	133	1592
1996	504	246	229	429	130	135	1672
1997	513	229	246	481	133	182	1784
1998	531	219	240	526	127	184	1827
1999	540	222	251	566	130	185	1894
2000	530	218	247	628	130	185	1938
2001	541	217	246	706	131	186	2026
2002	532	219	256	996	131	187	2320
2003	535	225	260	1150	132	188	2490

数据来源：美国农业部，经济研究服务部，年度开始于每年9月1日。

注：1美蒲式耳=35.2391L。

在法国东部的罗盖特集团号称全球最大的山梨醇企业（能力50万t/年），该企业年加工玉米150万t，主产品有以下四个系列：

（1）淀粉类　工业淀粉、蜡质淀粉、变性淀粉（包括预糊化淀粉、氧化淀粉、阳离子淀粉、阴离子淀粉）。

（2）水解产物　麦芽糊精、麦芽糖浆、果葡糖浆、一水结晶葡萄糖、无水葡萄糖、喷雾干燥葡萄糖浆。

（3）氢化产物　山梨醇、麦芽糖醇、结晶麦芽糖醇、甘露醇。

（4）发酵产物　葡萄糖酸及其盐类、葡萄糖酸内酯、环状糊精、异抗坏血酸钠（2000t）。

最近又推出了用玉米纤维制取的可溶性膳食纤维。

2. 散列斯塔德国公司

散列斯塔德国公司全称 Cerestar Deutschland GmbH，位于德国南部 krefeld,是散列斯塔在欧洲的 14 个企业之一,年销售额 15 亿欧元。

该公司每天处理玉米 1950t,年处理 65 万 t 玉米。90% 的玉米原料来自法国,少量来自非洲。全厂有 17 条生产线,生产淀粉、淀粉糖、山梨醇及各种副产品共 200 个品种,每天生产各种产品合计 2000t。玉米原料利用率 99.9%,全厂有职工 380 人,每天 24h 工作,全年工作日 340d,全年耗标煤 5 万 t。

该公司每日处理玉米 1950t,产淀粉 1400t。用于生产商品淀粉及各种变性淀粉(造纸用为主)的原料为 40%,用于生产淀粉糖(麦芽糊精、葡萄糖浆、高果糖浆、一水葡萄糖、无水葡萄糖)及山梨醇的原料为 60%。

该公司日产淀粉糖 840 多吨,年产 25 万 t。以酶法生产为主,少量利用酸法生产。用固定化酶连续糖化装置进行糖化。淀粉糖主要品种为不同 DE 葡萄糖浆,其次为结晶葡萄糖,其中一水葡萄糖 6 万 t,用日产 60t 以上的全自动大直径篮式离心机分离,成品含葡萄糖 99% 以上;无水葡萄糖年产 3 万 t,用两台卧式连续离心机分离,成品含葡萄糖 99.5% 以上;结晶葡萄糖母液 DE 80%,可生产工业用山梨醇;根据市场需要少量生产高果葡糖浆,有独立的固定化异构装置,所用的高 DE 葡萄糖浆,经过大型微滤装置净化(有专门的微滤车间)后送往各生产车间。还用喷雾干燥法生产不同 DE 葡萄糖粉。

该公司年产山梨醇 3 万 t,分成维生素 C 用的 KGA 型(日产 37t)及普通食品工业用(日产 60t)两种。

葡萄糖液氢化用一个 13m^3 间歇反应器,每天产 11m^3 70% 的山梨醇。

反应料液葡萄糖浓度 53%,反应温度 90~110℃,压力 4.214MPa,时间 2~4h,氢化反应用催化剂是粉状伦宁镍。反应完毕,氢化液经沉淀过滤,催化剂被回收使用。滤过的氢化液,每批均通过化验室白度及微粒目测检验,才进入下一道工序,经净化浓缩至70%成品。

氢化车间还从意大利进口异麦芽糖,氢化成异麦芽酮糖醇,日产15t。

三、我国玉米深加工的主要产品

我国玉米深加工的主要产品如图1-2所示。

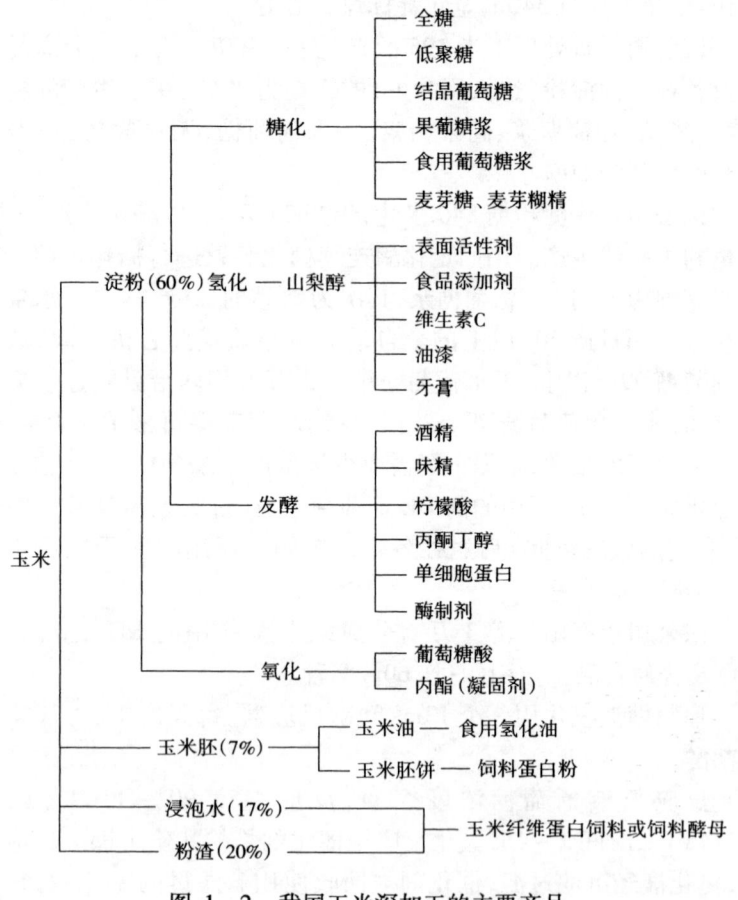

图1-2 我国玉米深加工的主要产品

第二章 玉米淀粉

淀粉是食品工业的基础原料,2003年全世界玉米淀粉产量3940万t,占各种淀粉的80.24%。2005年全世界玉米淀粉产量增至5400万t。

2005年美国年产玉米3亿t左右,有约15%用于工业。年产淀粉2000万t,主要用于生产淀粉糖。目前每年用于淀粉糖生产(包括固体葡萄糖、液体葡萄糖、果葡糖、麦芽糖)的淀粉占30%,用于酒精生产的占40%。用淀粉生产酒精是指玉米湿法生产酒精。美国ADM公司是最大的湿法生产酒精的公司,年产酒精14亿L(约110余万t),其他工业用淀粉包括变性淀粉约18%。其中60%用于造纸,10%用于纺织。

目前,国内外已实现工业化大规模生产的玉米组分分离提纯的加工方法,普遍采用的是湿法和干法两种方法。所谓湿法就是指淀粉工业中的玉米原料前处理的加工方法是将玉米用温水浸泡,经粗细研磨,分出胚芽、纤维和蛋白质,而得到高纯度的淀粉产品。所谓干法就是不用大量的温水浸泡,主要靠磨碎、筛分、风选的方法,分出胚芽和纤维,而得到低脂肪的玉米粉。

湿法加工的兴起,主要是因为主产品淀粉质量纯净,可以满足医药和特殊发酵制品的加工需要,副产品玉米蛋白、油脂、麸质饲料的回收率高,整体经济效益可观。但是,对比干法加工而言,它的投资较高,高出干法2倍以上(对年产万吨淀粉和玉米粉而言,下同),用水量高出75倍,能耗高出5倍,环保处理较难。但是,干法加工的弱点也相当突出。例如,玉米油的回收难,湿法是干法的2倍以上;又如,玉米粉中的蛋白质基本没法分离。

2006年,我国产玉米淀粉1050万t,比上年增长16%,吉林、山东、河北、河南四省占70%以上。

第一节 湿法生产玉米淀粉

国际上多采用湿磨工艺生产玉米淀粉,其工艺流程可分为开放式和封闭式(派生部分封闭式)两种。在开放式流程中,玉米浸泡和全部洗涤水都用新水,因此该流程耗水多,干物质损失大,排污量也多。封闭式流程只在最后的淀粉洗涤时用新水,其他用水工序都用工艺水,因此新水用量少,干物质损失小,污染大为减轻。

一、工艺流程及工艺参数

湿法玉米淀粉的生产工艺流程如图2-1所示。

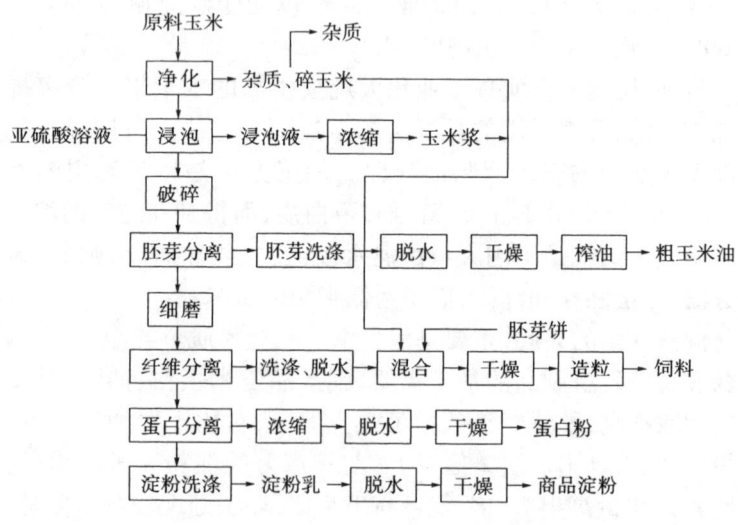

图2-1 湿法玉米淀粉生产工艺流程图

1. 玉米贮存与净化

原料玉米(要求成熟的玉米,不能用高温干燥过热的玉米)经地秤计量后卸入玉米料斗,经输送机、斗式提升机进入原料贮仓,经振动筛选、除石、磁选等工序净化,计量后去净化玉米仓。由玉米仓出来的玉米用水力或机械输送至浸泡系统。水力输送速度为 $0.9 \sim 1.2 m/s$,玉米和输送水的比例为 $1:(2.5 \sim 3)$。温度为 $35 \sim 40℃$,经脱水筛,脱除的水再作输送水用,湿玉米进入浸泡罐。

2. 玉米浸泡

玉米的浸泡是在亚硫酸水溶液中逆流进行的,一般采用半连续流程。浸泡罐 $8 \sim 12$ 个,浸泡过程中玉米在罐内静止,用泵将浸泡液在罐内一边自身循环一边向前一级罐内输送,始终保持新的亚硫酸溶液与浸泡时间最长(即将结束浸泡)的玉米接触,而新入罐的玉米与即将排出的浸泡液接触,从而保持最佳的浸泡效果。浸泡温度 $(50 \pm 20)℃$,浸泡时的亚硫酸浓度为 $0.2\% \sim 0.25\%$,浸泡时间 $60 \sim 70h$。完成浸泡的浸泡液即稀玉米浆含干物质 $7\% \sim 9\%$,$pH\ 3.9 \sim 4.1$,送到蒸发工序浓缩成含干物质 40% 以上的玉米浆。浸泡终了的玉米含水 $40\% \sim 46\%$,含可溶物不大于 2.5%,用手能挤裂,胚芽能完整地被挤出。其酸度为:对 $100 kg$ 干物质用 $0.1 mol/L\ NaOH$ 标准液中和,用量不超过 $70 mL$。

3. 玉米的破碎

浸泡后的玉米由湿玉米输送泵经除石器进入湿玉米贮斗,再进入头道凸齿磨,将玉米破碎成 $4 \sim 6$ 瓣,含整形玉米量不超过 1%,并分出 $75\% \sim 85\%$ 的胚芽,同时释放出 $20\% \sim 25\%$ 的淀粉。破碎后的玉米用胚芽泵送至胚芽一次旋液分离器,分离器顶部流出的胚芽进洗涤系统,底流物经曲筛滤去浆料,筛上物进入二道凸齿磨,玉米被破碎为 $10 \sim 12$ 瓣。在此浆料中不应含有整粒玉米,处于结合状态的胚芽不超过 0.3%。经二次破碎的浆料经胚芽泵送至二次旋液分离器;顶流物与经头道磨破碎和曲筛分出的浆料混合,一起进入一次胚芽分离器,底流浆料送入细磨工序。进入一次旋液分离器的淀粉悬浮液浓度为 $7 \sim 9°Bé$,压力为 $0.45 \sim 0.55 MPa$。进入二次旋液分离器的淀粉浆料浓度为 $7 \sim 9°Bé$,压力为 0.45～0.55MPa，胚芽分离过程的物料温度不低于 35℃。

4. 细磨

经二次旋液分离器分离出胚芽后的稀浆料通过压力曲筛，筛下物为粗淀粉乳，淀粉乳与细磨后分离出的粗淀粉浆液汇合后进入淀粉分离工序；筛上物进入冲击磨（针磨）进行细磨，以最大限度地使与纤维联结的淀粉游离出来。经磨碎后的浆料中，联结淀粉的含量不大于 10%。细磨后的浆料进入纤维洗涤槽。

5. 纤维的分离、洗涤、干燥

细磨后的浆料进入纤维洗涤槽后，在此与以后洗涤纤维的洗涤水一起用泵送到第一级压力曲筛。筛下分离出粗淀粉乳，筛上物再经 5 级或 6 级压力曲筛逆流洗涤，洗涤工艺水从最后一级筛前加入，通过筛面，携带着洗涤下来的游离淀粉逐级向前移动，直到第一级筛前洗涤槽中，与细磨后的浆料合并，共同进入第一级压力曲筛，分出粗淀粉乳。该乳与细磨前筛分出的粗淀粉乳汇合，进入淀粉分离工序。筛面上的纤维、皮渣与洗涤水逆流而行，从第一筛向后面各筛移动，经几次洗涤筛分洗涤后，从最后一级曲筛筛面排出，然后经螺旋挤压机脱水送纤维饲料工序。

工艺参数：细磨后浆料浓度为 13～17°Bé，压力曲筛进料压力 0.25～0.3MPa，洗涤用水温度 45℃，可溶物不超过 1.5%，纤维洗涤用水量 210～230L/100kg 绝干玉米，洗涤后纤维中含游离淀粉 3%（干物质）。粗淀粉乳中细渣含量 0.1g/L，进入螺旋挤压机的湿皮渣含水 60% 左右，压榨后皮渣含水 50%～55%。

6. 淀粉的分离、洗涤、干燥

由细磨前后曲筛分离得到的粗淀粉经除砂器、回转过滤器进入分离麸质、淀粉的主离心机。顶流分出麸质水（浓度 1%～2%），送浓缩分离机，底流淀粉乳（浓度 19～20°Bé），送十二级旋液分离器进行逆流洗涤。洗涤水用新鲜水，水温 40℃。经十二级旋液分离器洗涤后的淀粉乳含水 60%，蛋白质含量小于 0.35%，去精淀粉乳贮罐进行脱水干燥。由第一级旋液分离器顶流的澄清液作为主离心机的洗水。

7. 蛋白质分离与干燥

从主离心机顶流分离出的麸质水经过滤器进入（麸质）浓缩离心机，顶流为工艺水，进入工艺水贮槽，其固形物含量 0.25% ~ 0.5%，供胚芽、纤维洗涤用。底流浓缩后的麸质水（含固形物约 15%），经转鼓式真空吸滤机脱水，得湿蛋白质，其中含水 50% ~ 55%，用管式干燥机干燥，经冷却、包装后出厂。真空过滤机保持真空度 0.053 ~ 0.067MPa(400 ~ 540mmHg)。

8. 胚芽洗涤、干燥和榨油

自一级胚芽旋流器顶部流出的胚芽，经三级曲筛洗涤后（含水分 75% 以上），进入胚芽挤压脱水机，经脱水后的湿胚芽含水分约 55%，送至管束式干燥机，得到干胚芽（水分含量≤5%，含油率≥48%，淀粉含量≤10%）后送压胚机破胚，经炒锅蒸炒，然后入榨油机榨油，胚芽油经沉淀槽及粗油过滤器装桶后出厂。胚芽饼可作为产品或混入纤维饲料出厂。

9. 玉米浆蒸发

含固形物 5% ~ 7% 的稀玉米浆，通过三效降膜式蒸发系统，浓缩到含固形物 45% ~ 50%，与湿纤维和胚芽饼混合一起干燥后作为饲料出厂，或以玉米浆形式直接作为抗生素企业培养基的营养液出售。

10. 纤维饲料干燥造粒

湿纤维、胚芽饼、玉米浆加在一起混合后，进管束式干燥机干燥至含水 12% 左右进行造粒，成为含 21% 蛋白质的纤维饲料出厂。

二、玉米淀粉生产的物料平衡

1. 玉米质量

含淀粉≥70%，碎玉米及杂质含量≤3%，蛋白质含量 8% ~ 10%，脂肪含量 4% ~ 6%。

2. 物料平衡基数

原料玉米含水 14%，杂质 1%，碎玉米 2%，淀粉提取率 94.3%，淀粉（干基）收率 66%，蛋白质收率 6.6%，胚芽收率 6.9%，纤维收率 12.5%，玉米浆收率 6.0%，损失 2%。

3. 物料平衡图（见图 2-2）

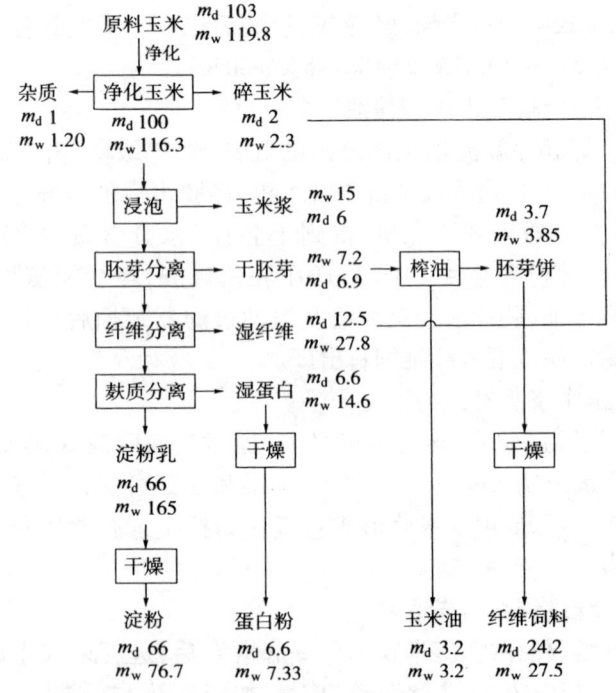

图 2-2 玉米淀粉生产的物料平衡图

注：以 100kg（干基）玉米为基础，m_d 为干基质量（kg），m_w 为含水物料质量（kg）。

10 万 t 淀粉厂的主副产品产量为：

原料玉米 155740t（含水 14%），每吨淀粉需 1.56t 原料玉米。

净化玉米 151190t（含水 14%），每吨淀粉需 1.51t 净化玉米。

淀粉 100000t(含水 14%)。

蛋白粉 9529t(含蛋白质 60%,含水 10%)。

粗玉米油 4160t。

纤维饲料 35750t(含蛋白质 21%,含水 12%)。

三、主要生产设备

1. 浸泡罐

浸泡罐是锥形底的圆柱形罐。罐的高径比为 2∶1;罐底锥度不低于 45°;每个罐单独配置输液泵及加热器。

10 万 t 淀粉装置配 300m³ 罐 8 个,3 万 t 淀粉装置配 100m³ 罐 8 个,1 万 t 淀粉装置配 40m³ 罐 6 个。

2. 玉米破碎机

一般采用凸齿磨

3. 胚芽旋流器

过去老厂多用胚芽分离桶或漂浮槽,而目前都采用旋流器分离胚芽。

4. 胚芽洗涤曲筛(曲筛又名弧形筛)

万吨级淀粉厂一般用玉米脱水曲筛 1 台,胚芽洗涤曲筛 3 台。

5. 冲击磨

细磨一般用冲击磨(针磨),比砂盘磨好。

6. 纤维分离洗涤用压力曲筛

老式工艺中还有采用锥形离心筛、振动平筛的,现在基本都采用压力曲筛。

筛的工作压力为 0.25～0.3MPa,筛网筛缝宽度为 50mm、75mm、100mm。筛的产量取决于工作压力和筛面的面积,每平方米筛面的单位产量比胚芽洗涤常压曲筛要高 1 倍多。

7. 淀粉与蛋白分离

一般都采用碟式喷嘴型分离机,简称淀粉分离机。

8. 淀粉洗涤的旋流分离器

它是由一定数量的 φ10mm 旋流管组合而成的,因此也称多管旋流器。生产中,通常采用 9~12 级,多管旋流器分 C 型、TM 型和 RC 型,国产有 72 型和 50 型的,均属于 C 型系列。

9. 麸质浓缩分离机

一般都用碟片式喷嘴型分离机。

10. 麸质回收

小型厂可用板框压滤机,大型厂一般都用转鼓式真空吸滤机,也有用沉降离心机的。

11. 淀粉干燥

一般都采用气流干燥。目前先进的干燥方法都用一级负压气流干燥。对 1 万 t 淀粉厂而言,一级负压干燥比正压二级干燥可节省 1 台 55kW 风机,尾气中粉尘和包装间粉尘大为减少,尾气损失和操作环境大为改善。

12. 淀粉脱水

一般用卧式刮刀离心机。

13. 管束式干燥机

湿纤维、胚芽饼和浓缩玉米浆混合后一般采用管束式干燥机干燥。

麸质回收后有用气流干燥的。一般大中型厂均用管束式干燥机干燥后作为蛋白粉出厂。

四、原辅材料及能源消耗

原辅材料及能源的消耗与企业经济效益和生产水平有较大关系。比较先进的,国内生产每吨淀粉的消耗量:商品玉米量 1.56t,耗电量 210kW·h,硫磺用量 3~4kg,耗水量 2~3t。

五、产品质量标准

中华人民共和国国家标准 GB 12309—1990《食用玉米淀粉理化指标》如表 2-1 所示。

表 2-1　　　　　食用玉米淀粉理化指标

项目 \ 指标 \ 等级	优级	一级	二级
水分/%(质量分数)		≤14.0	
细度/%(质量分数)	≥99.8	≥99.5	≥99.0
斑点/(个/cm^2)	≤0.4	≤1.2	≤2.0
酸度[中和100g绝干淀粉消耗0.1mol/L氢氧化钠溶液的体积(mL)]	≤12.0	≤18.0	≤25.0
灰分(干基)/%	≤0.10	≤0.15	≤0.20
蛋白质(干基)/%	≤0.40	≤0.50	≤0.80
脂肪(干基)/%	≤0.10	≤0.15	≤0.25
二氧化硫/%	≤0.004	—	—
铁盐(Fe)/%	≤0.002	—	—

第二节　干法生产玉米淀粉

一、工 艺 流 程

干法玉米淀粉的生产工艺流程图如图2-3所示。

经称量的原料通过二级筛选清理,去掉其中的大杂物、中杂物、小杂物后,到去石机中去石(尤其去除同样大小的并肩石),再经永磁筒除去原粮中的金属磁性物,即得相对纯净的玉米,进后道粉碎工序。

首先,调节玉米水分,寒冷的天气还需加些蒸汽,使玉米迅速吸水膨胀,在焖料仓内焖料,使玉米水分含量增加到16%~19.5%为最佳。然后送料进破渣机中破碎,处理后的物料中有破碎的渣子、胚芽及大部分整片的大皮、少量整粒玉米或大颗粒的渣子,这部分混合料先经吸风分离器分出其中的大皮,然后筛理分级。筛上物为大颗粒,回流至破渣机内重新破碎,中间层物料进后道工序加工,筛下的细粉进入筛粉工序。中间层的渣子和胚芽混合物,一般经三道磨粉、三道筛粉系统处理(这是通常的道数,可调的范围很大,如遇特殊情况,可根据所需玉米粉的粗细度适当增减),基本上可以提出绝大部分的皮、胚,从而得到所需细度的玉米粉。

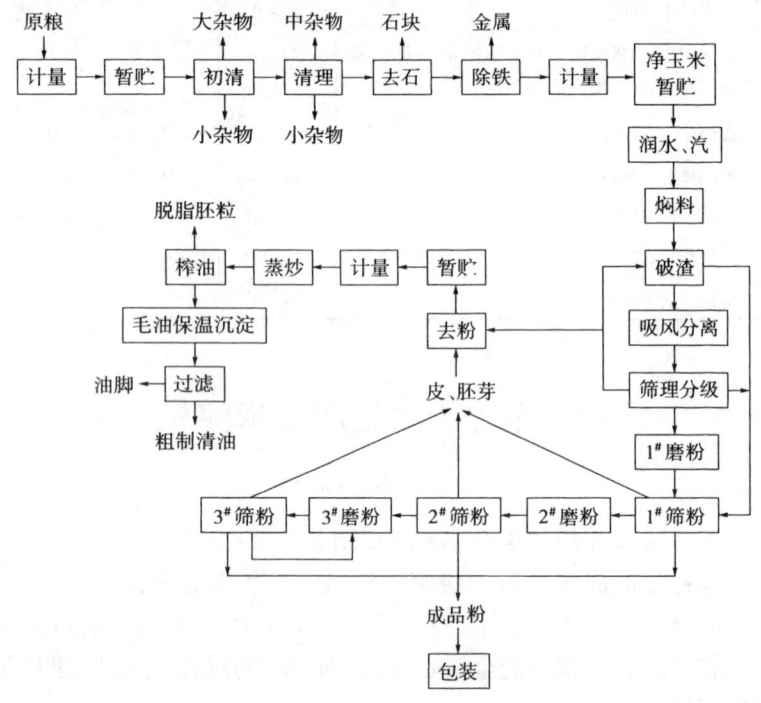

图 2-3 干法玉米淀粉生产工艺流程图

把收集的胚芽和皮,按一定比例配好(一般纯胚芽占榨油物料的35%~50%为宜),经刷麸机去掉油料上粘附的粉屑,然后称量,蒸炒后榨油,收集毛油,经保温澄清后过滤,即得粗加工后的清油。

二、主要技术指标

1. 主要收率(均对清洁玉米而言,下同)

(1) 出粉率　出粉率80%左右。

(2) 出油率　出油率1.2%左右。

2. 公用物料规格

(1) 电　电压(380V 或 220V),电频率(50±0.5)Hz。

(2) 水　常温新鲜水,入界区压力:0.25~0.3MPa(表压),浊度<5mg/L,水溶性盐<250mg/L。

(3) 蒸汽　入界区压力:0.8MPa。

3. 吨产品消耗定额

玉米:1250kg。

用水量:0.2t。

用电量:140kW·h。

用汽量:0.7t。

4. 主要建厂指标

(1) 年加工玉米粉10000t。

(2) 主要原材料

玉米:12500t/a。

包装物:麻袋140000条;

　　　　塑料编织袋400000条。

(3) 公用物料

　　生产用水:0.3t/h;

　　生产用汽:平常1t/h,高峰2t/h。

(4) 年操作日　300d。

(5) 工作制度　三班制。

(6) 职工人数　80人(其中每班配备岗位操作人员23人)。

5. 建筑面积

建筑面积1500m^2。

三、主要生产设备

干法玉米淀粉的主要生产设备：自衡式高效振动筛、吸式比重去石机、永磁筒、水汽调节机、焖料仓、玉米剥皮破渣机、磨粉机、筛粉机、蒸炒锅、榨油机、过滤机、风系统机组、除尘系统机组、提升设备系统机组、水平输送系统机组。

四、产品质量标准

一般玉米粉的质量标准根据厂方深加工的产品需要，自行制订企业标准，以满足主产品的生产需要为原则。

东北地区一般食用玉米粉的质量标准如表2-2所示。

表2-2　东北地区一般食用玉米粉的质量标准

项目	指标
水分	≤16%
皮、胚芽含量	≤4%
粉细度	24目全部通过(允许筛上物不大于1%)
含砂量	≤2%
金属磁性物	≤0.2%
气味	正常

第三章 麦芽糊精

麦芽糊精(也称水溶性糊精、酶法糊精),是一种聚合度介于淀粉和淀粉糖之间、经控制降解的低程度淀粉水解产品,DE 在 20% 以下,其商品的英文简称为 MD。它是国内外近年来市场前景较好、具有广泛用途、生产规模发展较快的玉米深加工产品之一。

我国于 20 世纪 80 年代初在湖北武汉市建立第一个麦芽糊精生产车间。据不完全统计,1995 年底止,全国不同规模的麦芽糊精工厂(车间)近 80 家,总产量达 15 万 t。至 2004 年全国产麦芽糊精 36.7 万 t,2005 年增至 40 万 t。山东西王糖业以玉米淀粉为原料,年产麦芽糊精 8 万 t,成为国内生产麦芽糊精的最大企业。

现在我国能生产多品种不同 DE 值麦芽糊精,基本上能适应国内外市场不同层次的需求。

第一节 麦芽糊精的生产原理与物理性质

一、麦芽糊精的生产原理

麦芽糊精系列产品均以淀粉为原料,目前主要以玉米淀粉作原料经酶法工艺控制水解转化而成。淀粉是由许多葡萄糖分子聚缩而成的碳水化合物,它的分子结构中大部分是由 $\alpha-1,4$ 键连接,少量是 $\alpha-1,6$ 键连接。淀粉一般可分为直链淀粉和支链淀粉。直链淀粉在淀粉中的含量一般为 15%~25%,它的水悬浮液在加热时不产生糊精,而以胶体态溶解,形成黏度较低的不稳定的溶液,在 50~65℃下静置较长时间后,即析出晶形沉淀,反应是可逆的。碘反应呈纯蓝色。直链淀粉呈链状结构,由不分支的葡萄糖链所构成,其聚合度约为 100~6000。直链淀粉长链上的葡萄糖残基都盘绕成螺旋状,每个螺旋含有6个葡萄糖残基。

利用α-淀粉酶对于淀粉的催化水解具有高度的专一性,即只能按照一定的方式水解一定种类和一定部位的葡萄糖苷键。

α-淀粉酶水解直链淀粉分子的反应可分成两个阶段。前阶段的反应速度快,初始产物是以短链糊精为主,后阶段水解速度很慢,可不规则地切断淀粉分子内的α-1,4葡萄糖苷键,但水解位于分子末端的α-1,4键要比位于分子中间的α-1,4键困难。

α-淀粉酶水解支链淀粉的方式与直链淀粉相似。α-1,4键被水解的先后次序不定,不能水解α-1,6键分支点,也不能水解紧靠分支点的α-1,4键,但可以水解含有3个或3个以上α-1,4键的寡糖,可得含有α-1,6键,聚合度为3~4的低聚糖和糊精。α-淀粉酶能够越过α-1,6键继续水解其他α-1,4键,但α-1,6键的存在会降低水解速度。由于这一原因,α-淀粉酶水解支链淀粉的速度较直链淀粉慢,α-淀粉酶水解支链淀粉,最初阶段速度很快,初始产物大部分为分支的α-界限糊精和短支链糊精,继续水解,麦芽糊精分子越来越小,直到遇碘不变色。

α-淀粉酶水解的速度,因底物分子和分子大小而不同。直链淀粉的水解速度快于支链淀粉和糖原,水解较小分子的低聚糖的速度更快。

二、麦芽糊精的物理性质

麦芽糊精的主要物理性质和水解率(DE)有直接关系,因此DE不仅表示水解程度,而且还是掌握产品特性的重要指标。全面地了解麦芽糊精系列产品DE和物理性质之间的关系,有助于准确地计划生产和帮助用户正确地选择应用各种麦芽糊精产品。表3-1所示为麦芽糊精的转化程度与性质之间的关系。麦芽糊精的水解程度越高,产品的溶解性、甜度、吸湿性、渗透性、发酵性、褐变反应及冰点下降越大;而组织性、黏度、色素稳定性、抗结晶性越差。

表 3-1　　麦芽糊精的转化程度与性质关系

产品特性	低　　　　　　DE　　　　　　高
组织性	←
褐变反应	→
色素稳定性	←
泡沫稳定性	←
抗结晶性	←
发酵性	→
冰点下降性	→
渗透性	→
吸湿法	→
黏度	←
甜度	→
溶解性	→

麦芽糊精的 DE 在 4% ~6% 时,其糖组成全部是四糖以上的较大分子。

麦芽糊精的 DE 在 9% ~12% 时,其糖组成中低分子糖类占比例较少,而高分子糖类较多。因此,此类产品无甜味,不易受潮,难以褐变。在食品中使用,能提高食品的触感,并产生较强的黏性。

麦芽糊精的 DE 在 13% ~17% 时,其甜度较低,不易受潮,还原糖比例较低,故难以褐变,溶解性较好。用于食品中,能产生一定的黏度。

麦芽糊精的 DE 在 18% ~22% 时,稍有甜味,有一定的吸潮性,还原糖比例适当,能发生褐变反应,溶解性良好。在食品中使用,不会提高黏度。

麦芽糊精中的糖成分将直接影响它的甜度、黏性、吸潮性及着色性。一般来说,酶法工艺生产的麦芽糊精中糖成分组成与水解程度无关,单糖成分较少,低聚糖成分较多。而酸法麦芽糊精却不同,由于淀粉不规则地被切断,故麦芽糊精中糖成分不会随着 DE 的不同而发生变化。

酶法工艺生产的麦芽糊精与酸法工艺生产的麦芽糊精的最大区别在于不会析出长链直链淀粉成分,故不会产生白色沉淀物,从而大大地提高了麦芽糊精的商品价值。另外,即使同一 DE 的麦芽糊精,其特性也会因原料淀粉的种类不同,α - 淀粉酶的种类及液化方法的不同而有变化。使用时,需密切注意。

麦芽糊精的溶解度低于砂糖和葡萄糖,但水化力较强,一旦吸收水分后,保持水分的能力较强。这是麦芽糊精很重要的一种特性,在应用中会经常利用这一特性。在相对湿度 65% 以下,麦芽糊精的 DE 越低,产品越富有保水性。其 DE 6%、10% 的产品均能保持具有流动性粉末的状态。DE 6%、10%、18% 的产品分别从相对湿度 80% ~ 85%、65% ~ 75%、55% ~ 60% 开始粘结。

麦芽糊精的黏度随着淀粉的水解程度、浓度及温度的不同而产生变化。当浓度和温度相同时,产品的 DE 越低,产品的黏度越高。若产品的 DE 相同,则浓度越高(或温度越低),产品的黏度越高。即使同一 DE 的产品,若制法不同,其糖成分的分布状态也不相同,从而引起黏度变化。详见图 3 - 1。

根据麦芽糊精的碘反应特性,麦芽糊精产品可分为下列几种:

(1) 淀粉糊精为白色粉末,遇碘反应时呈紫蓝色,可溶于 25% 酒精内,在酒精含量 40% 时即沉淀,其聚合度为 30 或 30 以上。

(2) 显红糊精,遇碘反应时呈棕红色,可溶于 55% 的酒精内,在酒精含量 65% 时即沉淀,其聚合度为 7 ~ 13。

(3) 消色糊精,遇碘反应时不显色,可溶于 70% 酒精内,其聚合度为 4 ~ 6。

上述麦芽糊精系列产品其外观都是呈白色的非晶状物质。

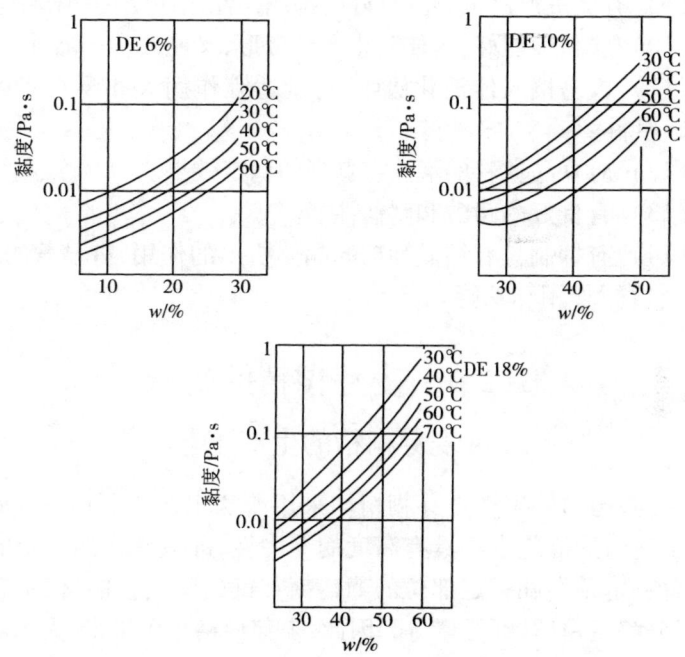

图 3-1 麦芽糊精黏度与质量分数、温度之间的关系

综上所述,现将麦芽糊精的主要性状、特点归纳如下:

(1) 流动性良好,无淀粉和异味、异臭。
(2) 几乎没有甜度。
(3) 溶解性能良好,有适度的黏性。
(4) 耐热性强,不易变褐。
(5) 吸湿性小,不易结团。
(6) 即使在浓厚状态下使用,也不会掩盖其他原有风味或香味。
(7) 有很好的载体作用,是各种甜味剂、香味剂、填充剂等的优良载体。
(8) 有很好的乳化作用和增稠效果。

(9) 有促进产品成型和良好的抑制产品组织结构的作用。

(10) 成膜性能好,既能防止产品变形,又能改善产品外观。

(11) 极易被人体消化吸收,特别适宜作病人和婴幼儿食品的基础原料。

(12) 对食品饮料的泡沫有良好的稳定效果。

(13) 有良好的耐酸和耐盐性能。

(14) 有抑制具有结晶性糖的晶体析出的作用,有显著的"抗砂"、"抗烊"作用和功能。

第二节 麦芽糊精的生产

一、麦芽糊精的生产工艺

目前,国内外生产麦芽糊精均采用酶法工艺。利用 α - 淀粉酶对于淀粉的催化水解具有高度的专一性,即只能按照一定的方式水解一定种类和一定部位的葡萄糖苷键的特别性能,仅水解淀粉,不分解蛋白质、纤维素等。因此,麦芽糊精是以玉米、大米等粗粮直接投料,或以玉米淀粉为原料,经酶法控制部分水解、脱色提纯、真空浓缩、喷雾干燥而成。

麦芽糊精系列产品的生产按酶法工艺要求可分为6个工序:原料预处理、液化、过滤、浓缩、干燥、包装等。

(一) 原料预处理工序

将淀粉配成淀粉乳,固形物含量达25% ~33%,调节 pH 至 6,添加氯化钙,使钙离子含量达 300~500mg/L 左右,再添加耐高温 α - 淀粉酶,用量 6~8IU/L,搅拌均匀后备用。

(二) 液化工序

1. 液化的目的和要求

液化的目的是通过 α - 淀粉酶的作用,将淀粉分解为糊精。要求液化液不黏稠,表面不结皮,具有良好的流动性和过滤性,用碘液检查不应有蓝色反应,DE 应达到规定标准。

2. 液化方法及操作

(1) 液化方法　麦芽糊精液化的方法一般有三种：间歇法、连续法和喷射法。

目前国内大多数生产麦芽糊精的厂家采用的是间歇液化法或喷射液化法。

由于国产新型的酶制剂问世，即耐高温 α-淀粉酶的出现，极大地促进了液化工艺和液化设备的改进和提高。利用蒸汽喷射器液化的方法，简称为喷射液化法。采用喷射液化器进行液化，淀粉是否能彻底液化，蛋白质凝聚效果是否好，蛋白质分离效果如何，关键取决于料液在喷射器内能否形成高强度的微湍流。从目前国内外现有的喷射器实用效果看，这种微湍流强度有所不同。由淮海工学院生物技术研究中心近期设计的 HYW 型系列喷射器均能形成高强度的微湍流，淀粉分散效果好，无不溶性淀粉微粒出现，蛋白质凝聚效果及淀粉与蛋白质分离效果明显（蛋白质凝聚后，飘浮于液面上），物料的过滤速度也有了明显的提高。喷射液化时基本无振动，无噪音，能在低气压下工作，无堵塞现象，是目前国内较适合于大米、玉米等粗原料进行喷射液化工艺的、较为理想的喷射液化设备。

(2) 喷射液化操作　喷射器开始使用前，先将喷射器针阀上调 5~6 圈。再打开蒸汽阀门，将喷射器及层流罐预热至 100℃后，启动进料泵，同时关闭进料阀，打开回流阀，并稳定维持进料泵回流约 10min。再将进料阀门打开，逐步关小回流阀，使进入喷射器的料液压力大于进入喷射器的蒸汽压力，仔细调整料阀和针阀，以控制流量，使淀粉乳形成空心圆柱状薄膜从喷嘴射出。随时注意调整蒸汽和淀粉乳的流量，严格控制喷射器出口的料液温度在 103~105℃。并直接进入层流罐保温 20~30min。取样检查，碘反应和 DE 均达到规定要求后，打开第 2 台喷射器蒸汽阀门，并重复上述操作。严格控制喷射器出口的液化液温度在 135℃以上，并通过维持罐 5min 左右，直接进入周转罐准备过滤。

（三）过滤工序

1. 过滤的目的和要求

液化之后，淀粉水解成可溶性糊精，商品玉米的一些蛋白质被凝聚析出成为滤渣。

过滤时要求减少残液量，使滤渣压缩成饼状。滤液应该透明，不显浑浊。所得滤液要及时浓缩，以防发酵变质。同时，回收滤液也要及时用于磨米或调浆。

2. 过滤设备

过滤使用的设备为板框式压滤机或真空转鼓过滤机。我国大部分生产企业采用的是板框式压滤机。

板框压滤机是一种加压间歇操作的过滤设备，可进行固液分离。整机由尾板、滤框、滤板、主梁、头板和压紧装置等组成。

压滤机的工作能力是由板框构成的过滤室的面积（滤板）和容积（滤框）所决定。压虑机规格有多种，常用的有 810 型和 635 型两种，可按产量大小选用适当规格的压滤机。

过滤布要选用过滤性好、耐用、不漏糟的织物做成，以便得到清澈澄明的滤液。

滤布分棉织和合成纤维两类。棉织布具有发状的纤维组织，阻留细小颗粒性能好，过滤出来的滤液清。但棉织纤维表面要起毛，容易粘滤糟，降低过滤速度；棉织抗拉强度低，且不耐用。合成纤维布有涤纶、锦纶、维尼龙等品种，共同特点是抗酸抗碱性较好、耐磨，并且表面很滑，易于卸糟，过滤性和耐用性都优于棉织布。缺点是合成纤维易老化，使用时间长久，过滤速度会明显降低，此时即使滤布不破损，也要更换新滤布才不至于影响过滤速度。

3. 过滤工序操作

（1）过滤装置　过滤装置一般利用重力，将过滤物料置于高位槽，利用自然压力过滤，以节省动力消耗。常以脱色罐作为高位槽，所以往往将脱色罐安装于楼上，压滤机在底层，位差高度应在 4m 以上。

也可以加压过滤,在压滤机没有形成滤饼前,应低于50kPa压力过滤或以自然压力为主,到滤饼形成或卸糟前,由于糟饼增厚,过滤阻力增大,可以加压过滤,以提高过滤速度和降低滤糟含水量。加压过滤的工作压力以不超过200kPa为宜。过高压力容易使滤布穿孔,造成滤液浑浊。

(2) 过滤操作　将过滤布覆盖于每一块滤板上,滤布要保持平整,无褶子,滤布进料孔要和板框进料孔对正,使物料能畅通流入各滤框内。滤布装完后,压紧板框,推入头板锁紧,不使物料从板框缝间漏出。

装机完毕后,如果是第一次过滤,则要预先通入热水或蒸汽,将压滤机预热10min,以防止刚开始过滤时物料局部过冷,增加了物料黏度。

调节流量:过滤开始时,要调节好物料进入压滤机的速度。初滤时流量要小,以降低对过滤布的压力,然后随着过滤的继续,滤糟在过滤室形成了滤层,可提高压力过滤。调节过滤流量有两个原因:在开始时滤层没有形成,若流量大,压力高,细小颗粒会穿过滤布的孔眼,使滤液浑浊。其次,滤糟一开始受到强压时,很快会被压缩并阻塞滤布孔眼,从而改变滤层结构,增加过滤难度。

阻止漏糟:在过滤进行中发现某块滤板流出的滤液带出糟粒时,说明滤布破损或装置不妥。此时要关闭旋塞,停止此滤板工作,以不影响整个滤液质量。

卸糟:物料过滤到一定时间,滤框内已经充满了糟,加大了过滤的阻力,使过滤速度变得很慢,继续过滤会延缓生产。此时要拆开压滤机卸糟。卸糟时,将头板退松,拉开板框,滤糟卸在压滤机底下回收槽中,加水稀释,另置于储糟罐进行第二次过滤。

(四) 脱色工序

1. 脱色的基本原理和要求

麦芽糊精的脱色用活性炭,粉末炭、颗粒炭也可。活性炭的脱色是物理的吸附作用,这种吸附作用与被吸附物质的浓度和吸附表面有关。

活性炭的吸附作用是可逆的,它吸附颜色物质的量决定于颜色的浓度。所以,活性炭先用于颜色较深的物料后,不能再用于颜色较浅的物料。反之,先脱色颜色浅的物料,再脱色颜色较深的物料,活性炭仍然有效。工业生产中脱色操作就是根据这一道理,用新鲜的炭先脱色颜色较浅的物料,再脱色颜色较深的物料,再脱色更深的物料,然后弃掉。如此使用能充分发挥炭的吸附能力,减少炭的用量,降低生产成本。这种使用方法在工业上称为逆流法。

活性炭除吸附有色物质外,还能吸附若干无机盐,降低糊精的灰分含量。影响吸附作用的因素很多,在工业生产中最重要的因素是温度和时间。活性炭脱色,温度一般保持在 75~80℃,在此温度下,糊精的黏度较低,易于渗入炭的多孔组织内部,能较快地达到吸附的平衡状态。吸附过程达到吸附平衡需要一定的时间,一般 30min 即可。炭的用量和达到吸附平衡的时间成反比,用量多,时间可缩短。决定用炭量时需要注意一个问题,即用炭量增加,单位质量炭的脱色效率降低。例如:使用 1g 活性炭能够脱色 20%,使用 2g 活性炭时脱色却不是 $2 \times 20\% = 40\%$,而较此数值低。换言之,2g 活性炭的脱色效能不及每次用 1g 活性炭处理两次的好。在用量较高的情况下,这种差别更大。常用的粉状炭比表面积在 $500 \sim 1500 m^2/g$,平均孔半径 $1 \sim 2nm$,细度 200 目。

2. 脱色工序操作

用活性炭脱色糊精液,需要的设备简单,仅需脱色罐和过滤机。脱色罐以不锈钢罐为佳,具有搅拌器和蒸汽加热盘管,盘管应位于罐底处。

将已过滤的清亮的糊精液,泵送至脱色罐,打开蒸汽盘管和搅拌器,使之升温至 80℃,调整 pH 约 4.8。先将活性炭粉与少量滤液混匀,然后加入脱色罐中,保持温度,搅拌 30min 后,用板框过滤机过滤除炭,即得到无色糊精液。其过滤操作与过滤液化液相同。

在过滤除炭初期,滤液一般含有炭粒,呈黑色,这是由于滤布孔眼不能完全阻止炭粒所致。当滤布上炭层形成后,滤液才会清澈透明。因此,初滤时要将滤液回流至脱色罐中,待滤液完全清亮透明时,关上回流管,引脱色清液至周转罐备用。

(五) 真空浓缩工序

1. 浓缩基本概念和要求

商品液体麦芽糊精固形物浓度约75%,相当于40°Bé,高浓度麦芽糊精浆能抑制微生物生长,可放置较长时间不变质。由于脱色过滤得到的固形物浓度只有30%左右,需经加热蒸发,以除去多余水分,提高浓度,便于保存和运输,便于顺利地进入干燥。

浓缩一般在减压下进行。减压浓缩的沸点温度随真空度上升而降低,因而可以在较低的温度下蒸发,避免糊精焦化,保持糊精色泽,这是减压浓缩的优点。同时,减压浓缩蒸发速度快,在抽真空强制蒸发时,因降低了沸点温度,而加大了热源(蒸汽)和物料(糊精)之间的温度差。根据传热原理,热量始终是从高温度传递给低温度物体的,两者之间温差越大,传热速度越快,故可加速水分蒸发,提高生产效率。

2. 浓缩操作(内循环蒸发器)

(1) 开机准备 减压浓缩开始之前,要检查各设备装置完好性以及冷却水供应情况,然后开机操作,把浓缩锅和管路内空气抽出,经过检查后,设备系统无泄漏,真空度达到真空机械规定值(一般不低于80kPa)时,可进入工作。

(2) 糊精蒸发 将糊精液浸没加热室平面,然后打开加热室的加热蒸汽阀进行加热,待糊精沸腾后,再陆续补充糊精,保持水分蒸发和糊精进入量基本一致,并始终保持着沸腾状态。蒸发室液面高度要稳定在一定水面,以加热室高度的1/2为宜,在此液面下,糊精有良好的循环沸腾,液位压力低,产生的静压差温度小,从而有利于蒸发和糊精质量。当糊精数量和浓度达到一定程度后,要停止蒸发,准备抽样检查浓度。当浓度符合质量标准时,立即关闭蒸汽阀,并破坏真空,打开底部出料阀,放出糊精至成品储罐或喷雾干燥前的周转罐。

糊精在蒸发过程中,应该稳定真空度和控制一定的加热蒸汽量。真空度不低于80kPa,加热蒸汽压力以200~400kPa为宜。

(六) 喷雾干燥工序

1. 喷雾干燥基本原理

喷雾干燥的基本原理是向干燥塔内引入温度较高而相对湿度很低的干空气,物料经高压泵或高速离心机作用分散成雾滴,与热风相接触而产生热交换。由于雾滴形成了无数的雾状粒子,从而大大增加了表面积,增加了水分的蒸发速度,在几秒钟或几十秒钟内可将物料中的水分迅速蒸发。废气由排风机送入大气中,废气中所带的微粉经袋布过滤室回收,沉降于塔体锥部,与塔内颗粒粉体进行混合,由锥体下端出料口的旋转出料阀自动卸出塔外,送入振动筛进行筛选后计量包装。

喷雾干燥一般分为4个阶段:料液雾化为雾滴;雾滴与空气混合和流动;雾滴水分蒸发;干燥产品与空气分离。

(1) 料液雾化　料液雾化的目的在于将料液分散为微细的雾滴,雾滴的平均直径为 20~60μm,因此具有很大的表面积,当其与热空气接触时,雾滴迅速汽化干燥为粉末或颗粒状产品。雾滴大小和均匀程度对于产品质量和技术经济指标影响很大。如果喷出的雾滴大小很不均匀,就会出现大颗粒还没达到干燥要求,而小颗粒却已干燥过度而变质。因此,使料液雾化所用的雾化器是喷雾干燥系统的关键部件。国内现在使用的雾化器有以下3种:

① 气流式喷嘴:它采用压缩空气或蒸汽以很高的速度(300m/s 或更高)从喷嘴喷出,靠气液两相间的速度差所产生的摩擦力,使料液分裂成为雾滴。

② 压力式喷嘴:它采用高压均质泵使高压液体通过喷嘴时,将压力能转变为动能而高速喷出,分散为雾滴。

③ 旋转式喷嘴:它使料液在高速旋转盘(圆周速度为 90~

140m/s)中受强大的离心力作用,从盘中甩出而分散为雾滴。

由于气流式喷嘴雾化物料时动力消耗太大,所以国内各生产麦芽糊精的企业,均采用压力式喷嘴或旋转离心式喷嘴的雾化形式。

(2) 雾滴与空气混合和流动 雾滴和空气的接触方式对于干燥室内的温度分布,液滴、颗粒的运动轨迹,物料在空中的停留时间以及产品性质有很大影响。在干燥室内,雾滴和空气接触的方法有并流式、逆流式和混流式三种。

在并流系统中,最热的干燥空气与水分含量最大的液滴接触,因而迅速蒸发,液滴表面温度接近于空气的湿球温度,同时空气的温度也显著降低,因此从液滴到干燥成品的整个历程中,物料的温度不高,这对于热敏性物料的干燥是特别有利的。这时,由于蒸发迅速,液滴膨胀甚至破裂,因此并流操作时所得产品常为非球形的多孔颗粒,具有较低的视密度。对于逆流系统,则情况正好相反。在塔顶,喷出的雾滴与塔底上来的热空气相接触,因此,蒸发速度较并流式的慢。在塔底,最热的干燥空气与最干的颗粒相接触,因此,若干燥产品能经受高温,需要较高的视密度时,则用逆流系统最合适。此外,在逆流系统中,平均温度差和分压差较大,停留时间较长,有利于传热和传质,热的利用率也高。在混流式系统中,其优缺点介于两者之间,这种流向也适用于热敏性物料,产品的粉粒较大,可自由流动。

(3) 雾滴水分蒸发 雾滴水分蒸发干燥时,如经历着恒速阶段和降速阶段,这与普通物料在常规干燥设备中的过程是完全相同的。雾滴与空气接触,热量即由空气经过雾滴四周的界面层(即饱和蒸汽膜)传递给雾滴,于是雾滴中的水分汽化,通过界面层进入空气中,因而这是热量传递和质量传递同时发生的过程。此外,雾滴离开雾化器的速度要比周围空气的速度大得多,因此这也是两者之间的动量传递。

(4) 干燥产品与空气分离 雾滴干燥后的产品降落到干燥

塔的锥体四壁,并滑行至锥底,通过星形阀之类的排粉装置排出,少量细粉随空气流入旋风或脉冲袋式分离器中进一步分离。然后将两部分成品输送到另一处混合后,直接包装入库。

2. 喷雾干燥工艺操作

技术要求:进料浓度 40%~49%,进料温度 60~85℃,进风温度 130~160℃,排风温度 75~85℃,产品水分含量 6% 以下。

(1) 操作前的准备

① 对干燥设备及其附件进行认真细致的检查,各运转部位是否缺油,干燥室是否清洁密封、布袋是否完好等。

② 高压泵是否完好正常,冷却水是否流通。

③ 安装好合适的喷头,检查喷嘴孔是否磨损。

④ 各部位是否清洁卫生,高压管路是否杀菌,开车前,应用保温罐中 90℃ 左右的热水吸入高压泵 5~10min,并使热水在物料接触部件的管道中流通。

(2) 工艺操作要点

① 喷雾干燥操作的好坏,对麦芽糊精质量影响很大,必须严格执行工艺操作规程,遵守操作顺序。首先将加热器分汽缸阀门打开,使其慢慢进汽(进汽不能太急,特别是冬季,以防突然的热胀而损坏加热器或其部件),并保持一定的压力。开动进风机,使空气吸入加热器进入干燥塔,当干燥塔内温度升至 60℃ 左右时,开动排风机,使温度连续升至 85℃ 左右时,开动高压泵进行喷雾,并调节高压泵压力,使之稳定在 14.5MPa 左右。待塔内温度、排风温度稳定在所需温度范围内时,方可正常运行。

② 为了保证喷雾前后麦芽糊精质量的一致,物料在保温罐内必须保温并不断搅拌,因为物料温度低会使黏度增加,造成喷雾困难及设备运行不稳定,也影响成品粉的溶解度。但温度也不能太高,否则会使成品色素加深。

③ 经常振动布袋,以利于排风,并检查有无跑粉现象。

④ 当干燥塔内的温度恒定时,要特别注意勿使温度过高或过

低,若发现有此现象出现,则应调节进风温度、高压泵压力和喷嘴流量。

⑤ 操作时应时刻注意雾化状态是否良好,喷孔是否正常。

⑥ 定时开启电锤震动器,以震落粘附在塔壁和锥体上的粉粒。

⑦ 干燥过程中开启旋转下料阀,使麦芽糊精粉连续不断卸出,如发现麦芽糊精粉在锥体下部出口处有堆积和搭桥现象,应立即开启清理孔清理。

3. 喷雾干燥常出现的故障及原因

（1）压力表指针跳动或压力低

① 原因:物料温度过高,指针会不稳定;高压泵的阀芯及活门座接触不良或有毛口,这样就达不到预定的压力,而且使压力表指针剧烈地跳动。

② 排除方法:稳定物料的温度;检查高压泵阀芯及活门座接触面是否良好,如果有毛口可用细粒金刚砂研磨。

（2）雾化状态不好

① 原因:喷雾过程中喷嘴孔径磨损或孔板沟槽磨损,或有杂物堵塞。

② 排除方法:更换喷嘴或孔板,清除杂物。

（3）高压泵漏料

① 原因:高压泵紧固件不严密或活塞填料损坏。

② 排除方法:检查高压泵紧固件,更换填料。

（4）干燥塔顶部或干燥塔上部周围有粘粉或潮粉粘壁

① 原因:热风分配不均匀,塔顶有风涡流;塔顶温度过高;物料黏度太高而难以分散。

② 排除方法:调整热风筒和热风分配板,使热风垂直进入塔内,以减少涡流;打开冷风机,降低塔顶温度;将物料加温或进行均质,使黏度下降而均匀。

（5）干燥塔的四周出现潮粉现象

① 原因：进料量过大，使蒸发不充分；塔内温度和排风温度过低；在开车前未能使干燥塔进行充分地加热。

② 排除方法：以上原因的出现，主要是由于操作者不注意所致，尤其是在开车前，应将干燥塔充分加热，使塔温升到85℃左右时，再慢慢开启高压阀门进料。这时不能进料太快，以防止塔温突然下降而造成潮粉。因此，开始时应慢慢进料，待塔温、排风温度恒定后再正常进料，这就不会出现潮粉。

（6）干燥塔蒸发量过低

① 原因：主要是由于风的流速过低或进风温度过低，引起热空气的流出和冷空气的吸入。

② 排除方法：检查空气过滤器的阻力是否太大，空气过滤器是否使用时间过长而被污杂物堵塞。检查空气加热器的管道是否畅通，有没有堵塞现象。

4. 喷雾干燥的卫生要求

喷雾干燥时虽然进热风温度高达 130~160℃，塔内温度85℃左右，但物料的粉温却只有50℃左右，属于干热状态，细菌不易杀死，一般干热杀菌的要求是100℃左右，1~2h。因此，喷雾干燥时的卫生消毒工作非常重要，它是麦芽糊精生产工艺的主要工序，卫生消毒工作直接影响物料的质量。在喷雾干燥过程中，必须注意以下卫生要求：

（1）保温缸、高压泵、输料管道等设备部件，在下班后必须清洗，上班前必须杀菌消毒。一般消毒办法是用沸水或蒸汽消毒。

（2）出粉时所有进干燥塔的工器具必须严格消毒。

（3）进干燥塔时，操作人员的衣服、袜子、帽子等必须采取高压蒸汽消毒。

（4）操作人员进干燥塔时要洗澡，双手用漂白粉消毒，并穿上经高压蒸汽消毒的衣服。

（5）滤粉袋清洗后，放在水中煮沸消毒，待冷后烘干使用。

（6）成品粉箱（桶）在每班使用前消毒，可用70%酒精喷射消毒。

(七)成品包装工序

将已喷雾干燥并静置至室温的麦芽糊精产品按照标准检验合格后,根据重量要求,装袋称重,放入检验合格证后,用手提缝纫机封口入库。

二、麦芽糊精主要原辅材料消耗

麦芽糊精主要原辅材料的消耗如表3-2所示。

表3-2　　　　麦芽糊精主要原辅材料的消耗

原辅料名称	质量标准	消耗定额/(kg/t产品)
碎米	大米含淀粉≥75%	1388~1460
或淀粉	淀粉含蛋白质0.5%以下	1200
耐高温α-淀粉酶	酶活力20000IU/mL	0.5~0.6
耐高温α-淀粉酶	酶活力10000IU/mL	1.0~1.2
活性炭	吸附力≥110%	7~10
氯化钙	纯度≥95%	0.3~0.4
碳酸钠	纯度≥95	1.3~1.4

三、麦芽糊精的主要生产设备

麦芽糊精的主要生产设备如表3-3所示。

表3-3　　　　麦芽糊精的主要生产设备
（以年产麦芽糊精系列产品3000t计）

设备名称	单位	数量	规格型号
真空输料系统	套	1	输送高度16m,输送量5t/h
浸泡罐	台	4	2.5m³
热水罐	台	1	2.5m³

续表

设备名称	单位	数量	规格型号
砂盘磨	台	2	MS60 型
调浆罐	台	2	$4.5m^3$
喷射器	台	2	HYW-4 型
层流罐	台	4	$2.5m^3$
灭酶罐	台	2	$1.5m^3$
汽液分离器	台	2	
脱色罐	台	3	$5m^3$
过滤机	台	3	635 型
计量罐	台	2	$15m^3$
污水泵	台	2	RRRB10-2000
离心泵	台	9	RRRB10-5000
真空泵	台	2	W4 型
真空浓缩锅	台	1	JN1000 型
喷雾干燥塔	套	1	RGRP03-700 型
锅炉	套	1	6t/h

四、麦芽糊精系列产品的质量标准

2005 年由食品发酵标准化中心主持制订的麦芽糊精国家标准(送审稿)如表 3-4 所示。

表 3-4　麦芽糊精国家标准(送审稿)

项目 　　规格 指标	MD100	MD150	MD200　MD300
感官要求			
外观及色泽	白色或微带浅黄色阴影的无定形粉末,无肉眼可见杂质		
气味	具有麦芽糊精固有的特殊气味,无异味		
滋味	不甜或微甜,无异味		

续表

指标 规格 项目	MD100	MD150	MD200	MD300
理化要求				
水分/%	≤6	≤6	≤6	≤6
DE/%	≤10	≤11~15	≤16~20	≤21~30
pH	4.5~6.5	4.5~6.5	4.5~6.5	4.5~6.5
溶解度/%	98	98	98	98
硫酸灰分/%	≤0.6	≤0.6	≤0.6	≤0.6
碘试验	无蓝色反应			
卫生要求	应符合 GB 15203 的规定			

第三节 麦芽糊精在食品工业中的应用

(一) 糖果

麦芽糊精在糖果中的应用如表 3-5 所示。

表 3-5　　　　麦芽糊精在糖果中的应用

名称	用量/%	作用
夹心糖	20~30	可抗砂、抗烊,减少龋齿等疾病
软糖	20~40	同上
牛皮糖	20~40	增强弹性和韧性,改善风味
孝感麻糖	20~30	预防潮解,降低或消除粘牙现象
苏式糖果	15~20	预防潮解,降低甜度,改善风味
巧克力糖	10~15	节约奶脂,改善口感,提高质量,降低成本

(二) 罐头

麦芽糊精在罐头食品中的应用如表 3-6 所示。

表 3-6　　　　　麦芽糊精在罐头食品中的应用

名　称	用量/%	作　用
各种罐头	5~10	增加稠度,改善风味
果冻类	5~15	同上
果茶类	10~20	同上

(三) 饮料

麦芽糊精在饮料中的应用如表 3-7 所示。

表 3-7　　　　　麦芽糊精在饮料中的应用

名　称	用量/%	作　用
冷饮冷食	5~15	增加稠度,改善风味,改善口感
固体饮料	10~30	减少营养损失,提高溶解性和质量,改善风味,稠度
咖啡饮料	5~15	节约原料,降低成本,改善风味,减少咖啡因含量
速溶奶茶	15~25	改善风味,减少咖啡因含量,增加稠度,降低成本
冰淇淋粉	10~25	改善组织结构,提高乳化效果,改善风味,降低成本
蛋黄粉	5~10	同上
酶制剂	5~10	起载体作用,减少酶活力损失

(四) 其他食品

麦芽糊精在食品中的应用如表 3-8 所示。

表 3-8　　　　　麦芽糊精在食品中的应用

名　称	用量/%	作　用
保健食品	15~25	减少营养损失,改善口感,提高保健效果
强化食品	15~30	同上
婴儿食品	5~10	同上
方便食品	5~15	增加稠度,改善结构,改善消费直观效果
汤羹汁类	5~10	同上

第四章 酸水解淀粉糖浆

第一节 概　　述

一、酸水解淀粉糖浆的种类、性质和用途

淀粉经酸水解完全糖化的最终产物为葡萄糖,而经不完全糖化的产物,其糖分组成为葡萄糖、麦芽糖、低聚糖、糊精等,称为淀粉糖浆。以玉米为原料生产的这种糖浆也称玉米糖浆。酸法制造淀粉糖已有 100 多年的历史。

(一) 种类

淀粉的水解在工业上称为转化,按照不同的转化程度,淀粉糖浆分为低转化糖浆,即 DE 在 20% 以下,也称为低 DE 糖浆;中转化糖浆,即 DE 在 38% ~ 42%,也称中 DE 糖浆,高转化糖浆,即 DE 在 60% ~ 70%,也称高 DE 糖浆。而根据不同的要求,每一类中又有不同的产品。

工业上生产量最大的比较普遍的是中转化糖浆,一般称为液体葡萄糖,在有些地区和工厂又称糊精浆或化学烯。其糖分组成大约为葡萄糖 23%,麦芽糖 21%,三糖和四糖 20%,糊精 36%。

(二) 性质

低 DE 糖浆、中 DE 糖浆和高 DE 糖浆的性质分别如表 4 - 1 所示。

(三) 用途

淀粉糖浆的性质与其用途密切相关,所以根据不同糖浆的不同性质确定其用途。淀粉糖浆被广泛地用于食品、医药、化工等行业中。

表 4-1 低 DE 糖浆、中 DE 糖浆和高 DE 糖浆的性质

性质 \ 种类	低 DE 糖浆	中 DE 糖浆	高 DE 糖浆
甜 度	微弱	50	80
溶解性	易溶	易溶	易溶
结晶性	不结晶	不结晶	结晶
吸湿法	低	低	略高
渗透压	低	中	高
黏 度	高	中	低
冰点降低	少	中	多
热稳定性	好	好	差
发酵性	低	中	高
抗氧化性	好	好	好

注：甜度以蔗糖为 100 计。

淀粉糖浆的甜度比蔗糖低，但随转化程度的提高而加大，淀粉糖浆可以广泛用于低甜度食品中。其糖液浓度提高，甜度也加大。而且不同糖品混合使用，有互相提高甜度的效果。例如：中转化糖浆 13.3%（干基），蔗糖 26.7%，混合配成浓度为 40% 的糖液，其甜度与 40% 的蔗糖溶液相等。所以淀粉糖浆作为甜味剂可以与蔗糖混合使用。

中转化糖浆是葡萄糖、低聚糖和糊精组成的混合物。不能结晶而且具有防止蔗糖结晶的性质，吸湿性也低。所以作为填充剂用于糖果制造，可防止糖果中的蔗糖结晶，又利于糖果的保存，并能增加糖果的韧性和强度，使糖果不易碎裂，又冲淡了糖果的甜度。因此，它是糖果工业不可缺少的重要原料。

中低转化糖浆的黏度较大，用于食品可提高黏度和口感，可作为填充剂和增稠剂广泛用于各种饮料、冷食、冷饮中。

另外，中低转化糖浆的热稳定性好，特别适用于糖果制造，其熬糖温度可达到 140℃ 以上。而焙烤食品要求在烘烤过程中生成焦黄色外壳，故选用高转化糖浆为宜。

随着转化程度的提高,葡萄糖和麦芽糖的成分加大,提高了糖浆的发酵性。所以,高转化糖浆适用于发酵性食品,而中低转化程度的糖浆适用于不能产生发酵的食品。

另外,由于糖浆溶液中溶解氧很少,有利于防止氧化,保护水果的风味、颜色。所以用于果脯、蜜饯、果酱、果汁、水果罐头等十分适宜。

此外,淀粉糖浆还可用于焦糖色素、皮革、化工、医药等部门。

二、淀粉的酸水解反应及其糖化机理

(一) 水解反应

淀粉为葡萄糖的聚合物,是一种易水解多糖,遇催化剂酸,能水解成游离状态的葡萄糖。化学反应式如下:

$$(C_6H_{10}O_5)_n + nH_2O \longrightarrow nC_6H_{12}O_6$$

淀粉在水解过程中,先生成中间产物糊精、低聚糖、麦芽糖,最后生成葡萄糖。而淀粉糖浆是淀粉的不完全水解糖化产物,所以其糖分组成比较复杂,如表4-2所示。

表 4-2　　　　　淀粉糖浆的糖分组成　　　　　单位:%

糖分 DE/%	单糖	二糖	三糖	四糖	五糖	六糖	七糖	八糖以上
20	5.5	5.9	5.8	5.8	5.5	4.3	3.9	63.3
40	16.9	13.2	11.2	9.7	8.3	6.7	5.7	28.3
60	36.2	19.5	13.2	8.7	6.3	4.4	3.2	8.5

其中糊精是相对分子质量大于低聚糖的碳水化合物的总称。因分子大小不同,遇碘呈色也不同。根据淀粉与糊精对碘呈色反应的不同,工业上常用此法检查转化程度。

淀粉遇碘呈蓝色反应,随着糖化的进行,转化程度的加大,由暗紫、紫、褐、红褐、黄、浅黄一直到无色。

糊精溶于水不溶于酒精,可用酒精检查糊精的含量。

随着水解反应的进行,还原糖增加。可以用测定还原糖含量的方法,了解转化程度,一般用 DE 来表示。

(二) 糖化机理

在淀粉的水解过程中,颗粒结晶被破坏。$\alpha-1,4$ 糖苷键和 $\alpha-1,6$ 糖苷键被水解生成葡萄糖。而 $\alpha-1,4$ 糖苷键的水解速度大于 $\alpha-1,6$ 糖苷键。

淀粉水解生成的葡萄糖受酸和热的催化作用,又发生复合反应和分解反应。复合反应有葡萄糖分子通过 $\alpha-1,6$ 键结合生成异麦芽糖、龙胆二糖、潘糖和其他具有 $\alpha-1,6$ 键的低聚糖等。

分解反应是葡萄糖分解成 $5'$-羟甲基糠醛、有机酸和有色物质等非糖物质。

糖化过程中,水解、复合和分解三种化学反应同时发生,而水解反应是主要的。复合与分解反应是次要的,但对糖浆生产是不利的,降低了产品的收得率,增加了糖液精制的困难,所以要尽可能降低这两种副反应。

(三) 化学增重

从理论上计算,1 份淀粉完全水解应生成 1.1111 份葡萄糖,称为化学增重。用于工业上计算产品收得率。根据试验数据计算,淀粉糖浆的化学增重见表 4-3。

表 4-3　　　　淀粉糖浆的化学增重

DE/%	化学增重因数	DE/%	化学增重因数
30	1.0292	60	1.0634
42	1.0424	70	1.0751

三、酸水解淀粉糖浆生产工艺流程

随着酶技术生产淀粉糖的发展,酸法低转化和高转化糖浆,逐步被酸酶法和酶法所取代。故此处只列出酸法中转化糖浆的工艺流程图(见图 4-1)。

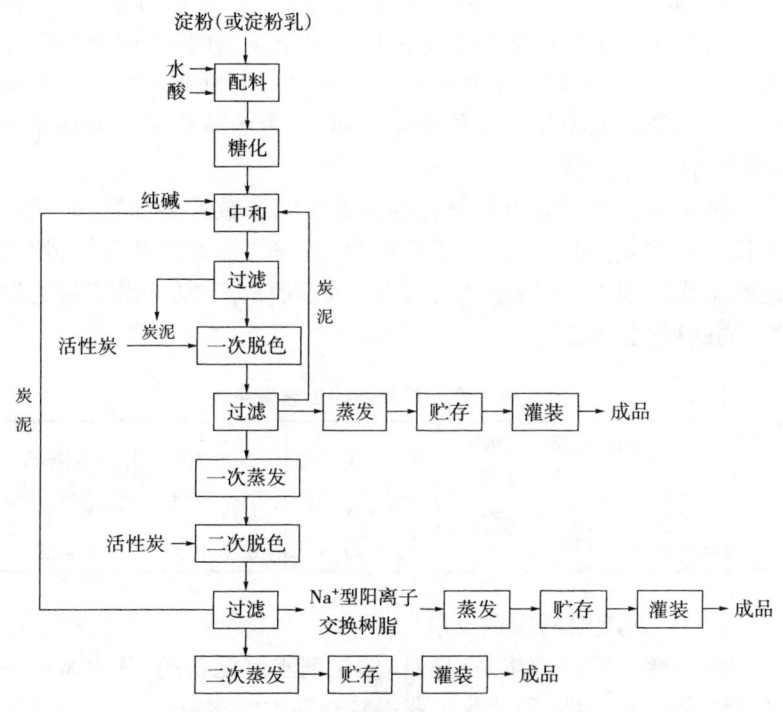

图 4-1 酸法中转化糖浆的工艺流程图

第二节 淀粉的酸糖化

一、糖化工艺条件的确定及对原料的要求

(一) 糖化工艺条件

糖化工艺条件是根据淀粉水解反应和葡萄糖复合与分解反应的规律性决定的。选择工艺条件应确保尽量减少复合与分解的副反应,提高原料利用率,有利于精制操作,并使糖浆中糖分的组成符合要求。

生产不同葡萄糖值的糖浆因其糖化的程度不同所选工艺条件也不同,如生产中转化糖浆所用淀粉乳的浓度,最高可达40%,而生产高转化糖浆所用淀粉乳的浓度要低很多。同样,用酸作催化剂,其用量也不一样。中转化糖浆糖化的 pH 为 1.8 左右。酸量少了会降低葡萄糖值和延长糖化时间,过量的酸会加大葡萄糖的分解并使色泽加深。

糖化温度和时间也是糖化的重要工艺参数。温度过高、时间过长会加剧复合分解反应,降低葡萄糖产量,加重糖液色泽,增加精制困难。表4-4所示为工业生产淀粉糖浆(以玉米淀粉为原料,间断糖化)的工艺条件。

表 4-4　　　　　工业生产淀粉糖浆的工艺条件

条件 品种	淀粉乳浓度 /%(干基)	pH	压力/MPa	时间/min
中转化糖浆	30~40	1.8	0.25~0.28	5~10
高转化糖浆	20~30	1.3~1.5	0.3~0.32	20~25

(二) 对淀粉的质量要求

由于酸法淀粉糖浆是以酸作催化剂水解淀粉的,其水解的主要特点是非专一性,因此为了获得较高纯度的淀粉糖浆,应尽量减少糖化时杂质的生成。这也有利于净化过程的进行,降低净化费用,提高产品质量。所以,酸水解淀粉糖浆对淀粉的质量要求较高(见表4-5)。

表 4-5　　　酸水解淀粉糖浆对淀粉质量的要求　　　　单位:%

项 目	指 标	项 目	指 标
水 分	11~14(或使用淀粉乳)	粗纤维	0.01~0.02
总蛋白质	0.3~0.5(最好0.4以下)	二氧化硫	0.001~0.003
水溶性蛋白质	0.01~0.02	pH	4.5~5.5
灰 分	0.08~0.10	外 观	无结块,无霉变,无异味
脂 肪	0.04~0.06		

不同品种的淀粉,其水解的难易程度也不同。一般谷类淀粉较薯类淀粉难水解。生产淀粉糖浆应选择质量高的淀粉为原料。所含杂质越少越好,尤其应尽量设法除去水溶性杂质。由于不同原料的淀粉,其内在质量不一样;同种原料、不同等级的淀粉,其内在质量也有区别,所以在糖化工艺条件上要有所不同。

(三) 催化剂的选择

许多种酸对淀粉的水解都有催化作用,工业上常用的有食品级工业盐酸、硫酸和草酸。

(1) 盐酸　催化效率最高达 100%。中和剂用纯碱,生成的氯化钠溶于糖液中,增加糖液的灰分。盐酸对设备腐蚀性也很大。对葡萄糖的复合反应催化强。目前多数使用盐酸。

(2) 硫酸　催化效率次于盐酸,为 50.35%。用石灰中和,生成的硫酸钙沉淀在过滤时去掉。但硫酸钙具有一定的溶解度,仍会有少量溶于糖液中,此糖液在蒸发时,容易在蒸发器中形成水垢,影响蒸发效率。糖浆在贮存中,硫酸钙会慢慢析出而变浑浊。因此,工业上很少使用硫酸糖化。

(3) 草酸　催化效率低,只有 20.43%。用石灰中和,生成的草酸钙不溶于水,过滤时可全部除去。草酸可减少葡萄糖的复分解反应,糖液的色泽较浅,但草酸价格贵,所以工业上较少采用。

淀粉酸水解催化剂的选择,要视设备条件和对产品质量的要求,以及经济因素等具体情况确定。

二、间 歇 糖 化

(一) 配料工艺及设备

首先向配料罐里注水,而后在不断搅拌下,缓缓投入淀粉,至达到规定浓度后,慢慢加入经稀释后的盐酸,经充分混合均匀后测定 pH,并加以调整。

配料罐一般选用耐腐蚀的不锈钢材料制造,内设搅拌器,装料系数为70%~80%,如用泵打料,需在粉浆进泵前设置过滤器,以除去淀粉中混入的杂物,避免堵塞泵。

糖化所用盐酸由于挥发性大,腐蚀性强,工人操作劳动条件差,所以采取以水为动力,用喷射器抽吸盐酸,注入配料罐。这既减少盐酸损失,又改善劳动条件,净化操作环境。

(二) 糖化工艺及设备

糖化反应在一密闭的糖化罐内进行。糖化打料前,首先开启糖化罐进汽阀门和罐顶排汽阀门,排出罐内冷空气。在罐压保持0.03~0.05MPa的情况下,连续打料。为了使糖化均匀,尽量缩短进料时间。进料完毕,迅速升压至规定压力,并不断取样,进行碘试验。当达到要求的转化程度后,立即快速放料,避免过度糖化。由于间断糖化在放料过程中仍可继续进行糖化反应,为了避免过度糖化,其中间品的DE要比成品的DE的标准略低。

糖化罐采用不锈钢耐腐蚀材料,按照受压容器设计与制造(见图4-2)。罐底装设环形蒸汽分布器,要做到蒸汽分布均匀。不能有死角,达到良好的搅动效果。糖化罐所设计的装料系数,一般不大于70%。出料要顺畅。

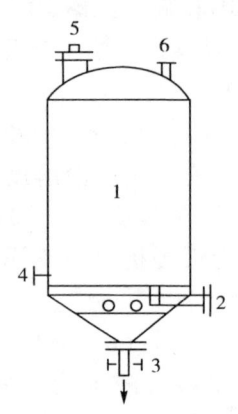

图4-2 糖化罐结构图
1—罐体 2—蒸汽分布器
3—出料管 4—取样口
5—人孔 6—安全阀

三、连续糖化

由于间歇糖化操作麻烦,糖化不均匀,葡萄糖的复合分解反应和糖液的转化程度控制困难,又难以实现生产过程的自动化,故许多国家采用连续糖化技术。连续糖化分为直接加热式和间接加热式两种。

(一) 直接加热式

直接加热式的工艺过程是淀粉与水在一个贮槽内调配好,酸液在另一个槽内贮存,然后在淀粉乳罐内混合,调整浓度和酸度。利用定量泵输送淀粉乳,通过蒸汽喷射加热器升温,并送至维持罐,流入蛇管反应器进行糖化反应,控制一定的温度、压力和流速,以完成糖化过程。而后糖化液进入分离器闪急冷却。二次蒸汽急速排出,糖化液迅速降至常压,冷却到100℃以下,再进入贮槽进行中和。全部操作过程为仪表自动控制(见图4-3)。

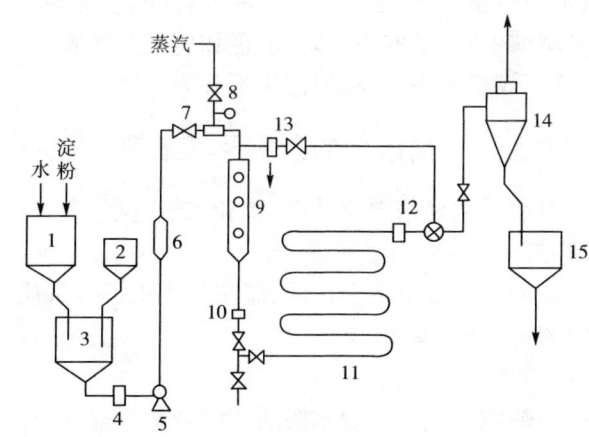

图4-3 直接加热连续糖化流程图
1—淀粉乳罐 2—酸槽 3—淀粉乳调节罐 4—过滤器 5—定量泵
6、10—温度计 7—加热器 8—压力表 9—维持罐
11—加热管 12—控制阀 13、14—分离器 15—贮槽

(二) 间接加热式

间接加热式的工艺过程为:淀粉浆在配料罐内连续自动调节pH,并用高压泵打入三套管式的管束糖化反应器内,被内外间接加热。反应一定时间后,经闪急冷却后中和。物料在流动中可产生搅动效果,各部受热均匀,糖化完全,糖液颜色浅,有利于精制,

热利用效率高。蒸汽耗量和脱色用活性炭都较间断糖化法节约很多。

第三节 糖液的净化

酸法淀粉糖化液成分十分复杂,除糖外,还含有大量的杂质。这些杂质又可分为含氮物质、有机酸、无机酸、无机盐、脂肪、有色物质、重金属等。这些杂质严重地影响产品的质量和使用效果。因此,必须采用经济有效的方法对糖液进行净化,以除去这些杂质。一般采用碱中和、活性炭吸附、脱色和离子交换脱盐。也有的用电渗析脱盐,或超滤去杂质,但使用不普遍。

一、糖液中的杂质及其来源

糖液中的杂质主要来自原辅料、水和水解过程。

1. 原料淀粉

工业用淀粉含有少量的蛋白质、脂肪和无机盐等杂质,其总量为原料淀粉的 1.0%~1.5%。

2. 辅料

辅料中的杂质包括：淀粉水解所用的催化剂盐酸以及盐酸中所含的杂质、中和用碳酸钠所含的杂质、中和后所含的盐类等。

3. 生产用水

工业生产上都是用未经软化处理的硬水,此种水含有一定量的杂质。

4. 淀粉水解过程产生的杂质

淀粉在酸水解过程中,由于葡萄糖的复合与分解反应,会产生低聚糖、5-羟甲基糠醛、有机酸和色素,以及蛋白质、脂肪等的水解产物。

二、中和工艺及设备

(一) 中和的目的及原理

酸水解糖液 pH 一般为 1.7~1.9,必须中和除酸。反应式如下:

$$2HCl + Na_2CO_3 = 2NaCl + H_2O + CO_2 \uparrow$$

同时糖液中的非糖杂质多呈溶解状态,一部分杂质呈胶体状态,调节糖液的 pH 达到蛋白质等电点,使蛋白质凝聚析出。中和终点的 pH 选择,要通过试验确定,通常称为沉淀曲线,即调节不同的 pH,测定滤液的蛋白质含量,并观察糖液的澄清度。根据沉淀物产生的量,确定最适 pH,一般为 4.5~5.2。中和 pH 在净化中是十分重要的。pH 偏低,糖液中的杂质不能最大量的凝聚析出;pH 偏高,葡萄糖分解形成色素,增加糖液色泽,部分凝聚物又会重新溶解,使糖液过滤困难,泡沫增加。

中和温度较高比低温中和效果好,又考虑到中和的同时进行粗脱色,故一般选择与脱色相近的温度。

(二) 中和工艺及设备

糖化液在中和前首先要冷却,使温度在 130℃ 以上的糖液迅速冷却到 100℃ 以下。一般在厂房的较高处设置一个冷却罐,借糖化罐的高压将糖化液压入冷却罐,糖液迅速减压,闪急冷却,二次蒸汽急速沿排汽筒排放到大气中,糖液温度下降,流入中和罐。为了减少二次蒸汽排放时夹带糖液,有的在冷却罐上部连接 1 台汽液分离器,也有的直接将冷却罐设计成旋风分离器,效果更好。若直接用中和罐兼作冷却罐,则要考虑在中和罐上安装直径足够大的排气筒,并注意中和罐入孔的密封,防止糖液溢散到车间。被冷却的糖化液进入带搅拌装置的中和罐,通过间接冷水降温,进一步将糖化液温降至 90℃ 以下。用纯碱水溶液中和至所需的 pH,并加入炭泥兼作助滤和粗脱色。为了更好地除去蛋白质类物质,有的还可加入澄清剂。

(三) 过滤

中和后的糖化液必须除去凝沉的蛋白质及其他不溶性杂质和加入的炭泥，以便得到澄清的糖化液。除去这些固形物的方法是过滤。淀粉糖工业过滤均是以滤布为过滤介质，液体通过滤布，而固体物被截留在滤布上。完成这一操作过程的设备是各种形式的过滤机。但使用较为普遍的是板框压滤机。

1. 滤布的选择

滤布有棉纤维和合成纤维两种。选择合适滤布要考虑过滤介质所能截留的固体粒子的大小，这由滤布孔径的大小及单位过滤面积上孔的数目所决定，但与过滤压力有关。这些都须经过试验确定。

淀粉糖浆工业常用的棉纤维、尼龙及涤纶滤布的某些物理性质如表4-6所示。不同编织纹法对滤布过滤性能的影响如表4-7所示。

表 4-6　　淀粉糖浆工业常用滤布的部分物理性质

性能 种类	最高安全温度/℃	相对密度	吸水率/%	耐磨性
棉纤维	92	1.55	16~22	良
尼龙	105~120	1.14	6.5~8.3	优
涤纶	145	1.38	0.04~0.08	优

表 4-7　　不同编织纹法对滤布过滤性能的影响

性能 针法	滤液澄清度	阻力	滤饼中含水	滤饼脱落难易	寿命	堵孔倾向
平纹 斜纹 缎纹	依次下降	依次下降	依次减少	依次变易	中 长 短	依次变易

纤维和针法相同，而线径大小不同，会直接影响过滤性能。线

径粗,则滤液澄清度高,阻力大,滤饼含水率高,滤饼不易脱落,孔眼较易堵,但寿命较长。

为了提高过滤性能,可选择硅藻土作为助滤剂,以提高过滤速度,延长过滤周期,提高滤液澄清度。一般采取预涂层的办法,以保护滤布的毛细孔不被一些细小的胶体粒子堵塞。

2. 过滤工艺条件

为了提高过滤速率,糖液过滤时,要保持一定的温度,使其黏度下降,有利于过滤。同时要正确地掌握过滤压力。

因为滤饼具有可压缩性,其过滤速度与过滤压力差密切相关。但当超过一定的压力差后,继续增加压力,滤速也不会增加,反而会使滤布表面形成一层紧密的滤饼层,过滤速度迅速下降。所以,过滤压力应缓慢加大为好。不同的物料,使用不同的过滤机,其最适过滤压力要通过试验确定。

3. 板框压滤机

选择板框压滤机,要求板与框应耐腐蚀,密合性好,符合食品卫生要求,易于操作,一般以聚丙烯材质较为普遍。

根据物料本身的过滤性能和生产能力的要求,计算所需的过滤面积来决定设备选型。

过滤压力的形成,可以采取中和罐高位设置,也可以使用泵供料。这样的过滤过程是变压差、变滤速的过滤。

板框过滤机分明流和暗流,压紧装置有油压、机械和手动,手动压紧现已很少选用。近年来板框压滤机经过改进,出现了箱式压滤机,操作更为方便。

板框压滤机的过滤强度大,操作容易,设备简易,但劳动强度大,环境污染较严重。

除一般间断操作的板框压滤机外,还有自动操作的板框压滤机以及叶片过滤机、管式过滤机、真空转鼓过滤机等。

三、脱色工艺及设备

(一) 脱色的目的与原理

糖液中含有的有色物质和一些杂质必须除去,方能获得澄清透明、甚至无色的糖浆产品。工业上一般采用骨炭和活性炭脱色。活性炭又分颗粒炭和粉末炭两种。骨炭和颗粒炭可以再生重复使用,但因其设备复杂,仅在大型工厂使用。一般中小型工厂使用粉末活性炭,重复使用 2~3 次后弃掉。使用粉末活性炭成本较高,但设备简单,操作方便。

粉末活性炭为黑色粉末,除含少量的水分和微量的灰分外,其余为炭。每克粉末活性炭的吸附面积高达 $500m^2$ 以上。活性炭脱色就是将有色物等杂质吸除在活性炭的表面上,从糖液中除去。

由于制造活性炭所使用的原料和方法不同,其性质也有差别,要选用脱色能力强、过滤性能好的活性炭。

(二) 脱色工艺条件

1. 糖液的温度

活性炭的表面吸附力与温度成反比,但温度高,吸附速率快。在较高温度下,糖液黏度较低,加速糖液渗透到活性炭的吸附内表面,对吸附有利。但温度不能太高,以免造成糖分解而着色,一般以 80℃为宜。

2. pH

糖液 pH 对活性炭吸附有一定关系,一般在较低 pH 下进行,脱色效率较高,葡萄糖也稳定。工业上均以中和操作的 pH 作为脱色的 pH。

3. 脱色时间

为使糖液与活性炭充分混合均匀,脱色时间以 25~30min 为好。

4. 活性炭用量

活性炭用量少,利用率高,但最终脱色效果差。炭用量大,可缩短脱色时间,但单位质量的活性炭脱色效率降低。一般采取分次脱色的办法,并且前脱色用废炭,后脱色用好炭,以充分发挥脱色效率。

(三) 脱色设备

糖液脱色是在具有防腐材料制成的脱色罐内完成的。罐内设有搅拌器和保温管,罐顶部有排汽筒。其构造与中和罐相同。脱色后的糖液经过滤得到无色透明的液体。

四、离子交换工艺及设备

(一) 糖液离子交换的目的与原理

糖液虽经中和和活性炭处理,但糖液中的无机盐和有机杂质还要进一步除掉。工业上采用离子交换树脂处理糖液,起到离子交换和吸附的作用。离子交换树脂能除去蛋白质、氨基酸、羟甲基糠醛和有色物质等的能力比活性炭强。经离子交换树脂处理的糖液,灰分可降低到原来的十分之一,对有色物质及能产生颜色的物质去除得彻底。因此,不但产品澄清度好,而且久置也不变色,有利于产品的保存。

离子交换树脂是有机合成的高分子化合物,是一种凝胶,具有很多微孔网状的颗粒。离子交换树脂分为阳离子交换树脂和阴离子交换树脂两种。酸水解淀粉糖浆一般只有 Na^+ 型阳离子交换树脂,除去糖液中的 Ca^{2+}、Mg^{2+}、Fe^{3+} 等阳离子。

(二) 影响离子交换的因素

(1) 交换容量大的树脂,离子交换能力也大。树脂粒度大小与交换速度也有关,颗粒直径小,离子交换速度更快些。

(2) 糖液中的需交换离子的浓度低时,交换速度由交换离子的扩散速度决定。若糖液浓度大,应放慢糖液的流速。糖液浓度较低时,可以采用较快的流速。糖液的流速,控制在 $1.5 \sim 2$ 倍树脂体积。

(3) 糖液温度对离子交换影响很小,但提高糖液温度,可降低黏度,加快离子扩散速度,有利于加快交换速度。温度过高也不好。一般糖液温度不高于60℃。

(4) 树脂层高应适当。过低,使交换不彻底;过高,增加阻力。一般树脂层高为离子交换柱直径的1.5~2.5倍。

(三) 离子交换工艺及设备

(1) 新树脂有合成单体残留和异味,必须用酸、碱、盐、水反复浸泡,洗涤干净后再装柱。

(2) 离子交换在单柱内进行,糖液流经树脂床时,要严格控制流速并经常检查出糖的pH和电导值。待流出糖液指标到极限时,停止走料,并将树脂床内的糖液放净并用水洗残糖,加以回收。

(3) 失效的树脂需用水充分地正洗和反洗,以除去树脂中的杂质。洗至流出水澄清透明,方可再生。

(4) 钠型阳离子交换树脂的再生剂使用8%~10%的食盐水溶液,氢型阳离子交换树脂的再生剂使用2%硫酸再生,再生时间一般为4~10h,最后用水正洗,除去树脂层残留的盐分,并准备下一个周期使用。

(5) 离子交换柱是用耐腐蚀材料制成的反应器,并应承受一定的压力。柱上部设置进料口、溢流口和分布盘,以使糖液分布均匀,并防止反洗时树脂溢出。柱下部设置网布和石英砂或排水帽,既防止树脂泄漏又使排液均匀。柱身有视镜,以观察操作情况。

第四节 糖液的蒸发

经过净化的糖液浓度比较低,必须将其中大部分水分去掉,即采用蒸发,使糖液浓缩,达到要求的浓度。

一、蒸发方式的选择

淀粉糖浆为热敏性物料,受热易着色,所以在真空状态下进行蒸发,以降低液体的沸点。一般蒸发温度不宜超过68℃。蒸发操作有间歇式、连续式和循环式三种。采用间歇式蒸发,糖液受热时间长,不利于糖浆的浓缩;但设备简单,最终浓度容易控制。

采用连续式蒸发,糖液受热时间短,适用于糖液浓缩,处理量大,设备利用率高;但最终浓度控制不易,在浓缩比很大时难以一次蒸发达到要求。

采用循环式蒸发可使一部分浓缩液返回蒸发器,物料受热时间比间歇式短,浓度也较易控制,较适合糖浆的浓缩。蒸发操作中的主要费用是蒸汽消耗量,为了节约蒸汽,可采用多效蒸发,充分利用二次蒸汽,又可节约大量的冷却用水。

一般每蒸发 1t 水,双效需 0.57t 蒸汽,三效需 0.33~0.4t 蒸汽,四效需 0.25~3t 蒸汽。采用双效蒸发即可节约 43% 的蒸汽。但效数多了,相应的设备费用也随之增加。

其次也可采用二次蒸汽再压缩,以提高其热值,达到节约蒸汽的目的。

蒸汽再压缩:一次蒸汽通过蒸汽喷射器将二次蒸汽压缩升温作热源再利用。设备简易,造价低,易操作,可起到二至三效蒸发的节约蒸汽的效果。

机械再压缩:利用热泵将二次蒸汽压缩、升温升压再利用。动力源不用蒸汽,也称无蒸汽蒸发,其节汽效能相当于蒸汽再压缩的 3 倍,但机械再压缩设备复杂,造价昂贵。

二、蒸 发 设 备

淀粉糖浆蒸发常用的设备有以下几种。

(一) 内循环蒸发器

内循环蒸发器属于间歇式蒸发器,逐步被其他形式的蒸发器所取代。

(二) 外循环蒸发器

外循环蒸发器的加热室与蒸发室分开,属于循环式,循环速度快,物料受热时间比内循环短,清洗与检修也较方便,被淀粉糖工业广泛使用(见图4-4)。

(三) 长管薄膜蒸发器

长管薄膜蒸发器是利用沸腾后蒸汽的推动作用,使液体在传热面上形成薄膜,因而强化传热效果,降低物料受热时间,蒸发速度快,传热效率高,特别适用于热敏物料和黏度较大的物料的浓缩,是淀粉糖浆应用较广泛的蒸发器。长管薄膜蒸发器按照蒸汽和液膜的流动方向又可分为升膜式、降膜式和升降膜式三种。

(四) 刮板薄膜蒸发器

刮板薄膜蒸发器是利用旋转的刮板,借离心力和刮板的刮带作用,使料液在传热面上形成液膜而蒸发(见图4-5)。

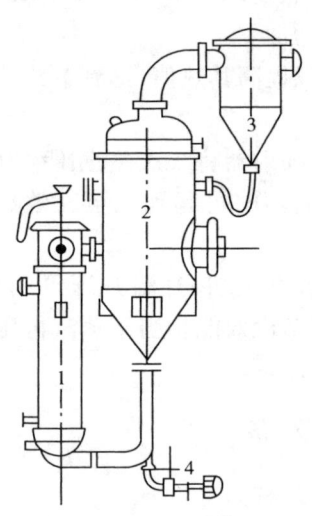
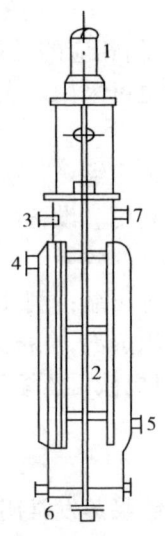

图4-4 外循环蒸发器
1—加热器 2—蒸发罐
3—气液分离器 4—出料泵

图4-5 刮板薄膜蒸发器
1—减速机 2—刮板 3—进料口
4—进汽口 5—冷凝水出口
6—出料口 7—二次蒸汽出口

刮板薄膜蒸发器可以处理其他蒸发器所不能处理的高黏度液体(5~10Pa·s),物料受热时间短,可以蒸发热敏性物料。其传热系数高,蒸发强度大,是淀粉糖浆较理想的蒸发设备。

三、蒸发量的计算

蒸发量的计算公式如下:

$$S = G_0 \left(1 - \frac{w_0}{w}\right) \qquad (4-1)$$

式中　S——水分蒸发量,kg/h

　　　G_0——糖液处理量,kg/h

　　　w_0——糖液初始质量分数,%

　　　w——糖液缩后的质量分数,%

可根据上式选择不同大小的蒸发器。

进料量与浓缩液量之比称作浓缩比(ϕ)。其计算公式如下:

$$\phi = \frac{G_0}{G_0 - S} = \frac{w}{w_0} \qquad (4-2)$$

四、蒸发装置中的附属设备

(一) 汽液分离器

蒸发过程中小的液滴会随气流带出,如不回收会造成产品损失,故一般在蒸发器外部安装汽液分离器,以回收这部分物料。

(二) 真空发生装置

1. 机械真空泵

机械真空泵有往复式和旋转式两种。往复真空泵的真空度和效率均较高,被淀粉糖工业广泛采用。旋转式真空泵是湿式真空泵,真空度比往复式真空泵低。

机械真空泵要配备相应的二次蒸汽冷凝器。

2. 水力喷射泵

水力喷射泵以水为动力,兼有冷凝和抽真空的双重作用,可以简化流程,设备造价低,维修方便,操作容易,逐渐被淀粉糖浆工业所采用,缺点是真空度不高。

第五节　产品的贮藏与包装

一、产品的贮藏

蒸发浓缩后的糖浆产品达到规定的浓度,放入成品罐中使之冷却,然后再灌装,以免热糖浆直接灌装而夹带少量蒸汽,冷凝后留于糖浆表面,冲淡表面糖浆,易引起杂菌生长。

二、产品的包装

淀粉糖浆一般用镀锌铁桶或塑料桶盛装,不论使用何种容器都必须保持容器内洁净,无污染,灌装后的成品应置于阴凉通风处,不得被日晒雨淋,以保证产品质量。对于大的用户可以用槽车运送。

第五章 麦芽糖

麦芽糖是以淀粉质为原料,经酶或酸酶结合的方法水解而制成。麦芽糖包括不同纯度的麦芽糖浆和固体麦芽糖。按含量多少依次为麦芽糖饴(麦芽糖50%以下)、麦芽糖(50%以上)、高麦芽糖(70%以上)、90-麦芽糖、粉状麦芽糖、结晶麦芽糖。

麦芽糖饴,亦称饴糖,在我国有悠久历史。传统上是以大米或粮食原料经煮熟,加麦芽作糖化剂后,淋出糖液,经煎熬浓缩而成的一种糖浆,称为饴糖,其中含麦芽糖35%~45%,其余主要是糊精、少量麦芽三糖和葡萄糖。传统生产饴糖的工艺由于技术落后,劳动强度高,出糖率低,20世纪60年代起已被酶法糖化工艺所取代。所谓酶法糖化是先将淀粉质原料磨浆,加热糊化,用 α-淀粉酶液化后,再加麦芽进行糖化的一种工艺。以淀粉或粮食为原料,先用 α-淀粉酶液化,然后用植物(麦芽、大豆、甘薯等)β-淀粉酶糖化作成糖浆,再经脱色和离子交换精制成酶法饴糖,称为麦芽糖浆,国内俗称白饴糖。普通饴糖因未经脱色精制,具有麦芽的特有香味,糖浆中含较多灰分与蛋白质,热稳定性较差,熬糖时容易焦化。麦芽糖浆制造时,若在糖化时将淀粉分子中的支链淀粉分支点的 α-1,6键先用脱支酶水解,使之成为直链糊精,再经 β-淀粉酶作用,可生成更多的麦芽糖,而其中糊精的比例很低。含麦芽糖70%以上的糖浆,称为高麦芽糖浆(见表5-1)。

表 5-1　　各类麦芽糖浆的主要糖组成分　　单位:%

类别	DE	葡萄糖	麦芽糖	麦芽三糖	其他
麦芽糖饴	35~45	<10	40~50	10~20	30~40
麦芽糖浆	35~50	0.5~3	50~70	10~25	—
高麦芽糖浆	45~60	1.5~2	70~85	8~21	—

麦芽糖是由2分子葡萄糖通过 $\alpha-1,4$ 葡萄糖苷键所构成的双糖,化学名称为 $4-O-D-$ 六环葡萄糖基 $-D-$ 六环葡萄糖 $(C_{12}H_{22}O_{11})$,在植物和动物中存在较少,而在淀粉水解物中是常见的组分。麦芽糖的甜度为蔗糖的30%~40%,甜味与蔗糖不同,入口不留后味,具有良好的防腐性和热稳定性,吸湿性低,水中溶解度小,且在人体中有特殊的功能。

第一节 麦芽糖的制法

麦芽糖根据其麦芽糖含量和精制程度,可分为麦芽糖饴、麦芽糖浆、高麦芽糖浆、90-麦芽糖、粉状麦芽糖、结晶麦芽糖。生产原理相同,工艺有所不同。

此外不同品种麦芽糖中的糖组成,受液化方式、所用酶制剂品种数量不同,也会有很大变化。

一、淀粉的液化

液化是使淀粉分子分散在水中并使之部分水解的过程。液化可用酸或 $\alpha-$ 淀粉酶来进行。淀粉液化的好坏直接影响到以后工序操作的难易和成品的质量。天然淀粉是结构紧密的微粒,其中存在着结晶区与非结晶区,不易受酶的作用,当淀粉悬液加热到60℃以上时,淀粉粒的结构逐渐被破坏,体积膨胀破裂而溶于水,此过程称为"糊化"。在"糊化"过程中,附着于淀粉的蛋白质也得以分离而凝聚,淀粉只有糊化以后才能受到酶的作用。不同来源的淀粉达到完全糊化时所需的温度不同,谷物淀粉比薯类淀粉较难糊化,但若采用105~110℃的温度进行糊化,可以满足多数淀粉对糊化的要求。在制造麦芽糖浆时,淀粉浆的浓度达到30%以上,糊化后黏度很高,必须进行液化,使黏度下降和部分水解,并防止淀粉冷却时发生沉淀老化。

(1) 酸液化　酸液化通常是用盐酸将粉浆调节到pH 2.0,在

140~150℃加热5mim后,闪急冷却和中和。经此处理后,淀粉得以完全糊化和部分水解,从而使料液的过滤非常容易。但因酸液化是无专一性的,可使共存的纤维素、蛋白质等一起水解,以致产生5-羟基-2-呋喃及无水葡萄糖、色素等副产物,并且生成多量的灰分而影响产品质量和增加净化费用。

（2）酶液化 酶液化无酸液化之缺点。其操作是向粉浆中添加 α -淀粉酶,在 pH 5.5~6.0、80~90℃下保持一定时间进行液化,随着淀粉分子的降解,黏度迅速下降,对碘的呈色反应由蓝变紫、变红,再转为棕褐色以致无色而完成液化。液化所用的 α -淀粉酶有两种:一种是普通细菌 α -淀粉酶,反应最适温度是70~80℃,为了提高其热稳定性,操作时在粉浆中添加 $CaCl_2$ 0.2%~0.3%;另一种是耐热性 α -淀粉酶,其最适反应温度在90℃,热稳定性好,反应时不必添加 Ca^{2+},在使用喷射液化时,能在105~120℃下操作,在此温度下液化淀粉可以充分糊化,液化效果也就更好。

液化的程度通常是用葡萄糖值（DE）来衡量的。为了提高麦芽糖的生成量,必须防止生成葡萄糖的聚合度为奇数的低聚糖。液化后DE愈高,则生成奇数聚合度低聚糖的机会也愈多,糖化后会生成较多的麦芽三糖而使麦芽糖的收量降低(见表5-2)。若DE太低,则糖液黏度太高而难于操作,尤其是采用酸液化时,液化液中残留较多的大分子糊精,在达到糖化温度时,部分直链糊精分子发生老化,影响糖化与糖化液的过滤。酸液化时麦芽糖生成量较酶液化的少,而葡萄糖的生成量较多(见表5-3)。

表 5-2　　液化液的DE对 β -淀粉酶糖化液组成的影响* 单位：%

液化液 DE	葡萄糖	麦芽糖	麦芽三糖	其他糖
2.38	0.2	87.1	7.8	4.5
5.81	0.5	85.0	10.9	3.6

续表

液化液 DE	葡萄糖	麦芽糖	麦芽三糖	其他糖
8.05	1.3	80.8	14.4	3.5
12.6	1.4	74.4	18.0	6.2
14.0	1.6	71.8	20.9	6.7
19.6	2.7	66.2	23.4	7.6
25.5	4.2	65.2	24.0	6.6
31.8	7.1	61.2	25.6	6.3

* 与支链淀粉酶同时使用。

表 5-3　　液化方法对麦芽糖生成量的影响　　单位：%

糖化液	酸液化	酶液化
DE	35~50	35~50
葡萄糖	3~8	0.5~2.0
麦芽糖	45~55	50~60
麦芽三糖	10~25	10~25

二、淀粉的糖化

为了提高麦芽糖含量,糖化时需使用脱支酶,将支链淀粉分支点 $\alpha-1,6$ 键切开。当用支链淀粉酶(或普鲁蓝酶)进行脱支时,这种酶本身具有将已生成的麦芽糖和麦芽三糖缩合生成麦芽四糖、麦芽五糖和生成葡萄糖的能力,从而影响麦芽糖的生成量,将单独用 β -淀粉酶或并用支链淀粉酶及异淀粉酶水解的反应产物进行凝胶层析时,可发现不同酶组合水解生产的糖浆,其组成成分有着很大的不同。

(1) 单独用 β -淀粉酶水解时,产物中除麦芽糖、麦芽三糖外,还含有大量糊精及其他寡糖。

(2) 当 β -淀粉酶与支链淀粉酶并用时,产物中除含大量麦芽糖、麦芽三糖外,还可发现麦芽四糖、麦芽五糖等聚合物存在,但

$DP_7 \sim DP_{20}$的高分子聚合物很少。

（3）当使用异淀粉酶和β-淀粉酶糖化时,水解物中高分子成分很少,但可发现存在一系列的低聚糖,这可能是不能被异淀粉酶所水解的短链分支低聚糖。

（4）在β-淀粉酶和支链淀粉酶、异淀粉酶一起使用时,水解物中高分子成分与分支低聚糖一起消失。

除β-淀粉酶外,Novo公司开发的由枯草杆菌DNA重组菌株生产的麦芽糖生成酶(Maltogenase)也已用于工业生产,它的作用方式和β-淀粉酶一样,但生成的麦芽糖是β-型产物。由于此酶可水解麦芽三糖,故它的水解产物中麦芽三糖的含量甚少。

三、麦芽糖饴

淀粉调浆后加α-淀粉酶液化,而后加麦芽浆进行糖化,用压滤或离心方法滤出糖液,在蒸发罐中浓缩而制成糖浆。

粉浆的浓度以$20 \sim 23°Bé$为宜,此时糖化液中固形物含量不低于28%,则有利于过滤及液化。

(一) 液化

液化目的是使淀粉糊化后的黏度降低并发生部分水解,暴露出更多可受糖化酶作用的非还原性末端。用α-淀粉酶液化,用碘液检验液化程度,以碘反应呈红棕色时作为液化终点,此时的DE为15%左右。液化的方法有四种:升温法、间歇法、连续法和喷射液化法。

（1）升温液化法　它是将粉浆置液化罐中,添加α-淀粉酶,在搅拌下喷入蒸汽升温至$85 \sim 90℃$,直至碘反应呈粉红色时,加热至100℃以终止酶反应,冷却至糖化温度。液化的温度视所用α-淀粉酶而异,使用一般细菌α-淀粉酶时,采用85℃温度,为防止酶失活起见,常需添加$CaCl_2$ $0.1\% \sim 0.3\%$。用耐热性α-淀粉酶液化时,可免加$CaCl_2$,在90℃液化。

升温液化法手续虽说简便,但在升温糊化过程中,因黏度上升使搅拌不匀,料液受热不均,致使液化不完全,并形成难于受酶作用的不溶性淀粉粒,导致糖化后糖化液过滤发生困难,故此法不宜用在工业生产。

(2) 间歇液化法 在液化罐中先加一部分水,由底部喷入蒸汽加热到 90℃,再在搅拌下连续注入已添加 α-淀粉酶和 $CaCl_2$ 的粉浆,同时喷入蒸汽保温 90℃,当粉浆注满后停止进料,保温到碘反应呈红色时,加热到 100℃ 终止反应。此法操作简便,液化效果较好,是工厂常用的方法之一。

(3) 连续液化法 开始时与间歇法相同,当粉浆注满液化桶后,90℃ 保温 20min,再从底部喷蒸汽升温到 97℃ 以上,在搅拌和加热下,分别从顶部进料,底部出料,保持液面高度不变。在操作中液化罐内物料上下部分的温度不同,上部 90~92℃,下部 98~100℃。用此法液化,粉浆在液化罐中滞留时间约只有 2min,可得到完全的糊化和液化。这种方法在国内是普遍采用的方法。

(4) 喷射液化法 此法是利用喷射器进行粉浆的糊化与液化。喷射器的结构是利用文丘利管原理设计的(见图 5-1),当高压蒸汽(8~10MPa)通过喷嘴,在喷射器内腔便形成真空,抽吸入已加有 α-淀粉酶的粉浆,在内腔蒸汽同粉浆瞬间混合,温度骤升

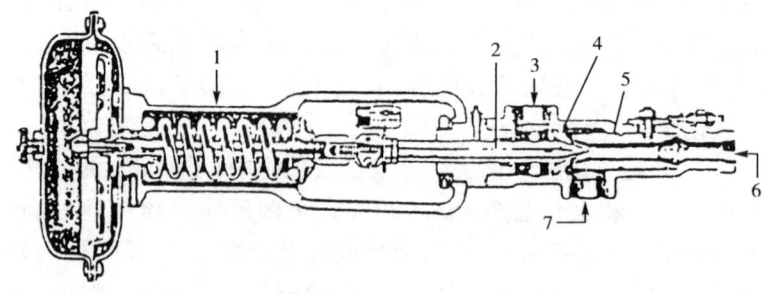

图 5-1 高压蒸汽喷射器
1—自动操作 2—蒸汽阀 3—蒸汽入口 4—蒸汽喷嘴
5—混合管 6—出口 7—淀粉乳入口

到 $100 \sim 120℃$,迅速完成了糊化与液化,粉浆喷出落入维持罐中 $90℃$ 保持 1h,使液化完全,蛋白质易于凝聚,容易过滤。采用喷射液化法,已切断的淀粉链不易重新聚合,设备的体积小,操作可以连续化,故在淀粉糖行业中已普遍采用。喷射液化最适合于使用耐热性 α-淀粉酶的场合。

（二）糖化

粉浆经液化后其 DE 约 15%,泵入糖化罐中冷却至 $62℃$ 左右,根据麦芽质量添加 $1\% \sim 4\%$ 的麦芽浆,在搅拌下 $60℃$ 保温 $2 \sim 4h$ 进行糖化,当 DE 达到 40% 左右即升温到 $75℃$,以终止反应并使糊精充分得以糖化,在此温度保温 30min,再升温到 $90℃$ 维持 20min,使酶完全失活,并促使蛋白质凝结和降低糖液黏度,以利过滤。

虽然使用未发芽的大麦或溶解度低的麦芽同样可以进行糖化,但由于其中的 β-葡聚糖未被分解,致使糖液不易滤清,使成品浑浊并呈涩味,因此对麦芽的品质应当重视。用麦芽糖化的最适温度为 $55 \sim 60℃$,最适 pH $5.0 \sim 5.5$,一般液化液的 pH 在 6.5 以下时,投入麦芽糖化时,由于淀粉中磷酸的释放和蛋白质的水解,使 pH 自然下降到糖化 pH,故一般无需调节。

糖化液中除麦芽糖外,还含糊精（$25\% \sim 30\%$）、麦芽三糖（约 15%）及麦芽四糖,葡萄糖的含量很少,一般不超过 5%。虽然在一定范围内,增加麦芽用量或延长糖化的时间可以增加麦芽糖的生成量,但由于 β-淀粉酶不能水解支链淀粉 α-1,6 键,麦芽糖的生成量最多不超过 65%,一般只有 $40\% \sim 50\%$。

（三）过滤与浓缩

糖化液在浓缩之前需用板框压滤机趁热过滤。利用 4m 以上高位槽的压头或加压过滤,加压时开始压力应低于 0.5MPa,待滤饼形成阻力增大时才增加压力,但以不超过 2MPa 为宜。料液温度、pH 对过滤速度有很大影响,以 pH $5.2 \sim 5.4$ 近于蛋白质等电点时的过滤速度为最快,低于 4.8 或高于 6.0 都会使滤速明显下降。

滤清的糖液应立即浓缩,以防由微生物繁殖等引起酸败。滤渣中的残糖可用热水洗出经压滤而回收,其中固形物含量5%~7%,可充当工艺用水,用于调浆或磨粉工序。

糖液浓缩时,一般采用常压和真空蒸发相结合的方法。稀糖液先在敞口蒸发器中浓缩到一定程度,然后在真空度不低于80kPa下蒸发浓缩到固形物含量75%~80%,倘若浓度低于此,则不易保存。

(四) 成品质量

根据2006年全国食品发酵标准化中心主持制订的麦芽糖国家标准(送审稿)规定,麦芽糖饴要求如下。

1. 感官要求

外观:呈黏稠状微透明液体,无肉眼可见杂质。

色泽:无色或淡黄色至棕黄色。

香气:具有麦芽糖饴的正常气味。

滋味:甜味温和纯正,无异味。

2. 理化指标

对麦芽糖饴产品的理化要求如表5-4所示。

表 5-4　　　　麦芽糖饴产品的理化指标

指　标		要　求
水分%	≤	5
pH		4.0~6.0
透射率/%	≥	95
麦芽糖含量(干物计)/%	≤	50
熬煮温度/℃	≥	115
硫酸盐灰分/%	≤	0.5
碘试验		无蓝色

3. 卫生要求

符合 GB 15203—2003 的要求。

四、麦 芽 糖 浆

麦芽糖浆与饴糖的制法大同小异,只是前者的麦芽糖含量应高于普通饴糖,一般要求在50%以上,而且产品应是经过脱色、离子交换精制过的糖浆,其外观澄清如水,蛋白质与灰分的含量极微,糖浆熬煮温度远高于饴糖,一般达到140℃以上。现在的所谓白饴糖,若其麦芽糖含量达到45%以上(最好50%以上)的,实际上就是麦芽糖浆。

（一）普通麦芽糖浆

制造麦芽糖浆的糖化剂除麦芽外,也常用由甘薯、大麦、麸皮、大豆制取的 β -淀粉酶。为了保证麦芽糖生成量不低于50%,糖化时常并用脱支酶。表5-5所示为糖化过程中 β -淀粉酶剂量、糖化时间对糖浆组成的影响。

表 5-5 β -淀粉酶剂量、糖化时间对糖浆组成的影响

酶量/ (L/t 淀粉)	反应 时间/h	6				12				24			
		G1	G2	G3	G4	G1	G2	G3	G4	G1	G2	G3	G4
0.12		1.2	34.5	11.0	53.3	1.3	45.5	12.8	40.4	1.3	51.9	13.0	33.8
0.25		1.3	48.9	1.3	36.7	1.3	52.6	12.3	33.8	1.2	55.1	12.9	30.8
0.47		1.3	52.2	12.8	33.9	1.3	54.7	12.2	31.8	1.2	55.8	12.7	30.3

注：G1:葡萄糖,G2:葡麦芽糖,G3:葡麦芽三糖,G4:葡麦芽四糖。

制造麦芽糖浆的脱色、精制手续如下：糖化完毕将糖化液升温压滤,用盐酸调节 pH 4.8,加 0.5%~1.0%糖用活性炭,加热至80℃,搅拌 30min 后压滤,若第一次脱色糖液的色价在 0.4 以下,则即可进行离子交换精制,否则需要补加 0.2%~0.3%活性炭作第二次脱色。第二次脱色回收的炭可用于下一批的第一次脱色。

脱色后的糖液送入离子交换柱进行离子交换,以除去脱色后糖液中残留的蛋白质、氨基酸、有色物质和灰分。离子交换床可按阳-阴-阳-阴串联,阳离子交换树脂大多数选用 001×7（即 732 强酸性苯乙烯,系阳离子交换树脂）,阳离子交换树脂常采用 201×4（即 711 强碱性苯乙烯,系阴离子交换树脂）,树脂先经处理后,糖液自离子交换柱顶部流入,其流速每小时为树脂体积之

3~4倍。当阳离子柱流出糖液的pH上升到3.5左右,阴离子柱流出糖液的pH下降到4.5左右时,树脂的交换能力已大大下降,应停止操作,进行再生。此时用温水洗出树脂内残糖,将糖浓度高的清洗液与离子交换后的糖液合并后浓缩成产品,而树脂则需要再生。再生方法是阳离子树脂用1mol/L HCl溶液自上而下流过树脂床,流速为树脂体积的2倍左右,HCl溶液用量为树脂的3倍,当流出液pH到1.0时,停止进酸,静置2h后用无离子水洗涤树脂至pH达4.0左右备用。阴离子树脂床的再生方法是用0.5% NaOH自上而下通过柱子,流速控制在每小时为树脂体积的2倍左右,稀碱液用量约为树脂体积的6倍,当流出液pH升到10.0以上时停止通碱液,用无离子水洗树脂床至pH9.0左右备用。

脱色净化之糖液在真空浓缩罐中,在真空度80kPa以下浓缩到固形物浓度达76%~85%即为成品。为保持产品在贮藏中不致变色,可在浓缩过程中添加少量(≤200mg/kg)亚硫酸氢钠或焦亚硫酸钠等漂白剂。

(二) 用霉菌α-淀粉酶制造麦芽糖浆

霉菌α-淀粉酶虽然也不能水解支链淀粉的α-1,6键,但它属于内切酶,能从淀粉分子内部切开β-1,4键,作用的结果生成麦芽糖与带α-1,6键的α-极限糊精。后者的相对分子质量远比β-极限糊精小,故制成的麦芽糖浆黏度低而有良好的流动性,产品中其他低聚糖的组成也不同于用β-淀粉酶制成的糖,除麦芽糖外,还含有较多的麦芽三糖及α-极限糊精。

麦芽三糖可抑制肠道中产生毒素的产气荚膜梭菌的繁殖,故具有一定的保健作用。

欧美各国的麦芽糖浆大多是用真菌α-淀粉酶作糖化剂来生产的,商品真菌α-淀粉酶制剂如Mycolase(Gist Brocades公司生产)、Fungamyl 800L(Novo公司生产)、Clarase(Miles公司生产)都是用米曲霉(A. oryzae)所生产的,其制剂有液状浓缩物,也有用酒精沉淀制成的粉状制剂。曲霉α-淀粉酶生产的高麦芽糖浆称为改良高麦芽糖浆,其组成中麦芽糖占 50%~60%,麦芽三糖约 20%,葡萄糖 2%~7% 以及其他低聚糖与糊精等。

麦芽糖浆制造工艺如下:干物浓度为 30%~40% 的淀粉乳,在 pH 6.5 加细菌 α-淀粉酶,85℃液化 1h,使 DE 达 10%~20%,将 pH 调节到 5.5,加真菌 α-淀粉酶(Fungamyl 800L)(0.4kg/t 淀粉),60℃糖化 24h(其时反应物中含麦芽糖 55%,麦芽三糖 19%,葡萄糖 3.8%,其他 22%),过滤后经活性炭脱色,真空浓缩成制品。反应过程曲线如图 5-2 所示,如糖化时与脱支酶同用,则麦芽糖生成量可超过 65%。

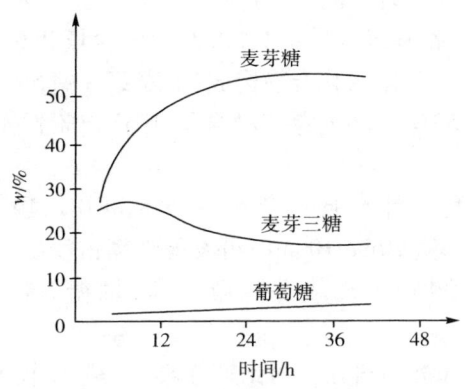

图 5-2 真菌 α-淀粉酶糖化生产麦芽糖浆反应曲线

(三) 啤酒用麦芽糖浆

啤酒用糖浆是国外常用的啤酒辅料之一。美国 Ted Goldammet 主编的《啤酒生产者手册》中,对啤酒辅料和糖浆有较全面的论述:啤酒常用辅料有玉米、大米、燕麦、大麦、小麦,主要为啤酒发酵提供更为廉价的浸出物,使啤酒获得较好的物理稳定性和透明度。大米和玉米辅料为麦汁提供较少量的可溶性蛋白质衍生物,有利于胶体的稳定。大米辅料使啤酒具有天然的芳香,而玉米味甜,有好的口感和很自然的风味,适合于酿制各种风格的啤酒。在美国，玉米是啤酒生产者最流行采用的辅料。玉米辅料低蛋白，低多酚，使啤酒不失光，既适合于黑啤酒，也适合于浅色啤酒。辅料的加入，调节了麦汁的炭氮比，促进酯类和高级醇的生成。辅料还用来调节啤酒的色度。另外辅料的使用，能提高啤酒的生产能力和降低生产成本。当然辅料使用过多，如会使麦汁可溶性蛋白过低，不利于酵母生长，使啤酒质量下降。

世界各国辅料用量比不尽相同。如欧洲为 10%～30%，美国为 40%～50%，某些非洲国家的达 50%～75%。世界上只有德国以法律规定：啤酒必须用大麦为原料酿制，不得使用辅料。

大麦糖浆（以酶法生产）的性质：固形物含量 76%～78%，DE 43～45，α-氨基氮含量 0.1～0.2，总氮含量 0.63～0.66，灰分含量 1.2～1.5。其碳水化合物构成：①麦芽-糖 5%～6%；②麦芽二糖 49%～53%；③麦芽三糖含量小于 13%；④高聚糖类含量 24%～29%。

德国 12 度麦汁性质：色度 4.5～8EBC；酸度小于 2mL/100mL；α-氨基氮 20mg/100mL；可发酵性糖占浸出物含量 62%～68%（其中麦芽糖 65%，麦芽三糖 17%，蔗糖 5%，葡萄糖果糖 4.9%）。

以糖浆作啤酒辅料在美国比较普遍。一些比较大的玉米深加工企业，如美国嘉吉公司等，均有啤酒辅料用糖浆生产。但一般均先用玉米制成淀粉，然后再制成糖浆，称为玉米糖浆。淀粉水解用酸法、酶法或酸酶法。质量档次较高的辅料，是用黄玉米生产的。在欧洲通常用玉米或小麦生产淀粉质糖浆作啤酒辅料，但他们把这种商品糖浆称作葡萄糖浆，实际上这是一个错误的提法，因为这种糖浆只含有很少的葡萄糖，更多的是麦芽糖、麦芽三糖、麦芽四糖以及少量低聚糖等不同组分。

在英国使用糖浆，主要用来稀释麦汁中的氮。此外用糖浆作辅料，代替大米或玉米，可以简化工序、缩短发酵时间或提高发酵浓度，增加生产能力并使易于分离酵母。

在我国,20世纪80年代原轻工业部曾开展玉米代替大米酿制啤酒和黄酒的工业试验。黑龙江富锦啤酒厂以30%～70%的玉米辅料酿制啤酒。试验说明,玉米辅料可以替代大米用以降低产品成本。但随着大麦的比重减少,工艺难度增加。例如大麦发芽后,醇溶蛋白已经降解,使麦芽中含有一定量可溶性氮和氨基酸态氮,而玉米蛋白仍是原始状态,缺少氨基酸态氮,所以要对生产工艺作若干调整,才能获得质量基本符合部颁标准的啤酒。河南开封啤酒厂,以30%的低脂玉米粉酿制10度熟啤酒,其理化指标和感官指标均优于大米辅料酿制的产品。长春啤酒厂亦在试验后认为:以脱胚低脂玉米粉代替大米,可以在保证质量前提下,进一步降低啤酒的生产成本。

无锡江南大学生物工程学院以干法玉米粉,用 α - 淀粉酶、β - 淀粉酶、普鲁蓝酶液化糖化制取啤酒糖浆。糖中其麦芽糖和麦芽三糖的含量为81.34%,葡萄糖和果糖的含量为7.58%,蛋白质的含量为0.42%,发酵度达68.84%。以此糖浆为辅料,在麦汁煮沸时加入,用 $1m^3$ 发酵罐酿制啤酒。经江苏省啤酒专家鉴评认为:用玉米糖浆代替大米辅料,所制啤酒,泡沫丰富持久,香气纯正,口味清爽,后味干净,具淡色啤酒典型风格,和传统大米辅料生产啤酒无差异。

近年啤酒糖浆成为了淀粉糖行业新的增长点,不仅已经有不少大型啤酒企业成万吨地采用优质价廉的啤酒糖浆。对处于竞争中的大量小啤酒企业,采用啤酒糖浆也是降低成本,提高竞争力的途径之一。现在淀粉糖行业要考虑的是:如何提高啤酒糖浆的质量,少用大麦的技术可行性,如何制订啤酒糖浆的行业标准,还有如何进一步降低啤酒糖浆的生产成本?

(四) 高麦芽糖浆

高麦芽糖浆的麦芽糖含量超过70%,其中发酵性糖的含量达90%或以上。不同于一般麦芽糖浆的用途,高麦芽糖浆主要用于制造纯麦芽糖,将其干燥后制造麦芽糖粉,氢化后制造麦芽糖醇等。生产高麦芽糖浆必需并用脱支酶,为了提高麦芽糖的含量,常使用一种以上的脱支酶和糖化用酶,并严格控制液化程度,DE 应不超过 10%。由于黏度高,因此底物浓度不宜太高,一般控制在 30% 以下,尤其是在制造麦芽糖含量 90% 以上的超高麦芽糖时,液化液的 DE 应小于 1%,底物浓度也应大大降低,这样的操作必须用喷射液化法来完成。

高麦芽糖的制法举例如下。

1. 并用 β-淀粉酶和支链淀粉酶的糖化方法

以固形物浓度 30%,DE 8% 的淀粉液化液为底物,加入不同量的 β-淀粉酶、支链淀粉酶在 50℃ 水解不同时间,其结果(见表 5-6)表明,同时添加两种脱支酶可明显促进麦芽糖的生成量。

表 5-6 支链淀粉酶与 β-淀粉酶同时使用的效果*

反应时间/h	支链淀粉酶/(μg/g 物干)	异淀粉酶/(μg/g 物干)	葡萄糖含量/%	麦芽糖含量/%	麦芽三糖含量/%
24	0	0	0.1	56.6	7.5
24	1.5	0	0.3	67.8	10.5
24	6.0	0	0.2	70.4	12.0
74	0	200	0.3	75.4	13.8
74	1.5	200	0.2	77.5	12.6
72	1.5	200	0.3	81.4	12.8

* β-淀粉酶用量为 2μg/g 干物。

2. 并用 β-淀粉酶与支链淀粉酶生产高麦芽糖浆

浓度 35% 的淀粉粉浆,加入 70mg/kg $CaCl_2$,按干物计添加 0.06% 耐热性 α-淀粉酶(Termamyl L-120),喷射液化后 DE 8.2%,用盐酸调节 pH 5.2,加 β-淀粉酶(天津酶制剂厂生产,活力 9 万 IU/g)和支链淀粉酶(Promzyme 200L,Novo 公司生产),60℃ 水解 20~110h,用高压液相色谱(HPLC)测定糖液的组成,如表 5-7 所示。如表 5-7 所示,在单独用 β-淀粉酶时,不论酶的用量是 0.2% 或 0.4%,对麦芽糖的生成量无明显影响,即使将糖化时间由20h延长到110h,麦芽糖的生成量也只增加5%,但若糖化时使用支链淀粉酶,则麦芽糖生成量由60%增加到80%。

表 5-7　β-淀粉酶和支链淀粉酶并用生产麦芽糖浆

加酶量/ (kg/t 淀粉)	时间/h	葡萄糖含量/ %	麦芽糖含量/ %	麦芽三糖 含量/%	三糖以上 含量/%
β-淀粉酶2	20	微量	58.49	3.34	38.19
	40	微量	60.86	5.59	33.54
	70	0.10	62.37	5.99	31.52
	110	0.13	63.02	6.10	30.73
β-淀粉酶4	20	微量	59.1	3.43	37.45
	40	0.10	61.41	5.88	32.59
	70	0.14	62.42	6.22	31.20
	110	0.18	64.36	6.36	29.08
β-淀粉酶2 支链淀粉酶2	20	微量	66.56	7.50	25.83
	40	0.12	73.09	8.10	18.68
	70	0.15	76.22	10.95	12.67
	110	0.19	78.84	11.13	9.84
β-淀粉酶4 支链淀粉酶4	70	0.34	79.01	10.14	10.49
	110	0.50	80.33	11.69	7.45

注：摘自《食品工业》No.5,1994。

3. 并用β-淀粉酶、麦芽糖生成酶和支链淀粉酶生产高麦芽糖浆

使用同上的液化淀粉为底物,同时添加β-淀粉酶和麦芽糖生成酶(maltogenase 4000L,Novo公司出品)进行糖化,麦芽糖生成量并不比单独使用β-淀粉酶者为多,但若同时使用支链淀粉酶,则麦芽糖的产量可明显增加(见表5-8)。由于麦芽糖生成酶可水解麦芽三糖,故水解物中的麦芽三糖很少,而葡萄糖的生成量较单独使用β-淀粉酶时为高,且由于它对糊精的作用较慢,故糖化液中的麦芽三糖以上的低聚糖和糊精残留量较多。因此,如生产

普通高麦芽糖浆,则不宜用麦芽糖生成酶,因为这种酶不仅价格高,而且用其生产的糖浆中因葡萄糖含量较多,会使成品熬糖温度降低。但单独使用一种 β - 淀粉酶或麦芽糖生成酶,或并用脱支酶时,糖化液中由于残留较多糊精会严重干扰麦芽糖的结晶,即使 β - 淀粉酶与麦芽糖生成酶并用,如不用脱支酶也不能减少糊精的生成,只有同时并用脱支酶,糊精量才显著降低,因而适合于高麦芽糖的生产(见表 5 - 8)。

表 5 - 8　β - 淀粉酶、麦芽糖生成酶单独或并用支链淀粉酶糖化淀粉的结果

β - 淀粉酶	麦芽糖生成酶	支链淀粉酶	时间/h	葡萄糖	麦芽糖	麦芽三糖	三糖以上
kg/t 淀粉				%			
2	—	—	40	微量	60.86	5.59	33.54
			110	0.13	63.02	6.10	30.73
2	—	2	40	0.12	73.09	8.10	18.68
			110	0.19	78.84	11.13	9.84
—	2	—	40	4.61	48.15	1.42	45.82
			110	6.68	58.65	1.99	32.66
—	2	2	40	3.61	49.28	3.98	43.11
			110	7.32	62.82	2.57	27.27
2	2	—	40	2.95	61.71	4.05	30.29
			110	5.30	63.29	1.17	30.25
2	2	2	40	5.74	76.38	5.43	12.45
			110	9.54	80.99	2.81	6.76

注:摘自《食品工业》No. 5,1994。

用麦芽代替 β - 淀粉酶,与麦芽糖生成酶及支链淀粉酶并用时,同样可得到良好效果(见表 5 - 9)。

表 5-9 麦芽、麦芽糖生成酶、支链淀粉酶并用生产麦芽糖浆

时间/h	葡萄糖含量/%	麦芽糖含量/%	麦芽三糖含量/%	其他低聚糖等含量/%
24	6.5	8.2	6	5.5
48	7.5	8.3	4	4.5
72	8.5	8.4	2.5	5.0

注：底物是浓度30%，DE 10%的液化淀粉；对淀粉干物量计的酶用量是麦芽糖生成酶0.15%，麦芽浸出物0.1%，支链淀粉酶0.1%；水解条件：pH 5.5,58℃。

第二节 固体麦芽糖

固体麦芽糖包括无定形粉状麦芽糖和结晶麦芽糖。过去以麦芽糖浆为原料，用酒精沉淀除去糊精而制取，工序繁、收率低，而且不易制得纯品。经再结晶的高纯麦芽糖，也只能是作为一种昂贵的试剂，用途很窄。现今可采用普鲁兰酶糖化，获得高麦芽糖，或用色谱法从50%的麦芽糖，获得90%的麦芽糖，然后结晶，得到结晶麦芽糖。

一、90%高麦芽糖浆的制法

欲制造麦芽糖含量为90%以上的高麦芽糖浆，所用淀粉浆的浓度应控制在10%～20%，不超过25%，用喷射液化法控制DE在2%以下，再置于150℃加热6min，然后并用β-淀粉酶与脱支酶在pH 5进行糖化，48h后，麦芽糖含量达90%。但这样的糖浆用碘液检查时仍有淀粉阳性反应，如添加真菌α-淀粉酶，则淀粉反应得以消失。表5-10所示为90%麦芽糖浆的组成成分分析。日本林源公司用20%浓度的液化液为底物，制成的高麦芽糖浆，其中麦芽糖含量达94.5%，麦芽三糖4.0%，糊精1%，葡萄糖0.5%。

表 5-10　　　　90%麦芽糖浆的组成成分

反应时间/h	葡萄糖含量/%	麦芽糖含量/%	麦芽三糖含量/%	低聚糖含量/%
2	未检出	79.5	6.2	14.3
4	未检出	85.9	6.9	7.2
24	0.1	88.9	7.2	3.8
48	0.2	90.1	7.2	2.1

注：糖化用 β -淀粉酶的用量为 $40\mu g/g$ 干物，异淀粉酶为 $500\mu g/g$ 干物；pH 5，50℃糖化48h。

二、固体麦芽糖的制法

(一) 结晶法

麦芽糖的结晶同过饱和度有着密切的关系，纯麦芽糖的溶解度在常温下比蔗糖和葡萄糖小，然而在 90~100℃时，比上述两种糖的溶解度大，可达90%以上。将纯度94%的麦芽糖浆，浓缩干物质为70%，加 0.1%~0.3%晶种，从 40~50℃逐步冷却到 30~27℃，保持过饱和度 1.15~1.30，40h 结晶完毕，得率约60%，纯度97%以上，母液则可以套用再次结晶，废糖蜜经干燥可制全糖粉。这方面有若干专利可供参考［日本公开特许公报 13089（1972），4647（1973），12943（1976），85395（1980）］。

(二) 吸附法

(1) 活性炭吸附法　糖浆中各种糖分先吸附于活性炭后，用酒精浓度递增的办法，将各种糖分依次洗下，而达到分离的目的。也有先将活性炭用溶剂处理（溶剂浓度控制在麦芽糖不被吸附为度），将其装柱后通入糖浆，使麦芽三糖以上的低聚糖吸附于柱，而得到高纯度麦芽糖（>98.5%）的流出液。不同的活性炭对糊精和各种寡糖的吸附能力不同，适当组合两种活性炭柱，吸附除去糊精和寡糖而得到较纯的麦芽糖浆，有些活性炭吸附寡糖与糖精之比可达6:1以上，有些活性炭则相反。

(2) 离子交换法　阴离子交换树脂 Dowexz, Amberlite RA411

等 OH 型,可吸附糖液中麦芽糖与麦芽三糖,用水和 2% 盐酸洗出麦芽糖,其收率可达 100g/L 树脂,纯度 97%。

(3) 溶剂沉淀法　用酒精沉淀糊精的方法是很古老的方法,日本特许公报 102854(1974)提出一种方法,将糖浆冷却到 20℃ 以下,加丙酮到 30%~50%(体积分数),可得到纯度 95%~98% 的麦芽糖,收率 50% 以上。

(三) 膜分离法

用膜过滤分离各种糖的方法早在 1964 年被 Whelan 首先提出,随着膜技术的进步,利用超滤、反渗透都可得到纯度 96% 以上的麦芽糖。用膜过滤分离麦芽糖时,糖液的物理状态与分离效果有密切关系,一般糖浓度应控制在 15%~20% 以内,不影响膜过滤能力。超滤的处理能力比反渗透的高,但麦芽糖的纯度以反渗透法为高。这方面可参考日本公开特许公报 101141(1976),98346(1976)和 57344(1977)。

除上述方法外,糖化液中的糊精也可在碱性情况下用 $Fe(OH)_2$ 沉淀,然后磁力去除沉淀而得到高纯度的麦芽糖[日本公开特许公报 81637(1978)],糖浆中的麦芽糖也可以利用 Ca 型多孔型阳离子交换树脂来分离[日本公开特许公报 48400(1980),92700(1980)]。

三、固体麦芽糖的性质

麦芽糖的甜度是蔗糖的 40%,其物理性质与蔗糖大致相同。有 α、β 两种同分异构体存在,在水溶液中 α 型与 β 型的麦芽糖以 42:58 的比例存在,其 $[\alpha] = 129°~130°$,在常温下麦芽糖的溶解度小于蔗糖和葡萄糖。但在 90~100℃ 时,就大于以上两者,可达 90% 以上。在 50℃ 以上,麦芽糖的过饱和度在 1.03~1.25 范围内时,一经冷却便可析出结晶。β-无水结晶在 20℃ 时的溶解度为 64%,而 β 型含水结晶的溶解度只有 28%。糖液中混有低聚糖时,麦芽糖的溶解度就大大增加,纯度为 90% 的麦芽糖,其溶解度明显比纯麦芽糖高,纯度 80% 的麦芽糖,即使在 30℃ 时溶解度也可达 70% 以上。

麦芽糖的吸湿性低,保持了 1 分子结晶水的麦芽糖非常稳定,当麦芽糖吸收 6%~12% 的水分后,就不再吸水,也不释放水分。这种性质有助于抑制食品脱水,防止淀粉食品的老化,使之保持柔软而延长商品的货架期。

麦芽糖对热和酸比较稳定,在 pH 3 120℃ 加热 90min 几乎不分解,熬糖温度可达 160℃,故在通常温度下不至于因麦芽糖的分解而引起食品变质或甜味发生变化,麦芽糖对碱和氮化物也比葡萄糖为稳定,加热时不易发生美拉德反应,在 pH 5 以下基本上无此反应。

麦芽糖一水化物在 120~130℃ 熔融,适合于在食品表面挂糖衣。

四、固体麦芽糖的用途

麦芽糖的低甜度的糖,食品工业可用它来降低蔗糖甜度。麦芽糖具有与水或极性化合物形成络合物的性质,用于食品中可增强食品的保水性能和保香性能。麦芽糖也常用作酶的填充剂,用以提高酶的稳定性。在医药上由于麦芽糖不需胰岛素就能被吸收,食用或注射麦芽糖不致引起血糖升高,故可用于糖尿病患者。

麦芽糖的衍生物(如麦芽糖醇)是一种营养性甜味剂,是无糖食品的首选。

麦芽糖经葡萄糖苷转移酶的转糖基反应,可以制造异麦芽低聚糖浆,这种糖浆含异麦芽糖、潘糖、异麦芽三糖等非发酵性低聚糖,是一种很好的对双歧杆菌生长具有促进作用的功能性低聚糖,广泛用在功能性糖果、糕点、冷饮和饮料的制造。

第六章 结晶葡萄糖

淀粉糖近年增长迅速,2002年产量为200万t,2005年达420万t,其中结晶葡萄糖产量达105万t。结晶葡萄糖作为固体粉状产品种,利于包装、储运、方便使用,目前每吨售价3000元,大大低于蔗糖,受到市场的欢迎。2006年约有近百万吨新项目投入生产,预计2007年超过200万t。

结晶葡萄糖是指淀粉完全水解而产生的单糖——葡萄糖,并经结晶过程而生成的一种结晶的葡萄糖。结晶葡萄糖有两种形式:①一水葡萄糖,含有一个分子结合水($C_6H_{12}O_6 - H_2O$);②无水葡萄糖($C_6H_{12}O_6$)。

(1) 甜度 葡萄糖口感凉爽清甜,甜度是蔗糖的70%~75%。葡萄糖在食品中影响其甜度的因素很多,如温度、酸度、盐类、浓度及其他糖类共用等。

葡萄糖、蔗糖两种糖混用可产生增效作用,由图6-1可看出这种增效作用。例如当40分和60分混合后,其计算的甜度应是88,但实测甜度达100。

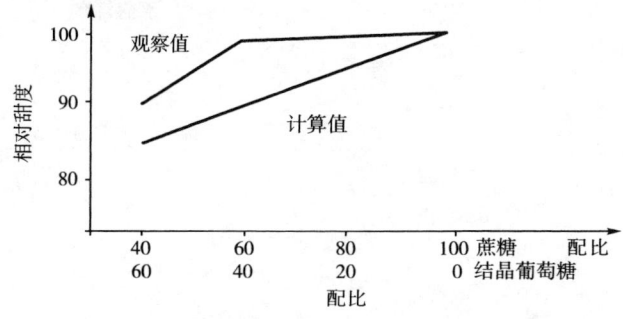

图6-1 葡萄糖、蔗糖混用增效图(10%糖溶液)

（2）溶解热　葡萄糖溶解所需的热量，约是蔗糖的 11 倍。因此，在食用结晶葡萄糖时，有明显的清凉感。

（3）还原性　结晶葡萄糖是一种具有还原性质的单糖，可用斐林溶液测定其含量。

（4）美拉德反应　在有氨基酸存在的条件下，葡萄糖可以和不同的氨基酸产生褐变反应及各种不同的风味。

（5）可发酵性　葡萄糖是可发酵性单糖，能被微生物利用，是酵母和发酵工业最理想的碳水化合物的来源。

（6）渗透压　由于结晶葡萄糖和蔗糖的相对分子质量不同（前者 180，后者 342），因此在相同的重量下，结晶葡萄糖溶液浓度更高，因此结晶葡萄糖溶液可产生更高的渗透压，对防止微生物变质提供了更有力的保护作用。

（7）冰点　由于结晶葡萄糖相对分子质量低，因此具有降低冰点的作用。在 30% 浓度下，结晶葡萄糖溶液的冰点比相应的蔗糖溶液低 2℃，这一点对于冰淇淋的生产和消费至关重要。

（8）溶解度　葡萄糖的溶解度随温度增加而增加，同时不同温度饱和状态下，葡萄糖的构型不同，如表 6-1 所示。

表 6-1　不同温度葡萄糖的构型

温度/℃	浓度%	固相异构体类型
15	44.96	一水葡萄糖
22.98	49.37	
28.07	52.99	
30	54.64	
35	58.02	
40.4	62.13	
41.45	62.82	
45	65.71	
50	70.91	一水葡萄糖(含无水葡萄糖)——转变构型

续表

温度/℃	浓度%	固相异构体类型
55.22	73.08	无水葡萄糖
64.75	76.36	
70.2	78.23	
80.5	81.49	
90.8	84.9	

在室温下,结晶葡萄糖的溶解度小于蔗糖,因此,水溶液中葡萄糖比蔗糖更易于结晶析出。但因固体葡萄糖在不同温度时,其构型不同,从表6-1看出50℃以下时为含水葡萄糖;50℃以上为无水葡萄糖。所以一般食品级葡萄糖的生产,均在50℃以下冷却结晶,生产一水葡萄糖。

第一节 葡萄糖的生产技术

我国20世纪70年代,葡萄糖均以淀粉酸法糖化,后来发展为酸酶法和全酶法。全面推广全酶法是在1990年以后。与传统酸法水解淀粉相比,酶法水解淀粉在常温、常压进行反应,简化了设备,节约了投资,易于设计加工大型糖化设备。目前运转中的大型糖化罐达350m³。酸法糖化后得到的葡萄糖液,其DE值只90%左右,而酶法达97%以上。从而大幅度提高了萄糖液的质量、降低了净化过程的物耗,为降低葡萄糖生产成本,为提高葡萄糖市场竞争力,发挥了非常重要的作用。

在葡萄糖结晶技术方面,我国目前主要采用卧式间歇结晶,这种结晶方式的主要缺点:设备庞大,年产万吨结晶葡萄糖,需30m³卧式结晶机8台,10万t级的葡萄糖结晶机需80台。近年来,国内对立式连续结晶进行了研究开发,很多企业开始采用110m³立式连续结晶机,占地少,管理方便,结晶效果好,若年产万吨结晶葡萄糖,只需 1 台结晶机。

一、工艺流程

工艺流程如图 6-2 所示。

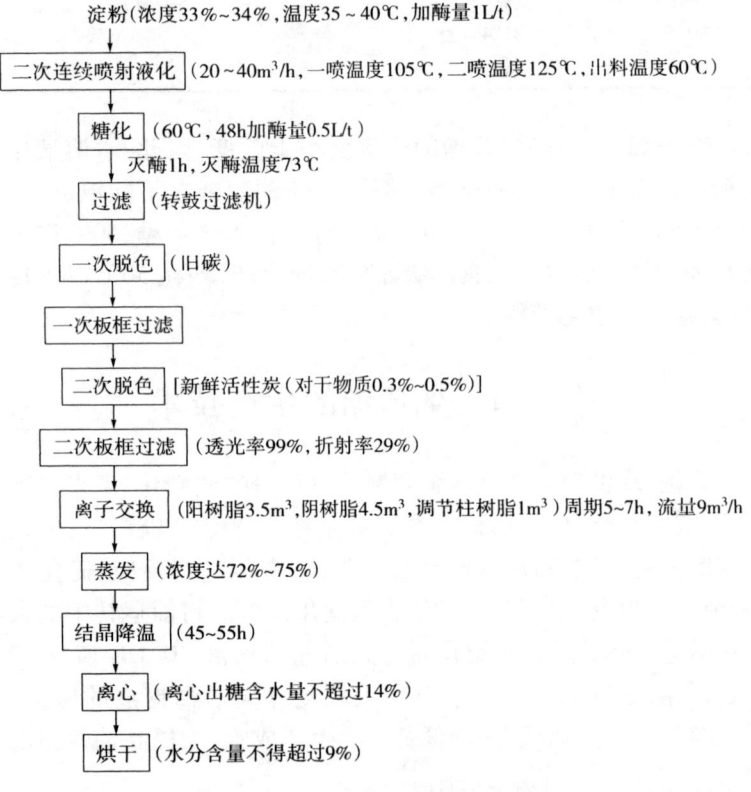

图 6-2 葡萄糖结晶工艺流程

二、工艺操作要点

(一) 液化

将淀粉浆打入调浆罐,有时发现调浆罐表面有棕色漂浮物,可能是蛋白质含量过高造成,这样会造成活性炭用量过高,以及增加离子交换的负荷,减少离子交换树脂的寿命,因此必须保证淀粉乳蛋白含量在0.5%以下。

为充分利用母液,调浆时淀粉乳中可回用部分母液,一般回用量约2/3,过度回用会影响质量。调浆后平均浓度为35%~36%,温度为29~34℃。调浆后将淀粉浆打入一次喷射器(大中型企业流量为25~40m³/h),一喷蒸汽压力0.4MPa,液化液温度为99℃。液化后进入层流罐保温,保温时间60min,之后进入维持罐。将液化液打入二次喷射器,二喷蒸汽压力控制为0.2MPa,温度控制在130~134.6℃。喷射液进入高温维持罐,到二次闪冷罐,将液温降到64~60℃进行中和,后进入中和罐,调节pH至4.4~4.5,准备糖化。

(二) 糖化

将液化液(固形物含量为30%~35%)加入糖化罐,通过冷却,降温到60℃。加酸将pH调到4.5左右。锤度为31~32°Bx,校后浓度为34.67%~35.6%,加入糖化酶相当于0.45~0.58L/t干淀粉,注罐DE为28.85%~31.53%,注罐时间为4~6h,每罐糖化时间50h,出罐DE 95%~97%左右。

将糖化液打入预涂珍珠岩(厚度8~10cm)转鼓过滤机,约45s转鼓自转一圈,分离蛋白质,后进入三次喷射器,糖化后灭酶。第3次喷射温度为99℃左右,喷射压力0.39MPa,糖化液收率为98%~105%左右。

(三) 脱色

糖化液打入一次脱色罐,加入二次板框过滤废活性炭,进行灭酶脱色30min。将一次脱色液打入一次板框,将活性炭滤出。将一次脱色液打入二次脱色罐,加入新活性炭,脱色30min。使二次脱色液进行板框过滤,后经过板式换热器进入离子交换系统储罐。

(四) 离子交换

采用阳-阴-小阳流程,大型企业阳柱1600×5400×8;阴柱

$1600 \times 5400 \times 8$;小阳柱 $1400 \times 4400 \times 3$。

将脱色液打入离子交换前储罐,温度控制为30℃左右,后打入阳柱(流量控制为$9m^3/h$),除去糖浆中所含有的钙镁离子,然后进入阴柱,除去负离子,最后将糖液打入小阳柱,进行电导与pH的调节。

再生操作:打开阳柱下排阀,排水至树脂上方10cm处,启动进酸泵,调节进酸流量为$4.5 \sim 5.5 m^3/h$,进出保持平衡,不能让树脂露出液面。进酸量为树脂体积的$1.5 \sim 2$倍;停止进酸,关闭所有进出口阀门,浸泡树脂$2 \sim 3h$。阴柱进碱液操作同阳柱。树脂浸泡到一定时间时;开下排阀、上进水阀,启动无离子水泵,用无离子水进行冲洗树脂。开始的水量一定要小;待酸液(或碱液)全部冲洗出后加大洗水的流量。

冲洗终点:阳柱冲洗至pH 4;阴柱冲洗至pH $7 \sim 8$;精柱冲洗至pH 5。

冲洗完毕后关闭所有的阀门,在下一次进糖之前,最好用无离子水再冲洗一次,并串联洗涤备用。

(五) 蒸发

将离子交换液打入储罐,同时将交换液与二次脱色液和蒸汽进行热交换,再进入蒸发器。蒸发器常用三效或四效蒸发器。

将离子交换液打入三效蒸发器,一效蒸发器真空度为$0.01 \sim 0.03 MPa$,温度为105℃左右,二效真空度为$0.015 \sim 0.028 MPa$,温度为$84 \sim 90℃$,三效蒸发真空度为$0.04 \sim 0.05 MPa$,温度为$55 \sim 60℃$,蒸发量为$23 m^3/h$,水蒸发量为$15 m^3/h$。进料浓度为26%左右,蒸发后浓度为$72\% \sim 75\%$。后经板式冷凝器降温到45℃,打入结晶槽。

(六) 结晶离心

将浓度为$72\% \sim 75\%$的糖浆放入$30 m^3$结晶槽,结晶槽内预留1/3的晶种,利用夹套冷凝水开始降温,16h温度降到$38 \sim 40℃$,23h后降温到$34 \sim 36℃$,32h后降温到$30 \sim 32℃$,40h后降到25℃,54h后将降温到23℃。此时成熟糖膏可开始离心。

离心采用上悬篮式离心机,每台离心机投入糖膏量为1000~1200kg/d,投入糖膏湿结晶得率55%~60%,含水量14%。

(七) 干燥

将分离出的湿葡萄糖结晶(含水14%)搅拌后用滤过的净化空气加热器加热,后进入旋风分离器,打入小搅笼,搅拌后再次用滤过的热净化空气进行二次吹干,进入旋风分离器。由于糖粉会随分离器上飘,所以设置糖粉回收器,再次进入分离器。成品葡萄糖由底部成品口流出,经流水线自动装袋。

第二节 葡萄糖的结晶技术

葡萄糖结晶是溶液通过蒸发浓缩成糖浆,在不断降温的情况下达到过饱和并析出结晶的过程。生产上通常称之为降温结晶法或温度梯度结晶法。技术和装备是提高质量和生产效率的重要因素。

一、对结晶机的要求

1. 控温

常用葡萄糖卧式结晶机容积为 $10 \sim 30 m^3$,其有效容积只是公称容积的50%~70%。葡萄糖结晶机的外壳有夹套,用可控温度的冷水使温度不断下降。降温速度不宜太快,一般控制1℃/h。当浓糖浆放入结晶机时,浓糖浆是饱和糖液,通过冷水冷却,使糖浆降温,成为过饱和溶液。当析出晶体后,由于继续降温,糖膏继续保持一定的过饱和度,晶种慢慢养大,直到降温终点。为使冷却传到糖浆的各部位,新式结晶机在搅拌轴和搅拌叶均带装冷却水管路。

2. 搅拌

结晶机搅拌装置最好是无级调速,可以按需调整搅拌速度。既能均匀搅拌以使物料冷却温度均匀传送,以防止晶粒沉降,又能使结晶初期物料浓度低、温度高、晶粒小(此时晶间距离大,搅拌速度可较快,帮助糖膏区域的过饱和度的均匀)。在结晶过程后期,糖膏温度低,晶粒长大,晶间距很短,糖膏比较黏稠,此时转速应该降低,以防止搅拌太快,把晶体打碎。

转动轴搅拌速度最好在0.5~10r/min之间任意调整。

二、结晶机类型

1. 卧式结晶机

卧式结晶机结构如图6-3所示。

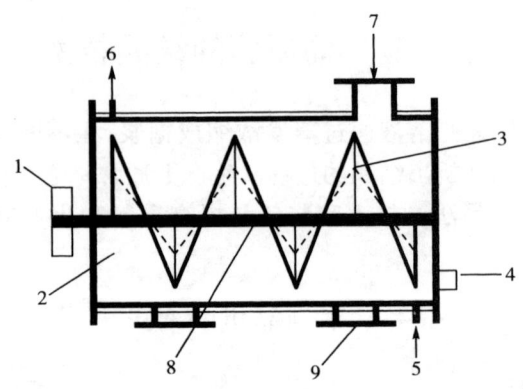

图6-3 卧式结晶机结构示意图

1—传动装置 2—箱体 3—搅拌装置 4—放料阀 5—夹套冷水进口
6—冷却水出口 7—进料口 8—搅拌轴 9—支座

卧式结晶机在行业已应用几十年,由于生产规模不断扩大,过去年产万吨用$30m^3$ 8台。现规模达到年产10万t甚至更大这样结晶工序,则需用$30m^3$ 80台。因此为方便管理,减少占地面积,国内外研发了立式结晶机。

2. 立式结晶机

立式结晶机由20世纪70年代开始发展,经过二十多年不停的改进,目前技术已较成熟。立式结晶机系统由三部分组成:①暂贮槽,它的主要任务是暂贮前工序间歇来的物料,连续供给立式结晶机;②立式结晶机主机;③自控系统。

图6-4为立式结晶机结构示意图,它的特点是出料口高度与厂房高度关系密切,可省去糖膏泵,如果没有连通管,则一定要有糖膏泵。

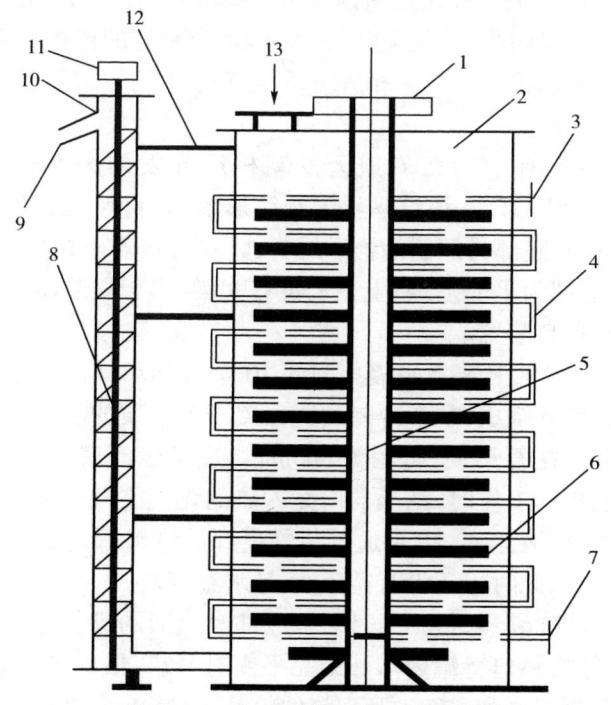

图6-4 立式结晶机结构示意图
1—箱体传动装置 2—箱体 3—出水口 4—冷却元件
5—搅拌轴 6—搅拌叶 7—进水口 8—垂直螺旋机
9—出料口 10—连通管 11—连通管传动装置 12—加固筋 13—进料口

归纳起来,立式结晶机有如下的特点:
(1) 设备垂直安装,占用厂房面积小。

（2）设备最小 65~110m³，每台年产 1 万 t。

（3）糖膏自上口加入，当结晶机高度足够高时，可以采用连通管自下而上溢流至离心机分配槽。省了糖膏泵，此时连通管中加一垂直螺旋输送轴，帮助糖膏排入分配槽，如果不能连续生产，非加糖膏泵不可，糖膏泵一般采用不损害晶体的特殊泵。

（4）由于糖膏在结晶机内和所有冷却界面均匀的相对运动，且与冷却水逆向流动，使糖膏和冷却界面有良好的传热效果，冷却过程的传热速率和结晶率相适应，所以有较大的冷却温差，不至于形成许多细晶。

图 6-5 所示为西安航天发动机厂开发的大型连续冷却 110m³ 立式结晶器。该结晶器为圆筒形容器，直径为 3.3m，筒高为 15.276m，底部为压制的锥形封头，竖立的容器坐在高为 3m 的裙座上，上部为平面上盖，上盖上设有大梁，用于安装驱动整个冷却装置和布料装置。

6 个立式轴上装有间隔相同的 10 个冷却单元。每层冷却单元由 4 层环管绕成，整个冷却装置在盖子上安装的液压装置的驱动下做上下往复运动，行程为 800mm。底部设有底刮刀，用以防止糖浆淤积。工作时，结晶器内充入热的无菌空气。结晶器加料时，待结晶糖液注入（由泵通过装置顶部的进料管）前，冷却盘已经充入水，但此时水还没有循环，而且水温较高。

结晶器加满料时，则通过上部冷却盘上面的进料管继续进行加料，底部放料口待罐内溶液结晶平衡时开启，根据工艺要求，确定进入下道工序和继续循环回流的料液流量。6 个提升杆，3 个进水，3 个出水。冷却水分三路，由顶部进入装置，在轴内，冷却水通过管子流入每路最下部单元的底层冷却盘管（3、6、10），环绕逐层上升，然后冷却水通过适当的内部结构，再流入上面一个冷却单元，这样，从一个冷却盘流入另一个，冷却水离开各路最上面一个冷却盘管后，再沿 3 个出水提升管从顶部流出。结晶器底端设有出料管口，结晶糖膏由此进入泵内，分两路，一路进入下道工序出成品,一路由泵输送到顶部循环再结晶。

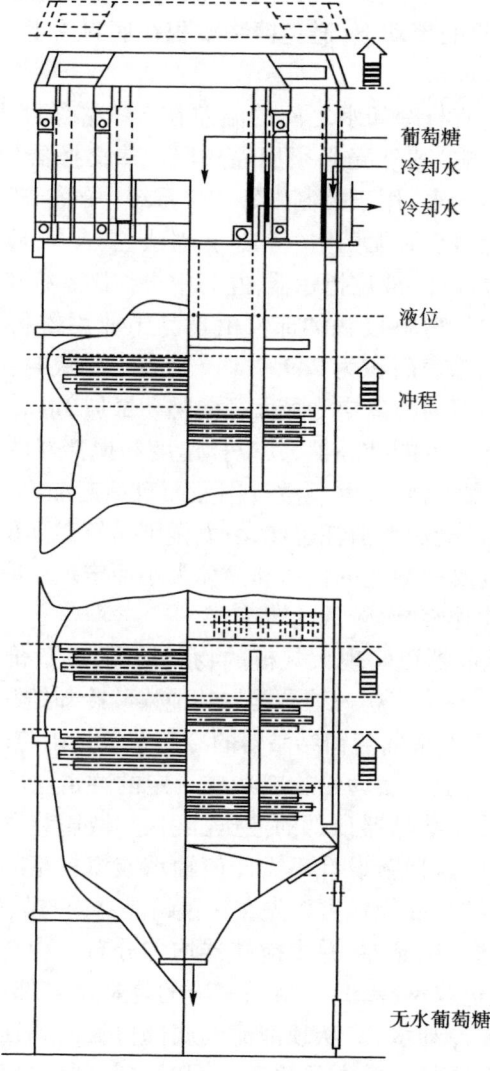

图 6-5　110m³ 无水葡萄糖结晶器

布料装置由一台电机、减速机驱动,在液面以上旋转以使物料分布均匀、颗粒细小。底部刮料装置的刮刀比较松弛地贴在底封头上,在减速机的带动下,避免糖浆淤积在底封头上,保证产品质量和生产顺利进行。

应保持料液与冷却水之间的温差在 5℃ 左右,为防止装置受到热损耗的影响,其外壳必须加隔热层。热交换器(用未经净化的水或已冷却的水)用于控制毗邻连接系统中的冷却水温度。

结晶器上盖设有无菌空气和过滤器法兰、人孔、呼吸孔等。筒体侧壁设有温度计、液位指示器,并与中央控制系统相连。

结晶器中与物料接触的部件由食品工业用塑料和不锈钢制成。冷却单元总表面积为 $249.7m^2$。刮刀不与底封头接触,刮刀片与底封头表面的距离应为最大径向跳动量加 3mm。

设有搅拌装置的结晶器,其搅拌速度和搅拌器的形状应选择得当,若速度太快,则会因刺激过剧烈而自然起晶,也可能使已长大了的晶体破碎,功率消耗也增大;太慢则晶核会沉积。故搅拌器的形状与速度要视溶液的性质和晶体大小而定。一般趋向于采用较大直径的搅拌桨叶、较低的转速。

$110m^3$ 结晶器可实现大规模的物料结晶,设备价格与产量比可达到极佳状态。该立式结晶器与其他连续冷却结晶器有着根本的区别,$110m^3$ 无水葡萄糖结晶器的冷却系统是由冷却管制成,固定在升降管上,上下摆动给物料造成一定的冲击。冷却装置的垂直移动由安装在结晶器顶部的液压缸引起,液压装置产生两个垂直移动的速度,这种新设计不需任何轴承或填料箱的支持。结晶器工作时,需结晶的物料可以先在一预结晶器内与晶种混合,然后用泵从顶部送入结晶器,并由搅拌器均匀分布。物料通过冲击推动力,依次经过块型冷却管,结晶完毕的物料从底部排出,冷却水通过软管进入冷却水管,从顶部流到底部再流回到顶部与物料对流。冷却块在物料中的上下移动的同时也起到了自身清洗作用,只要冷却块始终湿润并保持结晶冷却曲线,就可保证结晶连续通顺。

第三节　结晶葡萄糖母液综合利用

现有结晶得率以85%计,则有15%的母液,每产10万t结晶葡萄糖,相应有母液3万t(浓度以50%计)。其母液固形物中含有80%左右的葡萄糖、2%的果糖和18%左右的二糖、三糖和四糖。由于母液是混合物,过多回用会影响结晶。暂时尚未有高价值的用途,一般用作发酵原料。低聚糖部分,仍无法利用,而进入发酵产品的废液中,成为污染的主要因子,需进行废液处理。

结晶葡萄糖母液进行色谱分离后,获得两个组分,分别为：

（1）单糖　固形物含量45%~47%,其中葡萄糖含量86%~87%,果糖含量3%~55%,总糖含量92%。

（2）低聚糖(2糖以上)　固形物含量17%~18%,低聚糖含量55%。

考虑到母液中的低聚糖不能在一般条件下水解成单糖。有可能是异低聚糖。无锡分离应用技术研究所用色谱分离法将母液进行吸附分离,得到了单糖和二糖以上的低聚糖两个组分。预期单糖部分可回用于生产。无锡江南大学低聚糖检测研究室对二糖以上组分用高压液相色谱分析结果为：麦芽糖24%,异麦芽糖24.4%,麦芽三糖2.1%,潘糖21.7%,异麦芽三糖0.84%,四糖以上27%。

从结果可以看出：母液中二糖以上组分,直链的麦芽糖和三糖只占26.1%,非直链的其他低聚糖达73%以上,即有效物在70%以上。含量最多的是异麦芽糖(24.4%)、潘糖(21.7%),两者合计达46%。根据国家低聚异麦芽糖-50行业标准,其有效物在50%以上,其中异麦芽糖、潘糖、异麦芽三糖,三种糖含量不低于35%。而母液中二糖以上组分中,异麦芽糖、潘糖、异麦芽三糖三种糖占46.94%。所以符合低聚异麦芽糖-50行业标准的要求。目前尚需对其双歧杆菌增殖效果进行验证。

预计今后实现工程化可年处理母液 3 万 t,投资 800 万元,获得葡萄糖约 1.2 万 t,功能性低聚糖 2700t。

第四节 结晶葡萄糖的应用

一、结晶葡萄糖在食品工业的应用

目前结晶葡萄糖主要用于食品工业,今后很长一段时间内食品工业仍是最大的市场。葡萄糖作为甜食品的配料,和蔗糖具有相同的营养和热量。作为商品,除了价格因素,更应注意它的生理功能。人们从食物中摄入的可消化碳水化合物种类很多,主要是淀粉,其次为蔗糖、葡萄糖等。所有糖类,进入体内,最后均必须成为单糖才能被吸收和利用。当病人和特殊人群需要进行肠外补充营养时,一般均使用葡萄糖,而蔗糖则因在血液中不能转化成单糖,所以不能作静脉补充用糖。另外,葡萄糖的甜度只有蔗糖的70%。目前大量消费者,对甜食品的甜度要求下降。有很多过去用蔗糖作甜味配料的食品,如速溶奶粉,规定用糖 20%,消费者反映太甜,完全可用葡萄糖代替蔗糖,使甜度下降。

如果必须保证甜度,那么可以用 60% 的蔗糖和 40% 的葡萄糖复配。由于两者的增效效应,其甜度能保持 100%。如饮料和固体饮料,就可以用 60% 的蔗糖和 40% 的葡萄糖的混合物取代蔗糖,既保证了饮料的固形物和营养,又保证了饮料的甜度。

在焙烤食品中使用葡萄糖,不仅仅可降低成本,还有意想不到的改善质量的效果。在面包加工中用葡萄糖,葡萄糖易与面粉中的蛋白质和氨基酸产生美拉德反应,生产出金黄色的外皮和面包特有的香味。面包皮具有较好的韧性,搬运中不易破碎,并更易于切片。

在饼干、甜饼等焙烤食品生产中,用葡萄糖取代 5%~25% 的蔗糖,能在烘焙期间,使面团更加均匀地扩张,获得外表颜色更均匀的产品。

还有很多焙烤食品表面用糖霜,以往均用蔗糖磨细制备糖霜。如用葡萄糖粉代替蔗糖作糖霜,渗有50%葡萄糖粉的糖霜在色彩、质地、光亮度方面,与采用全蔗糖的糖霜相同,高室温长时间储存时,葡萄糖糖霜会表现出良好的流动性,不会出现明显的结块,其效果与纯蔗糖糖霜粉相同。在制造脱水蔬菜时,各种蔬菜在脱水前均需添加糖类,其主要目的在于提高脱水效果;降低脱水后产品水分活度;防止脱水过程蔬菜体积过分收缩,复水后蔬菜易恢复原有的组织状态。一般在蔬菜热烫以后,加入糖类,并静置1h,使糖类渗透到蔬菜的内部。常用的糖类有蔗糖、葡萄糖,最大用量达干物质的20%。如蔗糖价高,各企业可全部采用葡萄糖。

葡萄糖也可用于咸味食品的生产。如火腿肠,用糖量在13%~15%,口感太甜,如用葡萄糖代替蔗糖,就能起到既改善口感、又降低生产成本的双重效果。又如烹饪业,肉类菜有用糖调味的,如用葡萄糖代替蔗糖调味,因葡萄糖是单糖,美拉德反应更快、更完全,因此葡萄糖在炒菜时使用,会获得更好的风味效果。

二、结晶葡萄糖在发酵工业中的应用

在我国有很多利用淀粉质原料发酵生产的产品。其中味精年产约130万t,用淀粉约250多万t,通过淀粉液化、糖化先生成葡萄糖液,然后发酵生产味精;还有医药工业的抗菌素,也用葡萄糖原料发酵制取,过去一年用葡萄糖(作原料)5000~10000t的发酵企业,也附设一个糖化车间。现在看来,这种规模生产液体葡萄糖,无规模效应,成本高。如果市场的葡萄糖,比自己生产的便宜,为什么要自己做葡萄糖呢?由淀粉糖厂提供更加廉价的葡萄糖浆,能使生产降低成本,当然能得到企业的欢迎。总之淀粉糖产品技术进步,质量提高,成本降低,将对发酵制品生产行业的发展,起到良好的推动作用。

三、葡萄糖的化学深加工

国内外对葡萄糖化学深加工产品的开发,主要的有直接反应生成的山梨醇和葡萄糖酸、和其他原料合成生成糖酯和糖苷、以葡萄糖和淀粉为原料生产可降解材料。

(1) 我国山梨醇是维生素 C、牙膏、油漆、表面活性剂的原料。山梨醇生产采用结晶葡萄糖加水稀释,添加催化剂,加氢反应,最后经离子交换浓缩获得 70% 的商品山梨醇。流程简短,设备投入少,生产易管理。

(2) 当前是世界范围内广泛注重环境保护的新世纪,人们对日用化学品的应用(包括洗涤剂、护肤用品)要求是既不污染环境,又不刺激人体皮肤。在有机合成材料方面,也注重可降解材料的开发。国际上 20 世纪 90 年代开发了一种环保型表面活性剂——烷基糖苷。它是用葡萄糖和脂肪酸为起始原料合成,每生产 1t 烷基糖苷,需用葡萄糖 620kg。烷基糖苷主要用于生产高档洗衣粉(烷基糖苷是主剂),能明显改善抗硬水性和洗涤效果,用以生产高档香波和护肤膏,有养护和防晒效果,堪称世界级环保型添加剂。此外,烷基糖苷还能作为一种农用薄膜的防雾防滴剂,对土壤和环境无任何有害残留物。我国目前有中国日用化学工业研究院、金陵石化有限责任公司等单位小批量生产,年产约万吨。此外,还有一种也以葡萄糖、脂肪酸、有机胺为起始原料,生产的葡糖酰胺,也属于世界级绿色表面活性剂。对人体温和、安全无毒、去污力高、生物降解快,国际产量 4 万 t。这些以葡萄糖为原料的可降解表面活性剂,每年以 10% 以上的速度增长。

第七章 果葡糖浆

由于玉米酶法加工的葡萄糖,达不到蔗糖的甜度(只有蔗糖的70%),而存在于自然界水果和蔬菜中的果糖,甜度是蔗糖的1.4~1.8倍,因而引起了人们对利用葡萄糖转化为果糖的兴趣。

在1943年,美国就有碱性异构化葡萄糖生产含20%果糖的糖浆,用于烟草保湿剂。然而,碱性异构化生产的果糖浆,由于颜色和不正常的风味,以及低的果糖产率等问题,没有进行大量商品生产。

1950年人们发现异构酶异构化不仅适用于木糖转化成木酮糖,同时也能使葡萄糖异构化成果糖。

第一节 果葡糖浆酶法生产技术

葡萄糖异构化技术开始是由美国人申报的专利,但深入研究并领先世界的是日本,1966年日本开始了高果糖浆HFCS生产。1971年,由于日本专利准许在美国应用,一个日本参与的葡萄糖异构化美国专利(Takasaki,Tanabe 1971)和日本的应用技术相结合,美国在1967年少量生产了第一批含果糖15%的果葡糖浆,第二年即生产出含果糖42%的果葡糖浆。但当时果葡糖浆,是在一种水溶性异构酶的条件下间歇法生产,1972年才产生了和酶法相结合的连续化生产体系。

异构酶是胞内酶,所以要制备异构酶,必须采用机械破碎和表面活性剂溶解等工艺。异构酶可耐受的最高温度达90℃,而商业生产操作一般在60℃;最适pH为7.5~8.5,pH 7时,活性为70%；镁离子数量的增加,能增加酶的活性,但应控制钙的含量。

在早期果糖的开发中,因异构酶成本较高,影响了高果玉米糖浆的发展。为减少酶的用量,必须加长反应时间,因此产生了不受欢迎的副产物,如甘露糖、阿洛酮糖,提高了净化精制的成本。为减少反应时间,并降低酶的成本,必须实现酶的再利用。成功应用于商业的是葡萄糖固定化异构酶。

固定化葡萄糖异构酶菌株有多种,如细菌来源的有:Actinoplanesmissouriensis, Aerobacterlevanicum, Arthrobacter, Strepitermyces, S. olivochromogens, S. rubiginosus 等。由于解决了处理整个异构酶细胞以稳定活性的技术,从细胞获取完整结构的酶,可溶性酶改性为固相等技术,固定化异构酶开始被应用于商业。

一、美国果葡糖浆生产技术

在美国,因果葡糖浆作为食糖替代品,其成本比蔗糖低,销售量也逐年上升。果葡糖浆产量(以浓度71%计)在1967年为32t,1970年为102t,1975年为679t,1978年为1 533t,2005年果葡糖销售量达到1 000万t。

现在美国市场的高果玉米糖浆HFCS,是由固定化异构酶转化葡萄糖成含42%的果葡糖浆,然后用色谱分离技术,由42%的果葡糖浆获得含量为90%的果糖。再用90%的果糖和42-果葡糖浆复配,获得55%的果葡糖浆。

1. 42-果葡糖浆的生产

42-果葡糖浆生产工艺流程如图7-1所示。

浓缩葡萄糖液→异构化柱→异构化液→脱色→过滤→交换→蒸发至71%→42-果葡糖浆

图7-1 42-果葡糖浆生产工艺流程

虽酶种或是异构化工艺有不同之处,但高果糖浆生产要求基本相同,即纯度达到93%~96%葡萄糖的淀粉糖液、经除杂、脱色、交换净化,再蒸发至浓度为40%~50%。除杂通常用预涂真空回转过滤机,也有报道用絮凝法去除不溶性物质。高质量的葡萄糖液,对异构化酶十分重要,否则不溶性颗粒物会污染固定化异构化酶,降低异构化的效率。

葡萄糖液中添加镁离子如 $MgSO_4$ 是为了提高异构酶的活性和稳定性,并消除残留钙对异构酶活性的抑制。约0.0004 mol/L 的镁,能克服约 1mg/kg 钙的影响;如果加入镁的镁钙物质的量的比是 20,那么就能耐受葡萄糖液中大于 15mg/kg 的钙。

进料时加入亚硫酸盐或酸性亚硫酸盐,也能提高异构酶的活性和稳定性,并能减少色素的产生。钴是另一种知名的异构化酶活化剂,最初用于保持低 pH 单批异构化生产,以便使副反应控制在最低的水平。但在高 pH 连续异构化系统中钴是不需要的。另一个潜在的问题是葡萄糖液中的溶解氧,必要时可用脱气的方法,以防止副产品的形成和异构化酶的钝化。

反应温度和 pH 主要决定于每一种专门的酶。而异构酶供应商提供的异构化条件一般推荐为温度 55~61℃,pH 7.5~8.2。因为异构酶在 pH 小于 7 或高于 9 的时候,其活性会降低,因此 pH 应控制在一定范围内以使反应过程中的副反应最少、异构酶的活性最佳。

异构化反应在装有固定化异构酶的固定床转化罐中进行,控制果糖达到 42%~45%。虽然使异构化反应温度提高到 60℃,并延长反应时间,可以使果糖浓度到 51%,但这没有任何商业价值。因为异构化反应要求高纯度的葡萄糖(这有利于异构化反应一直到达有效果糖水平的反应终点),温度提高和反应时间增加会使糖液纯度下降,产生麦芽糖、异麦芽糖和非葡萄糖糖类,从而使异构化效率下降。只会产生一种有利因素,那就是当麦芽酮糖或麦芽酮糖生产的衍生物存在时,可能还原异构化酶活性。

总之异构化过程的酶活,会因为热而钝化或料液中的不纯物而钝化。无论如何必须掌握好异构化转化罐流出液的速度,以满足所需要的果糖浓度。异构化酶的半衰期一般情况下应有数星期,可以使用2~3个月。

果葡糖类的精制:异构化产物必须经过精制以达到用户可接受的质量水平,精制包括调整pH为4~5,用活性炭脱色脱臭,进一步用氢型阳离子交换树脂和串联的弱碱阴树脂净化,以除去盐类和色素,最后用低温浓缩至浓度71%。

42-果葡糖浆用槽罐卡车或火车运输,必须在30~32℃下贮存,以防止结晶,如发生结晶,必须在卸货前加热到38℃,以溶去结晶。

常用的固定化葡萄糖异构酶反应柱内径1.5m(一般1.2~2m),高6m,体积$9.2m^3$,糖浆流速3m/h。

葡萄糖异构化参数:温度52~58℃,进料浓度41%~54%,果糖1.5%~3%,Mg含量20~50mg/kg,SO_2含量60~100mg/kg,Ca含量小于2mg/kg,pH 7.5~7.7,出料果糖浓度43%~46.5%。

影响异构化的因素如下:

(1)线速3m/h 60℃糖浓度对异构酶膨胀率的影响如表7-1所示。

表7-1　　　　糖浓度对异构酶膨胀率的影响

糖浓度/%	40	45	50
膨胀率/%	20	40	60

(2)出料果糖浆果糖纯度每升高1%,产率约下降5%。

(3)Mg含量增至45mg/kg时,酶活及稳定性提高。

(4)Ca含量会减弱酶活力,1mg/kg的Ca相当抵消15~

20mg/kg 的 Mg。

（5） SO_2 含量为 $100\sim150$ mg/kg 时，活性增加。

（6）以葡萄糖纯度为 100%，果葡糖相对得率为 100%，则葡萄糖纯度每降 1%，得率下降 2%，葡萄糖纯度 98% 时，果葡糖相对得率为 96.5%，葡萄糖纯度为 96% 时，得率为 92.5%。

（7）温度太高,会增加阿洛酮糖,降低得率和纯度。

2. 55-果葡糖浆和 90-果糖液的生产

55-果葡糖浆生产工艺流程如图 7-2 所示。

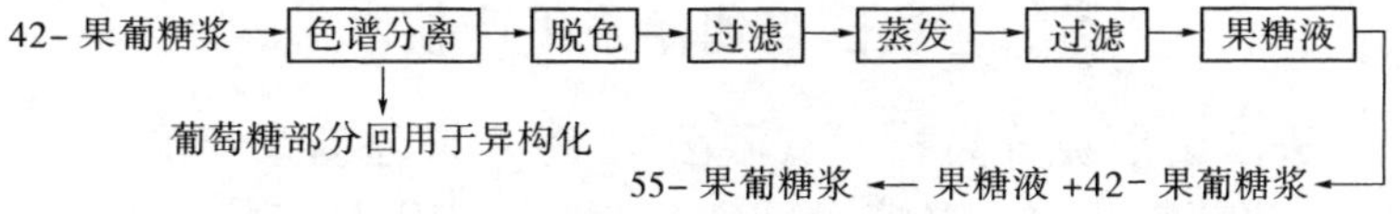

```
42-果葡糖浆 → 色谱分离 → 脱色 → 过滤 → 蒸发 → 过滤 → 果糖液
                ↓
         葡萄糖部分回用于异构化
                         55-果葡糖浆 ← 果糖液 +42-果葡糖浆
```

图 7-2　55-果葡糖浆生产工艺流程

42% 果糖是第一种能达到和蔗糖甜度相同的玉米甜味料。为增加 42-果葡糖浆中果糖的含量，人们曾开展过很多研究工作，现今工业上应用的是色谱分离以富集果糖的方法，这一方法在 1976 年第一次被报道在商业上有应用，但只是在有限范围被采用。

果糖富集法,也称吸附分离法,是指用 42-HFCS 通过专用吸附柱（柱里装有钙或其他阳离子，另外亦有非树脂、不溶胀的矿物质的吸附剂），果糖被吸附，从而使果糖得以富集。间隙法操作时，用水洗脱，首先洗出的是高浓度的葡萄糖，接着是葡萄糖和果糖的混合物，最后洗出的是相对纯的果糖。由于间隙法效率低，耗水多，1981—1983 年开始出现连续法。连续法采用一种模拟流动床，42-果葡糖浆和洗脱剂从不同的点加入，分别回收果糖和非果糖。加料和回收点随着各自流过柱子的时间段而变换。这种分离果糖、葡萄糖的方法效果最佳，费用最低。典型的分离方法效果，应是采用固形物含量为 50% 的 42-

果葡糖浆,通过分离柱,获得(以干物质计)94%的果糖,5%的葡萄糖和1%的残留物(含86%葡萄糖,6%果糖),果糖提取率91.5%。用富集浓缩的果糖和42-果葡糖浆混合,制取55-果糖浆。固形物含量为20%的残留物可回用于异构化,或用糖化酶使残留物中的低聚糖在糖化罐转化成单糖,再回到异构化过程。

55-高果葡糖浆可浓缩到77%运输,因含较高果糖,不会有结晶问题。90%的果糖,可蒸发到固形物80%运输,似是一种不结晶糖浆。

二、法国果葡糖浆生产技术

法国诺华赛分离技术有限公司55-果葡糖浆产品含果糖55%,葡萄糖40%,多糖含量小于5%。其质量指标如表7-2所示。

表7-2 法国诺华赛分离技术有限公司55-果葡糖浆质量指标

项 目	指 标	项 目	指 标
固形物	(77±0.5)%	不溶性颗粒物	≤2mg/kg
果 糖	≥55%	味	无异味
葡糖和果糖	≥95%	可滴定酸度	4mL
硫酸盐灰分	≤0.05%	SO_2	≤3mg/kg
重金属	≤5mg/kg	磺化聚苯乙烯	≤1mg/kg
色 价	≤25RBU	乙醛	≤0.08mg/kg
微生物	霉菌5个/10mL		
	酵母5个/10mL		

其生产工艺流程如图7-3所示。

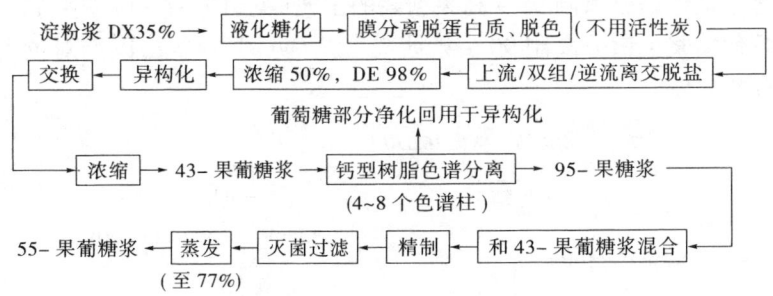

图 7-3 法国诺华赛分离技术有限公司 55-果葡糖浆生产工艺流程

色谱分离采用模拟流动床,操作中应注意,进料必须进行离子交换处理以避免降低效果,具有氧化性的物质必须除去,以防影响树脂稳定性;进料应预先脱气;反冲用水必须是脱离子水或纯冷凝水。

三、诺维信(中国)投资有限公司的异构化技术

诺维信(中国)投资有限公司提供的异构化酶 SWEETZYME IT 活力标准≥360IU/g,糖浆进料要求:浓度 45%~55%,葡萄糖纯度≥96%,pH 7.6~7.8,温度 55~60℃,Ca 含量≤2mg/kg,Mg 含量≥45mg/kg,SO_2≥100mg/kg,吸光值≤0.3(280nm,30%)

异构柱通常酶层高 2m,床层只占 30%~40%,上层空间不少于 40%,以利润胀。装柱自下而上反冲,洗出微细颗粒并使床层分布均匀,自上而下进料。

异构化过程必须保持各项参数稳定,任何一个参数的变化均能导致异构酶活下降,并产生不利的副反应。如 pH 变化和温度不当,会产生异戊醛等微量有害物。还应注意防止频繁停车、开车,并经常保持清洁生产,防止染菌。异构酶运行周期最长可达 200d(通常 120~200d)。

出料糖浆标准:pH 7.4~7.6;果糖含量不小于 42%。

在此简单介绍德国 STARCOSA 公司用甜菜糖水解所得的转

化糖浆色谱分离制95-高果糖浆的工艺(见图7-4)和芬兰42-果葡糖浆色谱分离制90-果糖浆工艺(见图7-5),以期对读者有些启发。

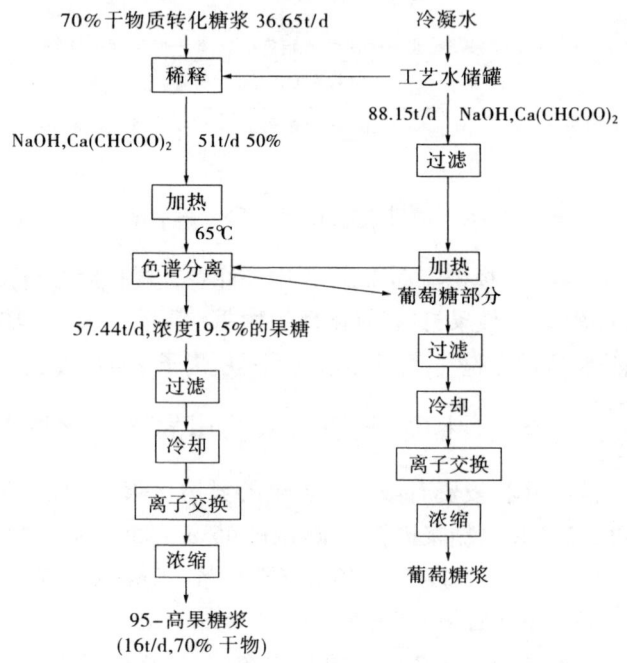

图7-4 甜菜糖水解所得的转化糖浆色谱分离制95-高果糖浆工艺流程

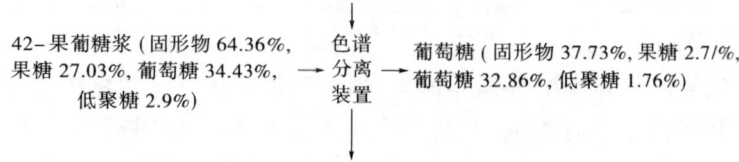

图7-5 芬兰42-果葡糖浆色谱分离制90-果糖浆工艺流程

第二节　结晶果糖简介

最早在1962年曾有人用葡萄糖氧化酶氧化果葡糖浆中的葡萄糖,生成葡萄糖酸钠析出,接着有人用甲醇使果糖结晶出来,获得高纯果糖。更多的直接生产商业规模生产结晶果糖的方法,包括用钙型磺化聚苯乙烯型树脂从转化糖中分离果糖并进行结晶。由于果糖结晶难度较大,在各种方法中通常用乙醇作溶剂以降低果糖溶解度。但在使用高质量和大额晶种的条件下,果糖能在水溶液中结晶出来。最近,高果糖浆已经被用于商业化生产结晶果糖。整个过程包括生产42-果糖,色谱分离法获得部分97-果糖,并蒸发到70%,用80~100h降温结晶,获得收率50%的结晶果糖。

山东西王糖业有限公司用42-果葡糖浆色谱分离,获得收率90%以上,纯度90%以上的高纯果糖液,浓缩,然后冷却结晶,得纯度为98%的结晶果糖。

业内也曾有人建议一种不同的果糖生产方法,包括酶法转化葡萄糖成D-葡萄糖醛酮,而后氢化成果糖,并结晶收回果糖。

欲使果糖溶液结晶,可供选择的方法包含喷雾干燥,或者加入脱水后的果糖,得到很高浓度的果糖浆,再混合、干燥,获得非结晶的干燥果糖产品。

结晶果糖包装为带内衬的多层牛皮纸口袋。如果储藏条件为相对湿度60%,温度在25℃以下,不吸潮,产品至少能储存12个月。

美国现行饮料用高果糖浆质量标准如表7-3所示。

表7-3　美国现行饮料用高果糖浆质量标准

指标	42-果葡糖浆	55-果葡糖浆
固形物	71±0.5%	77±0.5%
硫酸盐灰分	≤0.05%	≤0.05%

续表

指标	42-果葡糖浆	55-果葡糖浆
果糖	≥42%	≥55%
葡糖和果糖	≥92%	≥95%
色价	≤1.15%CRA(×100)	≤1.15%CRA(×100)
微生物	霉菌 10/10g	霉菌 10/10g
	酵母 10/10g	酵母 10/10g
	嗜温生物 200/10g	嗜温生物 200/10g
不溶性颗粒物	≤6mg/kg	≤6mg/kg
pH	3.3~4.3	3.3~4.3
味	无异味	无异味
可滴定酸度	4mL(0.05N NaOH 至 pH 6)	4mL(0.05N NaOH 至 pH 6)
SO_2	≤3mg/kg	≤3mg/kg
磺化聚苯乙烯	≤97%T	≤97%T
乙醛	≤80μg/kg(11ds)	≤80μg/kg(11ds)

我国果葡糖浆国家标准(送审稿,2006.4)如表 7-4 所示。

表 7-4 我国果葡糖浆国家标准(送审稿,2006 年 4 月)

理化要求	42-果葡糖浆	55-果葡糖浆
固形物/%	≥71	≥77
果糖/%	≥42	≥55%
葡萄糖和果糖含量	≥92%	≥95%
色价 RBU	≤50	≤50
pH	3.3~4.5	3.3~4.5
不溶性颗粒物/(mg/kg)	6	6
硫酸盐灰分/%	≤0.05	≤0.05
透射比/%	≥96	≥96
卫生要求		
SO_2/(mg/kg)	≤10	≤10

续表

理化要求	42-果葡糖浆	55-果葡糖浆
砷/(mg/kg)	≤0.5	≤0.5
铅/(mg/kg)	≤0.5	≤0.5
菌落总数/(cfu/mL)	≤1500	≤1500
大肠菌群/(MPN/100mL)	≤30	≤30
致病菌	不得检出	不得检出

第八章 全 糖

淀粉经液化、糖化所得的糖化液,净化后浓缩干燥,不经结晶分蜜,即包括未结晶的部分,全部变成商品淀粉糖,这叫全糖。全糖商品有全糖浆和全糖粉,根据市场需要来生产。显然,不经结晶分蜜,其产品得率高,成本低。但是,在过去酶法糖化的技术水平没有达到当前的高水平时,全糖产品纯度低,不适于食品工业使用。特别是酸法糖化的糖化液,其全糖只能作为工业原料。要作为食品原料,一般均经过结晶、分蜜,除去非糖分和未结晶的部分,即母液,获得纯度高的结晶葡萄糖。现今有了双酶法新技术,使淀粉糖化转化率达97%以上,DE 达98%以上,因此,采用双酶法的糖化液,可以不经结晶分蜜,制成全糖,质量能达到食品级的要求。全糖的甜度虽然只有蔗糖的70%,但其热量基本相同,在当今食品甜度不宜太高的市场趋势下,采用一部分全糖,与蔗糖配合作用,具有较大的市场前景。

第一节 酸法制取全糖

我国过去均以酸法或酸酶法生产结晶葡萄糖。味精工业到20世纪90年代才大面积采用酶法糖化代替酸法糖化。酸法糖化液经中和、脱色、浓缩、固相化、粉碎、过筛,便得到酸法糖化全糖。

酸法糖化采用盐酸或硫酸为催化剂,在100℃以上反应,使淀粉大分子水解,最终形成单分子葡萄糖。由于酸法糖化一般是在pH 1.5、温度140~148℃、蒸汽压力0.3MPa 左右、时间20~30min 的剧烈条件下进行的,故所产生的葡萄糖,会进一步发生聚合反应,形成低聚糖,如龙胆二糖、异麦芽糖;葡萄糖在高温下又会进一步分解,形成羟甲基糠醛、乙酰丙酸等化合物。这些副反应不仅降低了糖的收率,而且使糖液质量下降,色泽变深,味道变差。在 145~148℃、0.3MPa、25min 酸水解时,大约有 7% 葡萄糖聚合成二糖和三糖,其中异麦芽糖为总量的 68%~70%,龙胆二糖占 17%~18%,三糖占 12%~15%,此外,还有 1% 左右的葡萄糖被分解成羟甲基糠醛、乙酰丙酸和甲酸。因此,酸法糖化的糖化液,其葡萄糖值只有 91%~92%,葡萄糖含量(对干物质)为 86%~89%。这种酸法糖化液,经脱色、过滤、浓缩、结晶固化,成为酸法糖化全糖,适用于皮革工业。

张力田教授介绍的国外酸法全糖的工艺和组成如下:将淀粉乳酸法糖化到葡萄糖值 82%~87% 的糖化液,用活性炭脱色到浅棕黄色,浓缩到浓度 83%~88%,由真空蒸发罐卸放到冷却桶,流通冷水,冷却到约 40℃,然后流入具有搅拌器的混合桶中。将相当于糖浆质量约 1% 的粗葡萄糖碎块混入,供作结晶的品种,这种碎块的大小是越细越好。搅拌约 2~3h,同时冷却到约 30℃,放出,流入马口铁皮制的长方形浅盘中,静置结晶,结成块状。浅盘深度约 20cm。为使凝固的产品易于由盘中倒出,盘内先涂有一薄层植物油。经过 4~6d 时间,结晶凝固完成,由盘倒出即为成品。这种产品呈黄色,主要组成为葡萄糖,还有复合糖类和分解产物,带苦味,不适于应用在食品中。工业上生产的有"70"和"80"糖两种产品。"70"和"80"分别表示葡萄糖的大致含量百分率。这两种糖的分析结果见表 8-1。有的工厂也利用葡萄糖蜜生产这种工业用全糖。

表 8-1　　　　两种粗葡萄糖分析结果　　　　单位:%

项　目	"70"糖	"80"糖	项　目	"70"糖	"80"糖
水　分	18.2	8.3	蛋白质	0.04	0.05
葡萄糖	17.5	80.5	酸　度	0.02	0.02
糊　精	9.8	10.6	灰　分	0.54	0.60

皮革工业使用粗葡萄糖处理皮革,如鞋底革、皮箱革等,增大其柔软性和做铬鞣料的还原剂。有的皮革工厂要求色浅的粗葡萄糖,可用亚硫酸氢钠漂白,每25000kg粗葡萄糖需用亚硫酸氢钠约40kg,成品中含二氧化硫约0.13%,产品颜色几乎呈白色。人造纤维工业的抽丝硬化液中使用粗葡萄糖。

第二节 酶法制取全糖

我国酶法糖化已经达到了国际水平。根据很多企业的工业规模实测数据,其淀粉转化成糖的转化率达到了97%~98%。糖液DE达97%~98%。现在酶法糖化新技术已推广到麦芽糊精、麦芽糖、口服葡萄糖、注射葡萄糖、果葡糖、酒精、啤酒、味精、柠檬酸、乳酸、异抗坏血酸、发酵甘油等行业。

酶法制糖新技术的推广,不仅为国家节省了粮食,而且由于糖液纯度的提高、黏度的降低,也节约了辅助材料和动力的消耗,并为糖液制造高质量的全糖创造了条件。

按照口服葡萄糖的工艺要求,酶法糖液经脱色、交换、浓缩至75%以上,就得到全糖浆。糖浆经结晶固化、切削粉碎,或经喷雾结晶,就得到全糖粉。其主要工艺技术要点如下:

(1) 淀粉配成浓度33%(质量分数)的淀粉乳。

(2) 加耐高温淀粉酶(2万IU)0.5~0.6L/t淀粉,调pH 6~6.5。

(3) 一级喷射液化,105℃,滞留40~60min左右。

(4) 二级喷射液化,135℃,汽液分离,停留8min。

(5) 过滤 滤除未液化的固形物和喷射过程凝固的蛋白质。液化液DE 12%~15%,透光度85%以上。也有的最后再加一次精制淀粉酶。

(6) 糖化 加糖化酶(10万IU)0.75~1L/t淀粉,60℃,32~48h,pH 4.5,转化率97%~98%,DE 97.5%~98%。

(7) 除胶 为除去糖化液中的胶体,有的企业加入对糖1%的膨润土,然后再通过有助滤剂硅藻土的过滤机。

(8) 脱色 pH 5.0,80℃,30min,用活性炭(对糖0.2%~0.4%)脱色。透光度80%以上。

(9) 交换 采用阳-阴离子交换树脂,每$1m^3$树脂加料速度为$2m^3$糖液。每$1m^3$树脂每次交换负荷为糖液$15m^3$左右,一般不小于$10m^3$,然后再生。

(10) 浓缩 从30%左右浓缩到75%以上,就成为全糖浆,可作商品出厂。蒸发采用外加热蒸发器或降膜蒸发器、刮板蒸发器。

(11) 结晶固化制粉 将净化的糖液浓缩到85%~90%,如87%固形物时,加入一定量的晶种,搅拌均匀,倒入结晶槽中,在40~50℃使之迅速结晶凝固,并进一步在10~25℃放置72h,继续养晶,使无水葡萄糖转为一水葡萄糖。待其结晶体成为糖块后进行粉碎。在结晶过程中,开始阶段,由于物料温度高、浓度高,故析出的是无水结晶葡萄糖。在降温过程中,由于物料含水多,无水结晶逐渐又转变为有水结晶。到养晶终期出料时,游离水分约降至2%~4%。出料后的固体葡萄糖成块状,不能使用普通粉碎机粉碎。必须用切削的方法,因为普通粉碎机会使固体葡萄糖在撞击时溶化成饼,粘结在机器上。切削法粉碎固体葡萄糖,能保留含有结晶水的一水葡萄糖成细片,然后经过干燥机,使游离水分降至1%,再过筛,获得成品全糖粉。

(12) 喷雾结晶成粉 DE 97%以上的糖化液,经净化,浓缩至78%以上,维持在50℃时慢慢搅拌,使形成微晶,物料呈糖膏状,通过泵进入离心喷雾干燥器干燥筒中。此时,雾状糖膏迅速形成结晶颗粒,并又接触到周围的雾滴而长大,随之成球形而下落。这是在一个短暂的时间内产生全糖颗粒的过程。

不论是结晶固化,还是喷雾结晶,决定于葡萄糖的浓度和纯度。在一定的浓度和温度时,如进行降温,就形成葡萄糖的过饱和而产生晶体。但是如果纯度偏低,或杂质过多,会增加葡萄糖的溶解度,即使已经过饱和,也不产生结晶。纯度低于60%的葡萄糖液,不能制取结晶产品。为了使生产过程获得不同纯度的糖液,应进行适当的浓缩,正确控制糖浆的浓度,便于获得所要求的结晶。葡萄糖不同纯度和结晶速度关系见表8-2。

表 8-2　　糖浆纯度与葡萄糖结晶速度关系

糖浆纯度/%	100.0	97.0	95.8	90.1	82.2	78.1
糖浆浓度/°Bx	69.4	70.4	70.7	72.5	74.6	75.8
糖浆黏度/(Pa·s)	0.0724	0.0821	0.0858	0.0990	0.2156	0.2680
结晶母液浓度/°Bx	61.8	62.7	63.2	64.8	67.5	70.6
结晶母液黏度/(Pa·s)	0.0225	0.0253	0.0271	0.0324	0.0449	0.0542
葡萄糖结晶速度/(mg/m²·min)	38.17	15.67	10.98	7.94	3.81	1.56

一、淀粉制全糖中间试验

早在1990年,丹东市轻工研究所就进行了酶法全糖粉的中间试验。当时还没有采用高水平酶制剂,制得了含还原糖87%,水分≤10%,糊精3%以下,灰分0.6%以下的全糖粉,并在食品厂、罐头厂、饮料厂与蔗糖配合使用,达到了满意的结果。现简介如下。

(一) 工艺流程

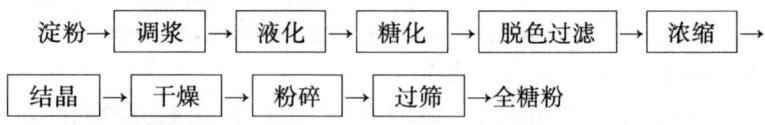

淀粉→调浆→液化→糖化→脱色过滤→浓缩→结晶→干燥→粉碎→过筛→全糖粉

(二) 主要设备

(1) 调浆罐　搅拌速度48r/min,不锈钢材质,3.8m³。

(2) 液化罐　搅拌速度48r/min,内设间接和直接蒸汽排管,不锈钢材质,3.8m³。

(3) 糖化罐　同上。

(4) 脱色罐　同上。

(5) 板框压滤机　40m²,60片,0.8MPa。

(6) 薄膜蒸发器　0.1MPa。

(7) 结晶槽　60cm×25cm×30cm金属槽。

(三) 操作程序

1. 调浆

淀粉颗粒的结晶性结构对酶的水解作用有较强的抵抗力,因此不能使淀粉酶直接作用于淀粉,而首先要将淀粉调成浆,以便使淀粉乳受热后淀粉颗粒吸水膨胀、糊化,破坏其结晶结构,从而有利于酶的作用。淀粉浆的浓度对酶水解影响很大:浓度高,易产生复合反应,使葡萄糖值降低;浓度低,蒸发费用高,影响成本。如何选用淀粉乳浓度,兼顾产率和生产成本是前提。用不同浓度的玉米淀粉乳试验,认为工业上采用的淀粉浓度为30%是合理的。图8-1所示为淀粉乳浓度与DE的关系曲线,所以宜选用玉米淀粉与水的比为1:2.2。先在调浆罐中加入水,再不断搅拌后加入玉米淀粉。淀粉全加完后继续搅拌20min,以利淀粉浆呈均匀状态。

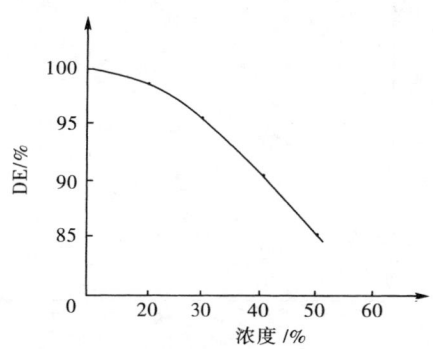

图8-1　淀粉乳浓度与DE的关系曲线

2. 液化

利用α-淀粉酶,水解淀粉及其水解产物分子中的α-1,4糖苷键,使分子断裂成为糊精和低聚糖,黏度降低,底物分子数量增加,使糖化酶作用机会增多,有利于下一步糖化反应。液化酶进行水解作用时,有最适pH和最适温度,在30%~40%淀粉乳中,液化温度为85~90℃,而玉米淀粉在64℃时糊化,黏度很大,搅拌困难,影响传热,可采用分段加酶法。先将酶量的一半加入未加热的淀粉乳中或50℃时加入淀粉乳中,并保温50℃,5min后,继续加热至80℃,再加入余量的酶液,80℃时,并继续升温至85℃,保温30~60min,取样测定DE,至DE在15%~20%时液化结束,继续升温至100℃,并保温10min。

3. 糖化

利用葡萄糖淀粉酶水解 $\alpha-1,4$ 和 $\alpha-1$,葡萄糖苷键,糖化时间48~72h。糖化的最初阶段速度快,以后的速度变慢,考虑延长时间等于加长生产周期,可采用DE达最高峰时为糖化结束,时间小于24h。糖化酶的最适温度为60℃,pH 4.0~4.5,所以首先将糖化液降温至60℃,用约10% HCl调节pH,然后加入糖化酶。保持温度 (60 ± 1)℃,每2h取样一次,测定DE,如图8-2所示,糖化酶在24h之内水解,DE增长最快,之后虽然增长,但速度缓慢。

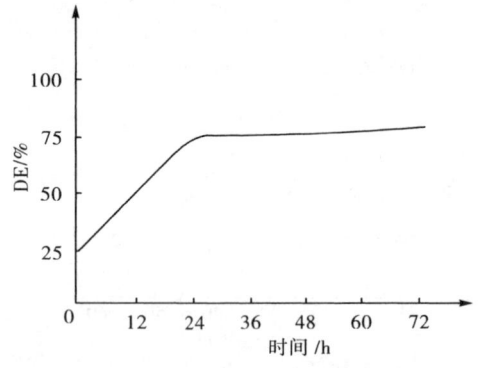

图 8-2 糖化时间与DE的关系曲线

4. 脱色

淀粉糖化液的脱色可用骨炭或活性炭。丹东轻工研究所采用粉末状活性炭,最适pH为4.8。由于双酶法生产全糖复合反应极少,产色物质羟甲基糖醛量也少,所以活性炭用量不大。将糖化液升温至80℃后,加入活性炭,保温30min,用约4% NaOH调节pH

6.0 脱色结束。由于糖液酸度很低,也可不调节 pH。

5. 过滤

将脱色后的糖液通过板框过滤机,使滤后的糖液澄清、无色、透明,然后放于贮槽中。

6. 浓缩

滤后的糖液用薄膜蒸发器,于真空下按需要的浓度进行浓缩。

7. 结晶

糖浆结晶与含糖量、糖液温度、搅拌速度、加种子量,有密切关系。块状的淀粉糖可加大糖液的纯度,提高结晶温度,将糖液放入特制金属槽中,约 2h 即可结晶。粉末状全糖则使其结晶呈膨松状态,以利于粉碎。

8. 干燥

鉴于糖高温易融的性质,干燥的要点是受热温度低于 60℃,设备可选用滚筒干燥机。

9. 粉碎

干燥后的糖有的呈块状,可经双辊机粉碎成粉末状。

10. 过筛

粉碎后的糖经筛(10~20目)分离,通过筛网的为成品,未通过的可再粉碎。

11. 包装

淀粉全糖的包装必须注意洁净和防潮。

(四) 产品质量

1. 感官指标

(1) 糖的颗粒均匀,颜色洁白。

(2) 固体糖及其水溶液有玉米淀粉糖的风味,不带异味,无霉变。

2. 细菌指标

细菌指标如表 8-3 所示。

表 8-3　　　　　　　　　　细菌指标

项目	指标	检测结果
细菌总数/(个/g)	≤1500	35
大肠菌群/(个/100g)	≤30	0
致病菌	不得检出	未检出

3. 理化指标及测试数据

理化指标及测试数据如表 8-4 所示。

表 8-4　　　　　　　理化指标及测试数据

项目	指标	测试结果
总还原糖含量/%	≥80	87.20
水分/%	≤10	9.50
乙醇不溶物含量/%	≤1.0	0.09
灰分/%	≤0.6	0.6
色值指数	≤100	74.70
不溶于水杂质含量/(mg/kg)	≤1000	500
酸度*/(mL/100g)	≤25	14.40

注：* 以 0.1mol/L NaOH 计。

（五）全糖得率

全糖得率如表 8-5 所示。

表 8-5　　　　　　　　　全糖得率

批号	淀粉量/kg	全糖量/kg	得率/%	平均得率/%
1	400	360	90	
2	500	485	97	93.6
3	500	475	95	
4	400	370	9.25	

二、年产3000t规模淀粉生产全糖

河北省燕丰葡萄糖厂,采用双酶法糖化,固体结晶干燥粉碎,投入工业生产。

(一) 工艺流程

年产3000t规模淀粉生产全糖工艺流程如图8-3所示。

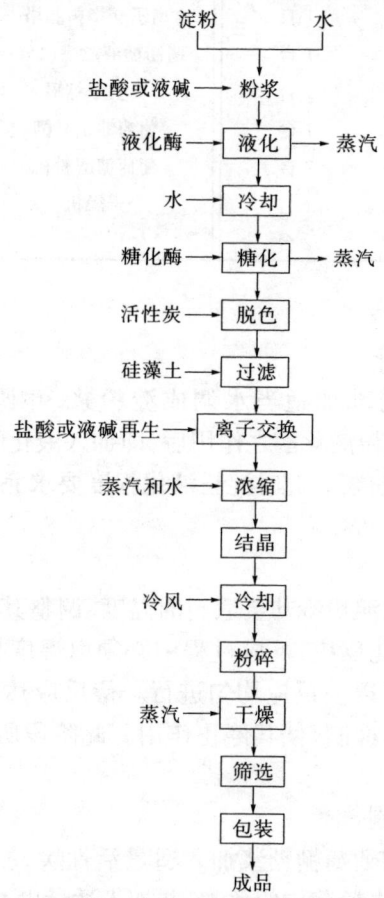

图8-3 年产3000t规模淀粉生产全糖工艺流程图

(二) 主要生产设备

生产葡萄糖粉的主要设备如表 8-6 所示。

表 8-6　　　　　　　葡萄糖粉生产设备

设　备	数量	设　备	数量
粉浆池(12t)	1 只	糖液贮槽(15t)	1 台
粉浆贮槽(10t)	1 只	离子交换树脂塔	1 台
粉浆过滤桶	1 台	精制糖液贮槽(15t)	1 台
连续高温喷蒸器	1 台	真空浓缩罐	2 台
液化反应槽	1 台	葡萄糖结晶槽	1 台
糖化反应槽(15t)	9 台	葡萄糖磨粉机	1 台
滤土混合槽(5t)	1 台	干燥机	1 台
过滤机	2 台		

(三) 操作程序

1. 淀粉的液化

将淀粉或淀粉乳加适当水调成淀粉浆,并调整其酸、碱度(pH),使其适合淀粉液化酶之作用后,即加入液化酶,利用高温蒸煮,以得到液化淀粉浆。此时淀粉液化程度要求完全,其 DE 也须在适当之范围内。

2. 糖化反应

将所得的液化淀粉冷却至适当的温度,调整其 pH 后,加入糖化酶,使其进行糖化反应,反应过程中必须以温度控制系统,维持恒温,并随时搅拌,以使反应均匀进行。待反应达到最高 DE 后,将其中酶活性予以抑制,使其停止作用。此阶段所得的产品即为粗制葡萄糖糖浆。

3. 脱色及精制

将所得的粗制葡萄糖糖浆加入适量活性炭,加温使其进行脱色反应,以吸附除去糖浆中的色素,并加入适量助滤剂以帮助过滤的顺畅,过滤所得的糖液已呈透明澄清,再以离子交换树脂去除糖液中微量的不纯物质,即得精制稀葡萄糖浆。

4. 浓缩

将所得的精制葡萄糖液,利用真空浓缩罐,在低温高真空中进行浓缩,使其达到欲得的浓度。

5. 结晶

将所得的葡萄糖浓缩液放入结晶槽,并种下晶母,缓慢搅拌至结晶状。

6. 粉碎和干燥

将结晶状葡萄糖送至粉碎机,粗碎后送入流动床热风干燥机,干燥至所需的规格水分。

7. 筛选和包装

干燥后的葡萄糖粉末,经所要求的粗细筛选机筛选后,即可包装。商品收率86%。

(四) 产品质量

产品质量指标如表8-7所示。

表8-7　　　　葡萄糖粉质量

项目	检测结果	项目	检测结果
水分	<9.5%	硫酸盐灰分	<0.1%
DE	>98%	重金属	5~10mg/kg
糊精	<4%		

三、年产6000t规模淀粉生产全糖

由香港集益公司提供的全糖粉装置,其生产能力为1t/h全糖粉,年产6000t。

(一) 建厂条件

全厂用地　　　　　15000m^2

厂房建筑　　　　　2500m^2

供电设施　　　　　250kW

供水设施	10m³/h
水处理用蓄水池	50m³

(二) 工艺流程

年产6000t规模淀粉生产全糖工艺流程如图8-4所示。

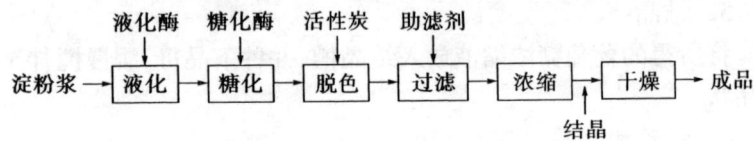

图8-4 年产6000t规模淀粉生产全糖工艺流程图

(三) 主要设备

1. 连续液化设备(1套)

第一、二液化桶由不锈钢板SUS 316制造,附带1471W(2马力)、735.5W(1马力)搅拌机,150℃自动温度控制装置及记录表、流量计。

2. 糖液加热器(2台)

加工能力为每小时4000L糖液,不锈钢管加热器,附带温度自动控制装置和记录表、压力表。

3. 过滤机(3台)

一般采用过滤面积为10m² 的叶片型过滤机,附带3677.5W(5马力)不锈钢泵及压力表,流量计,工作台,配管等。

4. 脱盐机和脱色设备(1台)

加工量为1000L/h,液体溶解碳酸钙矿物质。整套配管,导电度计BD-11,固形物计,盐酸计量槽,氢氧化钠计量槽,3677.5W(5马力)液体泵,2206.5W(3马力)水泵,3677.5W(5马力)空气压缩机。

5. 淀粉乳化槽(2只)

淀粉乳化槽体积为5m³,不锈钢板厚度4.5mm,1471W(2马力)搅拌器及减速器。

6. 糖化槽(5只)

糖化槽体积为 $12m^3$,由 4.5mm 厚不锈钢板制造,不锈钢管圈直径 $1\sim 1/2''$,加热器长 35m,735.5W(1马力)搅拌器,温度计 2只,温度自动控制器和记录表,定时控制器。

7. 脱色槽(3只)

脱色槽体积为 $5m^3$,由 4.5mm 厚不锈钢板制造,附带 735.5W(1马力)搅拌器、加热器(不锈钢管圈长 20m)、温度计、温度自动控制器及记录表、定时控制器。

8. 过滤中继槽(1只)

过滤中继槽体积为 1.5kL,3.0mm 不锈钢板制,附带 735.5W(1马力)搅拌机。

9. 液体贮存槽(4只)

液体贮存槽体积为 4kL,由 3.0mm 厚不锈钢板制造。

10. 浓缩设备(1套)

不锈钢板制二效蒸发罐,附件用铸铁板制,附带 3677.5W(5马力)真空泵、3677.5W(5马力)冷凝泵、1471W(2马力)注入泵 2台、气压式冷凝器、冷凝水分离器、压力表、真空表等。

11. 冷却塔(1套)

冷却塔附带 11kW(15马力)水循环泵。

12. 冷却盘(500个)

冷却盘体积为 25L,由宽 300mm、长 600mm、高 150mm,厚 2mm 不锈钢板制。

13. 冷却盘贮存设备(1台)

冷却盘贮存设备长 3m、高 6m、宽 1.5m,附带充填输送机 1套。

14. 液体葡萄糖贮存槽(1只)

液体葡萄糖贮存槽体积为 1000L,直径 1000mm、高 1300mm,重 4.5t,"夹克型",不锈钢板制作,附带 735.5W(1马力)搅拌器及减速器、温度计、工作台。

15. 冷却盘输送机(1台)

冷却盘输送机是"链条型"输送机,宽700mm、长150mm,附带传动马达(2206.5W;3马力)及减速器。

16. 块状葡萄糖输送机(1台)

块状葡萄糖输送机是裙板型输送机,宽700mm、长800mm,附带传动马达1471W(2马力)及减速器。

17. 葡萄糖粉碎机(1台)

葡萄糖粉碎机加工量为1000kg/h,由不锈钢304制作,附带传动马达2206.5W(3马力)及减速器。锤式(Hammer Type)。

18. 干燥机(1套)

闪式干燥机,不锈钢304制作,加工能力为1000kg/h,热风加热,1471W(2马力)S马达,附带367.8W(1/2马力)篮式输送机和齿轮减速机1台,旋风式分离器带367.8W(1/2马力)马达和减速机各1台。

19. 粉状葡萄糖贮存槽(1只)

粉状葡萄糖贮存槽体积为$3.0m^3$,不锈钢304制作,搅拌器马达1471W(2马力)及减速器。

20. 自动包装机(1台)

自动包装机加工量为150只/h。

21. 自动缝线机(1台)

自动缝线机加工量为150包/h。

22. 蒸汽供应系统(1套)

蒸汽供应系统包括3000kg/h的锅炉1套,附带蒸汽分配器1套,$20m^3$燃料油贮桶2只,锅炉软水设备1套。

23. 供水系统(1套)

供水系统供水能力为$10m^3/h$,每一循环为$400m^3$,附带$10m^3$储水槽1只,3677.5W(5马力)供水泵3只。

24. 水处理设备(1套)

水处理设备水处理能力为$10m^3/h$,每一循环为$200m^3$。

25. 配管工程(全套)

全厂配管,如蒸汽管、空气管、真空管、输送钢管、水输送管等。

(四) 单耗

原料和燃料消耗如表8-8所示。

表 8-8　　生产1t全糖粉的原料和燃料消耗

项目	单位	消耗	项目	单位	消耗
各种淀粉	kg	1000	活性炭	kg	12
液化酶	kg	0.25	助滤剂	kg	15
糖化酶	kg	0.80	氢氧化钙	kg	2
31%的盐酸	kg	25	燃料	kg	185
45%的氢氧化钠	kg	20			

(五) 产品质量

外观:白色小片状或粉末。

水分含量:7%~8%。

不溶固形物含量:50mg/kg以下。

纯度:98%以上。

四、玉米粉生产全糖

玉米去皮脱胚制成的玉米粉,也称干法低脂玉米粉,现将河南工业大学提出的以玉米粉生产全糖的方法介绍如下,供参考。

1. **玉米粉制全糖的工艺流程(图8-5)**

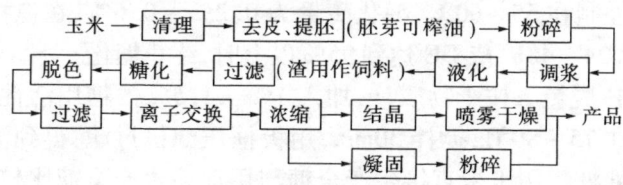

图 8-5　玉米粉制全糖工艺流程

采用上述工艺生产的全糖产品纯度高、甜味纯正,葡萄糖含量>95%(以干基计),低聚糖<5%(以干基计),水分<9%,微量元素及杂质含量符合国家卫生质量标准。

2. 玉米制全糖的工艺操作要点及生产设备

(1)玉米清理 为了除去玉米原料中的有机、无机和磁性杂质,一般采用 SZ-63 型振动筛和永磁滚筒,小型厂采用 1 台组合清理筛即可。

(2)去皮、提胚 将清理后的玉米用温水浸泡 40~60min,用脱皮机去皮。去皮后的玉米用破碎机破碎成玉米渣子,使胚芽与胚乳分离,然后采用风选法提取胚芽。胚芽经烘炒后,用 95 型螺旋榨油机榨油。

(3)粉碎 为了提高出糖率,粉碎的粒度一般在 50~80 目为最佳。粉碎机可采用 9FZ-37 型,也可采用双辊式磨粉机。

(4)调浆 1 份玉米粉加水 2.5 份,调匀后加 Na_2CO_3 溶液,调节 pH 为 6.0,再加入 0.15%~0.3%淀粉酶。

(5)液化 采用分段液化法,先将调好的粉浆加热到85℃,液化 15min 后,加热煮沸 5min,待温度降到 85℃时,再补加 0.05%~0.1%的淀粉酶。在此温度下,保温 30min。最终 DE 在 15%~25%之间。

(6)过滤 糖化前先把渣过滤出来,以利于糖化。滤渣需用适量的清水冲洗 2~3 次,以便提高出糖率。过滤设备一般采用离心过滤机或板框压滤机。

(7)糖化 将过滤后的糖液用 HCl 调节 pH 至 4.5,糖化温度要求控制在 55~60℃,糖化酶量为 0.2%~0.6%,在搅拌条件下,糖化 24~48h,待 DE 达到 95%以上时,终止糖化。

(8)脱色 按干物质计,加入 1%~1.5%的糖用活性炭,温度控制在 75~80℃,搅拌 30min,用板框压滤机过滤,得到淡黄色透明的糖液。用玉米直接生产全糖与用淀粉生产全糖比较,其蛋白质含量高,过滤性能差,因而过滤时必须加助滤剂,或者在过滤前先用沉淀剂沉淀。

（9）离子交换　离子交换的目的是为了除去糖液中的离子型杂质及离子色素。交换时一般采用阳树脂（732）与阴树脂（701）串联使用。对于小型厂,采用一套阳、阴离子交换柱即可达到预期的目的。

（10）浓缩　浓缩主要是为了提高糖浆的浓度,不同的浓缩条件,对成品的色泽有不同的影响,浓缩设备通常采用真空浓缩锅,浓缩后的浓度必须达到58%～68%时,才有利于下一步的结晶、干燥。

（11）结晶、干燥　往浓缩好的糖浆中加入0.5%的葡萄糖晶种,待温度从50℃降到20℃时,在搅拌条件下结晶6～8h,然后用喷雾干燥设备,干燥成粒状产品。也可把糖浆浓缩到一定程度,冷却、凝固成块状,再用刮刀式粉碎机切削成粉末状全糖产品。

第九章 功能性低聚糖

目前已经工业化生产的天然低聚糖有大豆低聚糖,可从大豆蛋白质的水溶液中提取,其主要组成是水苏糖和棉子糖,也含一部分蔗糖,因而是一种多成分的天然低聚糖。由于受资源条件限制,故目前新型低聚糖大部分是以来源广泛的淀粉或蔗糖为原料经生物技术合成。

低聚糖近年在国外上市品种有 10 多种,但批量较大,年产量达几千吨和万吨以上的只几个品种。如在日本,最大产量是淀粉原料酶法制取的低聚异麦芽糖,超过了万吨,其次为低聚果糖和低聚半乳糖,各约 4500~6000t;在欧洲,产量最大的是菊苣制取的低聚果糖,其次以乳糖为原料的低聚半乳糖。在我国,功能性低聚糖自 1996 年开始才有批量生产。目前年总产量达 3 万 t 左右。其中万吨以上为低聚异麦芽糖,上千吨规模的是低聚果糖,其他品种如大豆低聚糖等产量很少。根据我国功能性低聚糖的生产现状,需要用高新技术改造现有的生产过程以使低聚糖产业不断优化,包括引进膜分离和树脂吸附分离技术,以及固定化酶技术(特别是生产低聚异麦芽糖用的葡萄糖转苷酶,尚处于进口的情况下),以期提高质量(能度)降低成本,为今后进入国际市场,提高竞争力。

低聚糖称为功能性食品配料,因为它具有某些生理活性,主要如下:

(1) 低甜度、低热量,难以被人体消化,食用后基本上不增加血糖血脂。

(2) 对人体肠内双歧杆菌有增殖作用。维持肠道正常细菌群平衡,能抑制肠内有害菌和腐败物质的形成,增加维生素的含量,防止便秘,提高机体免疫力。

有些低聚糖和低聚麦芽糖,包括麦芽三糖到麦芽七糖,它们是直链的,只是在物理性能上,如耐寒、黏度、抗变性比麦芽糖好,能生产各种性能各异的甜食。但他们能被胃酸和酶消化,不具备对双歧杆菌的增殖功能。

(3) 防龋齿功能,新型低聚糖不被龋齿的链球菌利用,不被口腔酶液分解,因而能防止龋齿的发生。

(4) 近年国外进行的动物实验显示,适量的低聚糖对脂类代谢有着良好的影响,使高密度脂蛋白/低密度脂蛋白(HDL/LDL)的比例增大,同时血清三酸甘油酯含量也减少,此外实验又显示:钙、铁、镁等矿物质的保留大为增多。

日本从1991年9月开始实施特定保健食用品的申请批准制度。截止2005年,共先后公布批准特定保健用食品400多种,其中含双歧因子低聚糖的占1/3,涉及低聚木糖、低聚果糖、大豆低聚糖(水苏糖、棉子糖)、乳果低聚糖,乳酮糖、低聚半乳糖(β-半乳糖基乳糖)等,如表9-1所示。

表 9-1　　　日本市场上不同原料生产的低聚糖

原料	制法	名称	甜度*	主要生理功能	实用化
淀粉	酶法糖转移	低聚异麦芽糖 分支低聚糖	0.4~0.5	双歧杆菌因子	1985年
	酶法糖转移缩合	低聚龙胆糖	(苦味)	双歧杆菌因子	1990年
砂糖	酶法糖转移	低聚果糖	0.6	双歧杆菌因子	1983年
		帕拉金糖	0.42	非齿蚀	1984年
	酶法糖转移+加热缩合	低聚帕拉金糖	0.3	双歧杆菌因子	1989年
砂糖+乳糖	酶法糖转移	乳果糖	0.7	双歧杆菌因子	1990年
乳糖	碱异构化	乳酮糖	0.5~0.6	双歧杆菌因子	1976年
	酶法糖转移	6-低聚半乳糖	0.4	双歧杆菌因子	1988年
	酶法糖转移	4-低聚半乳糖	0.25	双歧杆菌因子	1990年
木聚糖	酶分解	低聚木糖	0.4	双歧杆菌因子	1989年

续表

原料	制法	名称	甜度*	主要生理功能	实用化
大豆乳清	萃取	大豆低聚糖	0.7	双歧杆菌因子	1988年
甜菜糖蜜	萃取	蜜三糖 棉子糖	0.23	双歧杆菌因子	1992年

注：* 甜度以砂糖为1。

2000年日本各种低聚糖消费总量为3万t左右，和1994年比无大增长，近几年市场也无大的增加。其中消费量较大的有低聚异麦芽糖11000t，低聚半乳糖6000t，低聚果糖4000t，大豆低聚糖（水苏糖和棉子糖等的混合物）1000t。1994年和2000年产量分别如表9-2所示。

表9-2　2000年日本市场消费的各种低聚糖

品名 低聚糖类	年需量/t 1994年	年需量/t 2000年	平均单价/ (日元/kg)	品名 低聚糖类	年需量/t 1994年	年需量/t 2000年	平均单价/ (日元/kg)
低聚果糖	4000	4000	390	棉子糖	100	230	2000
大豆低聚糖	700	1000	740	乳酮糖	500	2800	1000
低聚半乳糖	7700	6000	500	低聚异麦芽糖	10000	11000	140
低聚木糖	150	650	2500	低聚麦芽糖	10000	10000	150
低聚果乳糖	600	2000	800	帕拉金糖	4000	150	1000
低聚帕拉金糖	150	150	1000				

这些低聚糖应用于饮料、糖果、口香糖。在饮料行业中，以在功能性饮料中的应用最为突出，如日本市场较有名的"OLiGO CC"功能饮料，主要是含有低聚糖，并配入钙、钙吸收剂、食物纤维等各种功能性配料，在日本功能饮料市场中起着重要的作用，最高年销售9000万瓶。

目前日本生产功能性低聚糖的主要企业和品种如表9-3所示。

表 9-3　日本生产功能性低聚糖的主要企业和品种

品　种	企业名称	商品名	形态	含有率/%	价格/日元	相对甜度/%
低聚果糖	明治制果	低聚 G	浆状	55 以上	390	30~60
		低聚 P	浆状	95	1100	
		低聚 P	粉末	95	1800	
大豆低聚糖	カルビス食品	大豆低聚糖	浆状	20 以上	700	70
低聚半乳糖	ャクルト药品工业	低聚明治糖 56	浆状	55	400	20
	日新制糖	低聚 H70	浆状	53	530	25
		低聚 P	粉末	70	1300	
低聚木糖	三得利	低聚糖 70	浆状	70	2500	40~50
		低聚糖 35	粉末	35	3000	
		低聚糖 20	粉末	20	2000	
乳果糖	盐水港精糖	LS-40	浆状	40	500	30
		LS-55L	浆状	55	800	50
		LS-55P	粉末	55	1050	
棉子糖	日本甜菜制糖	甜菜低聚糖	结晶	98	2000	22
异构乳糖	森永乳业	低聚美尔可	浆状	35	600	60
			粉末	95	1500	
低聚帕拉金糖	三井制糖	低聚帕拉金糖	粉末	45	1000	30
低聚异麦芽糖	昭和产业	异麦芽-500	浆状	50	150	30~55
		异麦芽-900	浆状	90	350	
		异麦芽-900P	粉末	90	500	
			浆状	50	150	
潘糖	林原商事	异-65	浆状	65	150	50
	资壕工业	异-50	浆状	50	140	
	食品化工	潘-50	浆状	45	300	40
	食品化工	潘-80	浆状	80	—	10

第一节　低聚异麦芽糖

低聚异麦芽糖是目前市场销售量最多的低聚糖品种,是由淀

粉经 α-淀粉酶和葡萄糖转移酶作用生成。主要由异麦芽糖、潘糖、异麦芽三糖、四糖以上的低聚糖及余留下的麦芽糖葡萄糖组成。

一、低聚异麦芽糖的性质和用途

低聚异麦芽糖口感好,热稳定性好,不易变色,甜度低,黏度高于蔗糖、低于麦芽糖,持水性优于麦芽糖。作为双歧杆菌增殖用食品有糖果、冰淇淋、饮料等;作为防龋齿食品有硬糖、巧克力、饮料等。人体实验每日摄入 2.5~25g 低聚异麦芽糖。

从试验结果看,每日摄入 25g 和 12.5g 的效果相似,双歧杆菌含量达 22%~23.5%。比未摄入时的 13% 新增加 10%;而摄入 2.5g 时,仅增加 5%,效果不明显。

二、低聚异麦芽糖的生产工艺

低聚异麦芽糖的生产工艺流程如图 9-1 所示。

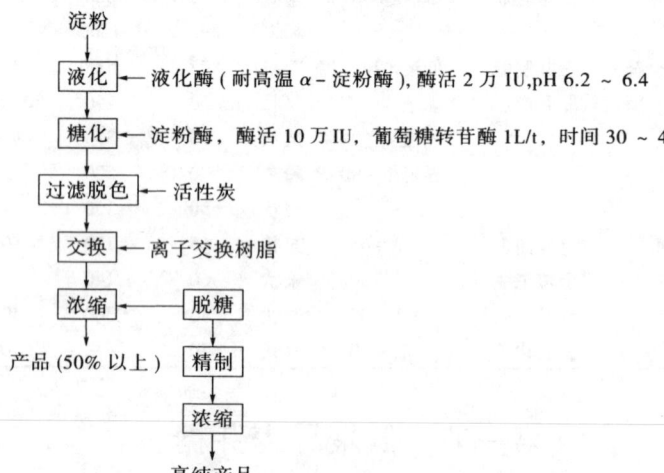

图 9-1 低聚异麦芽糖生产工艺流程

日本工业生产的低聚异麦芽糖,其外观为无色黏稠液体,水分含量26%,干物质含量74%,pH 4~6。

日本生产的异麦芽糖浆的组成如表9-4所示。

表 9-4　　　　　　　异麦芽糖浆的组成　　　　　　单位:%

聚合度	成分	异麦芽糖500（昭和）	异麦芽糖（环泰）	Panorich（食品化工）	天野酶标准样品
1	葡萄糖	40.5	15~28	22	24
2	麦芽糖	6.7	5~15	16	10
	异麦芽糖	16.9	10~20	9.2	11.5
	其他分支双糖	4.7			
3	麦芽三糖	0.8	1~5		3
	潘糖	12.5	10~25	30.9	16.6
	异麦芽三糖	3.4	2~8	2.4	4.1
	其他三糖	2.3			
4	四糖以上				
	不规则分支	12.2	12~25	16.6	30.8
	非发酵性糖（总分支低聚糖）	52	55以上	60	63

第二节　低聚龙胆糖

低聚龙胆糖是龙胆二糖、龙胆三糖、龙胆四糖的混合物,龙胆二糖是葡萄糖受酸和热发生复合反应的生成物,低聚龙胆二糖在自然界如蜂蜜中有少量存在。工业生产低聚龙胆糖是用高浓度的葡萄糖液,用专门的酶,使葡萄糖发生转移和缩合。

在日本含有低聚龙胆糖的糖浆被政府批准使用,低聚龙胆糖比麦芽糖浆有较高的吸水性,可用于防止淀粉食品的老化和保护食品的水分。低聚龙胆糖难以被人体消化酶分解,所以是低热量糖。特别的是,与其他低聚糖相比,它能更好的促进人体小肠中双歧杆菌和乳酸菌的繁殖,现有商品分糖浆及粉剂两种。

低聚龙胆糖外观为无色,水分含量:45%低聚龙胆糖的小于30%,80%低聚龙胆糖的小于28%,80%低聚龙胆糖粉剂的小于5%,pH 4~5.5,混浊度<0.05。

低聚龙胆糖的糖分组成如表9-5所示。

表 9-5　　　　低聚龙胆糖的糖分组成　　　　单位:%

组成	45%低聚龙胆糖	80%低聚龙胆糖	组成	45%低聚龙胆糖	80%低聚龙胆糖
果糖	1.9	1.7	龙胆三糖	4.5	28.2
葡萄糖	51.4	5.8	龙胆四糖	4.8	13.7
龙胆二糖	30.4	50.6			

低聚龙胆糖的主要特征如下:

(1) 轻微和清新的苦味,特别适合于咖啡制品和巧克力制品。

(2) 不被人体酶解,是低热量食品。

(3) 低黏度,与相应的麦芽糖浆比较,从10℃到60℃,低聚龙胆糖黏度均低于麦芽糖浆。

(4) 持水性高,在相对湿度50%和94%,20℃时和麦芽糖、蔗糖对比,经过15天低聚龙胆糖的持水性均比麦芽糖和蔗糖高。

(5) 低水分活度,在45%浓度以上,低聚龙胆糖的水分活度均低于蔗糖,这有利于各种食品中控制微生物的活动。

(6) 摄入低聚龙胆糖后肠内菌类的变化如表9-6所示。

表 9-6　　　摄入低聚龙胆糖后肠内菌类的变化　　　单位:%

肠内菌类	摄食前	摄食中	停止摄食后	肠内菌类	摄食前	摄食中	停止摄食后
双歧杆菌	7.4	19.3	9.4	其他菌	20.6	23.9	20.6
类体菌	61	48	64	梭菌	11	8.4	6

如表9-6所示,低聚龙胆糖比低聚果糖有更好的双歧杆菌增殖作用。试验用低聚龙胆糖3.1g,每天吃2次,相当于每人只摄

入 6.2g,连续 10 天,经检验,双歧杆菌显著增加,而腐败菌被抑制,肠内双歧杆菌的比例从未摄入时的 7.4% 增长到 19.3%,增加了近 12%,是双歧杆菌增殖效果较好的一种。

低聚龙胆糖主要用于制造糖果甜食(咖啡果冻、奶油冰淇淋、豆沙酱)、焙烤食品、果酱、调味品、饮料(果汁饮料、发酵饮料、酒精饮料、清新饮料)。

第三节 低聚糖在食品中的应用

低聚糖在食品中的应用如表 9-7 所示。

表 9-7　　1995 年 10 月日本厚生省新批准使用含低聚糖的饮料和食品

申请公司	食品种类	相关成分	允许标示的内容	摄入时注意事项	批准序号
常磐药品工业株式会社	清凉饮料	大豆低聚糖	增加双歧乳杆菌,良好保持肠内环境,适合留心肠胃状况的场合	过量摄入没有增进保健的效果,为此要按规定摄入量饮用	49
常磐药品工业株式会社	清凉饮料	大豆低聚糖	增加双歧乳杆菌,良好保持肠内环境,适合留心肠胃状况的场合	过量摄入没有增进保健的效果,为此要按规定摄入量饮用	50
三得利公司	调味醋	低聚木糖	适当增加肠内双歧乳杆菌,良好保持肠胃状况的调味醋	过量摄入或因体质、身体状况而引起腹泻	51
森永乳业株式会社	清凉饮料	二蔗酮糖	以二蔗酮糖为原料,适当增加肠内双歧乳杆菌,良好保持肠胃状况的饮料	过量摄入或因体质、身体状况而引起腹泻	52

续表

申请公司	食品种类	相关成分	允许标示的内容	摄入时注意事项	批准序号
盐水港精糖株式会社	餐用糖	低聚乳果糖	以低聚乳果糖为主要成分,适当增加肠内双歧乳杆菌,良好保持肠胃状况的食品	过量摄入或由于体质、身体状况而引起腹泻	53
盐水港精糖株式会社	餐用糖	低聚乳果糖	以低聚乳果糖为主要成分,适当增加肠内双歧乳杆菌,良好保持肠胃状况的食品	过量摄入或由于体质、身体状况而引起腹泻	54
江崎グソコ株式会社	糖果	低聚乳果糖	配合低聚乳果糖,适当增加肠内双歧乳杆菌,良好保护肠胃状况的商品	过量摄入或由于体质、身体状况而引起腹泻	55
江崎グソコ株式会社	饼干	低聚乳果糖	配合低聚糖乳果糖,适当增加肠内双歧乳杆菌,良好保持肠胃状况的商品	过量摄入或由于体质、身体状况而引起腹泻	56
株式会社博文	餐用糖	低聚果糖	以低聚果糖为原料,为调整肠胃状况而制作的商品	过量摄入或由于体质、身体状况而引起腹泻	57
日新制糖株式会社	餐用糖	低聚半乳糖	配合能适当增加肠内双歧乳杆菌的低聚半乳糖,能良好保持肠胃状况的甜味剂	过量摄入或由于体质、身体状况会引起腹泻	58

续表

申请公司	食品种类	相关成分	允许标示的内容	摄入时注意事项	批准序号
朝日啤酒株式会社	碳酸饮料	低聚异麦芽糖	本品以低聚异麦芽糖为原料,能增加双歧乳杆菌,良好保持肠内环境,适合留心肠胃状况的场合	过量摄入或因体质、身体状况等原因而引起腹泻	59
日本化药株式会社	饼干	壳聚糖	本品定量配合难以进行胆固醇吸收的壳聚糖,能改善高胆固醇或重视胆固醇的人的饮食生活	因含食物纤维,最好与水一起食用	60
株式会社纪文食品	鱼糕	壳聚糖	本品含有难以进行胆固醇吸收的壳聚糖,容易摄入,能改善高胆固醇或重视胆固醇的消费者的饮食生活	过量摄入无害健康,应以美味可口方式食用	61
伊藤香肠株式会社	维也纳香肠	难消化性糊精	本品含有马铃薯淀粉制成的水溶性食物纤维(难消化性糊精),能调整肠胃状况。好吃、肚子舒服	过量摄入对治愈疾病不利	62
大冢制药株式会社	碳酸饮料	聚糊精	能简单补充饮食中易缺乏的食物纤维,能调整肠胃的状况	过量摄入或因体质、身体状况而引起腹泻	63

续表

申请公司	食品种类	相关成分	允许标示的内容	摄入时注意事项	批准序号
太阳化学株式会社	固体清凉饮料	瓜尔豆胶分解物	本品以瓜尔豆胶分解物的食物纤维为主要原料,能保持肠胃的良好状况。好吃、肚子舒服	过量摄入常有腹胀感,此时应从少量开始食用	64
江崎グソコ株式会社	巧克力	异麦芽酮糖(帕拉金糖)、茶多酚	本巧克力以异麦芽酮糖和茶多酚为原料,不易引起龋齿	食用本巧克力不能治疗龋齿	65
江崎グソコ株式会社	巧克力	麦芽糖醇、异麦芽酮糖、茶多酚	本品以麦芽糖醇、异麦芽酮糖、茶多酚为原料,不易引起龋齿	食用本巧克力不能治疗龋齿	66
江崎グソコ株式会社	口香糖	麦芽糖醇、还原异麦芽酮糖、赤藓糖醇、茶多酚	本品以麦芽糖醇、还原异麦芽酮糖、赤藓糖醇、茶多酚为原料,不易引起龋齿	过量摄入或因体质、身体状况而引起腹泻,食用该口香糖不能治疗龋齿	67

第十章 糖　　醇

第一节　概　　述

糖醇虽然不是糖,但大部用糖氢化还原制取,具有某些糖的属性,国际食品和卫生组织 CAC 和 JECFA 均将糖醇批准为无需限量食用的安全性食品。因具有不产生龋齿、对血糖值上升无影响,且能为糖尿病人提供一定热量,所以可作营养性甜味剂,广泛应用于无糖食品。

糖醇是含有两个以上的羟基的多元醇,但糖醇和石油化工合成的乙二醇,丙二醇,季成四醇等多元醇不同,糖醇是由自然界一年一生的可再生的糖类为原料,来源取之不尽。且成本低廉。将糖分子上的醛基或酮基还原成羟基,就成糖醇。如可用葡萄糖还原生成山梨醇,木糖还原生成木糖醇,麦芽糖还原生成麦芽糖醇,果糖还原生成甘露醇等。一般糖醇在自然界的食物中有少量存在,并且能被人体吸收代谢。糖醇不仅能食用,也可以作有机合成制取醇酸树脂和表面活性剂的原料。目前国内外较为广泛,有一定批量生产的糖醇,有山梨醇、麦芽糖醇、木糖醇、赤藓醇、甘露醇、乳糖醇、异麦芽酮糖醇等。其中山梨醇产量最大,2004 年世界山梨醇消费超过 130 万 t。

糖醇,虽然不是糖,但具有某些糖的属性,不论外观和性能均和食糖有不少相似之处。如糖醇外形是白色粉状,浆状产品也和糖浆相似。糖醇也有一定的甜度和热量。所以,作为食糖替代品,消费者过去怎么吃白糖,现在就怎样地吃糖醇,作为甜食品原料,能 1∶1 地代替食糖,制取相似的糖果、糕点和饮料。加工工艺基本上可不作改变,这和高倍甜味剂(糖精钠、环己基氨基磺酸钠、天门冬酰苯丙氨酸甲酯等)不同。在国外,把糖醇称作食糖替代品;而高倍甜味剂称作无热量甜味剂,用高倍甜味剂制取的食品,称无热量甜食品,而用糖醇制取的甜食品,才能称无糖食品。应说明的是:无糖不是无蔗糖,而是无食糖。食糖指常食用的单糖(葡萄糖、果糖等)和双糖(蔗糖、麦芽糖等)。

一、糖醇的物理特性

(一) 糖醇的物理特性

各种糖醇的部分物理特性比较如表 10-1 所示。

表 10-1　　各种糖醇的部分物理特性比较

物理特性	山梨醇	赤藓醇	甘油	麦芽糖醇	甘露醇	丙二醇	木糖醇
沸点/℃	105	330	290	170~180	290~295	187~188	216
相对密度(20℃)	1.29	1.45	1.26	—	1.56	1.036	1.23
热稳定性/℃	>160	>160	稳定挥发	>160	>160	稳定挥发	>160℃
吸湿性	中低	很低	中	低	低	高	中
熔点/℃	97~101	119~123	-18.5~-17.8	144~150	165~169	-59	92~96
相对分子质量	182.17	122.12	92.09	344.32	182.17	76.09	152.12
油溶性	差	—	好	—	差	好	差
水溶性(25℃)/(g/100g)	235	61	无限	175	22~23	无限	169
甜味	甜凉	甜	微甜	似蔗糖	甜	不甜	同蔗糖

注:"—"表示"未知"。

(二) 甜度

所有糖醇均有一定甜度,但比其原来的糖,甜度有明显变化。例如山梨醇的甜度低于葡萄糖,木糖醇的甜度高于木糖。不同的糖和其相应的醇的甜度如表 10-2 所示：

表 10-2　不同糖与糖醇的甜度比较（以蔗糖的甜度为 100 计）

糖	甜度	糖醇	甜度
葡萄糖	69	山梨醇	48
麦芽糖	40	麦芽糖醇	79
果糖	130	甘露醇	55
木糖	67	木糖醇	90~100
乳糖	30	乳糖醇	35
		赤藓醇	60~70

由表 10-2 可看出，除了木糖醇甜度和蔗糖相近，其他糖醇的甜度均比蔗糖低。

（三）热量

由于糖醇能被人体小肠吸收进入血液代谢，有一些进入大肠，被肠内有益细菌利用，所以具有一定热量，国外在不同条件下测试结果如表 10-3 所示。

表 10-3　各种糖醇的热量

糖醇	热量/(kcal/g)	糖醇	热量/(kcal/g)
山梨醇	2.4~3.3	甘露醇	1.6
麦芽糖醇	2.4~2.8	异麦芽酮糖醇	2
木糖醇	2.4~3.5	赤藓醇	0.4
乳糖醇	1.2~2.2		

注：1kcal = 4.2kJ。

以上数据说明，人体摄入糖醇，均产生一定的热量，所以和其他合成甜味剂不同，是一种营养性甜味剂，但其热值均比葡萄糖（4.06kcal/g）要低些。

（四）溶解热

糖醇在水中溶解，和蔗糖一样要吸收热量，产生溶解热，因而糖醇入口吸热,所以食用者会有清凉感。各种糖醇的溶解热如表10-4所示。

表 10-4　　　　　各种糖醇的溶解热

糖　醇	溶解热/(J/g)	糖　醇	溶解热/(J/g)
木糖醇	153	麦芽糖醇	79
甘露醇	120.8	乳糖醇	58.1
山梨醇	110.8	异麦芽酮糖醇	39.3

表10-4表明,糖醇的溶解热高于蔗糖(17.9J/g)。因而糖醇,特别是木糖醇很适于制取清凉感的薄荷糖等食品。

(五) 黏度和吸湿性

糖醇的相对黏度比蔗糖低,适于食品加工。但糖醇(除甘露醇外)均有一定的吸湿性,特别在较高的相对湿度下比较明显,其结晶产品易于结块。因而,要注意在干燥的条件下保存。由于糖醇有一定吸湿性,故宜于制造软性食品,如蛋糕、面包等,但不宜制作饼干等脆性食品。

(六) 耐热性

糖醇比蔗糖有较高的耐热性,在高温时,不产生美拉德反应(褐变反应)。因此在高温下以糖醇为甜味料加工的食品,会产生鲜艳的色泽,但是用于焙烤食品时,它不产生着色作用。

(七) 糖醇在食品中的应用类型

糖醇在食品中应用的类型如表10-5所示。

表 10-5　　　　各种糖醇在食品中的应用类型

应　用	山梨醇	甘露醇	甘油	丙二醇	木糖醇	麦芽糖醇
湿润剂	+		+	+		+
甜味剂	+	+			+	+
结晶改性剂	+		+			
膨胀剂	+				+	+

续表

应用	山梨醇	甘露醇	甘油	丙二醇	木糖醇	麦芽糖醇
溶剂			+			
增塑剂	+		+			
皮膜剂					+	+

注:"+"表示"可应用于"。

二、糖醇的生理特性

(一) 吸收和代谢

很多糖醇,由于能被人体吸收消化代谢,并产生一定热量,所以被称作营养性甜味剂。首先能被人体吸收,才能谈对人体的代谢和利用。当然吸收了,不一定能全利用,所以不同糖醇在人体内产生的热量也不同。糖醇往往是相应的单糖或双糖还原生成的醇,相对分子质量小的更易于吸收。赤藓醇因碳链上只有4个碳,相对分子质量最小,为122,吸收效果最好。木糖醇有5个碳,相对分子质量居中,为152。山梨醇和甘露醇有6个碳,相对分子质量较大,为182。双糖获得的醇,异麦芽酮糖醇、麦芽糖醇、乳糖醇,相对分子质量达344。棉子糖是三糖,其相对分子质量更大,达504。由于赤藓醇相对分子质量小,故很易被小肠吸收。若赤藓醇的吸收效率为100(能吸收不等于能利用),则木糖醇为80,山梨醇为67,麦芽糖醇为35。实验证明:一次性摄入赤藓醇25g,3h内有40%从小便中排出,约在24h内,有80%从尿中排出,剩余部分进入结肠,有极少数被微生物发酵,大部分从粪便中排出。这里说明一个问题:赤藓醇能最快地被小肠吸收,但人体缺乏能代谢赤藓醇的酶系,最终还是以原来的分子从人体排出。所以赤藓醇和五元醇、六元醇比较,其最大的特点是耐受性好。但吸收后不被代谢而从体内排出,不能称为营养性甜味剂,应是无热量糖醇。

（二）防龋齿效果

糖醇因不被人体口腔中产生龋齿的微生物所利用,而且不像糖类在口腔中会被酶解而生酸,如葡萄糖在口腔中 8h,pH 会降至 5,糖醇在口腔中,pH 不会降低。特别是木糖醇,在口腔中 pH 还略有上升。木糖醇口香糖试验证明,每天吃木糖醇口香糖 3~5 片,不仅能预防龋齿,而且对消除已经形成的牙斑,有一定作用。

（三）摄入糖醇不影响血糖值

这方面国外报道较多。如当每人食用麦芽糖醇 0.5g/(kg 体重·d)一周,血糖值无变化;每天食用 50g 异麦芽酮糖醇,血糖值无变化等。北京复兴医院,对糖尿病人每天口服 30~50g 木糖醇的临床试验结果表明,患者体力恢复者 100%,血糖值不仅稳定,而且有所下降,有效率达 80%。特别对轻症糖尿病人的效果非常明显。但对重症患者,则因在代谢后期也需胰岛素参与,所以要谨慎使用。

（四）其他生理特性

试验表明麦芽糖醇可以提高钙的吸收和保留率。

1980 年北京复兴医院临床试验证明,木糖醇口服及输液,均有改善肝功能的作用,2005 年中国中医研究院西苑医院保健中心证明木糖醇对改善脂肪肝有一定功效,2001 年北京联合大学文理学院动物试验表明,木糖醇在肠道缓慢吸收,可促进肠道内有益菌群的增殖。按测算,每人每天服用 15g 左右,即可达到调节肠道功能的作用。

（五）糖醇的耐受性

糖醇不被胃酶分解,直接进入肠部。在小肠中因其分子结构和糖不同,所以吸收时间比葡萄糖慢,有一定润肠作用。有一部分进入大肠,被细菌利用,产生气体而腹胀肠鸣,有的人还产生腹泻。应该说,这些均为正常现象。只要控制使用量或经过几天到一周的适应期,肠鸣、腹泻现象会自行消失。有些国家还将糖醇作缓泻剂使用。

为了适应市场消费者对糖醇提高耐受性的要求,发达国家开发赤藓糖醇和异麦芽糖醇。赤藓糖醇不被人体酶系代谢,由于其分子小,在小肠很快吸收,无腹胀肠鸣反应。进入血液后,很快就被排泄出身体外。

也有报道称,赤藓糖醇的最大耐受量:男性 0.66g/kg 体重,女性 0.80g/kg 体重。

一般认为,进入肠道的含糖醇食品,液状食品比起固体食品中的糖醇,要更为敏感。T. Hgrenby 的研究表明木糖醇比山梨醇的耐受性要好得多。在对儿童作口服木糖醇耐受试验时,其适应量可从 25g/d 逐渐增加到 45g/d,成人每天耐受量为 20g,经过一段适应期,能增加到 60g。但山梨醇只能是 10~20g/d。麦芽糖醇的耐受量为 28~32g/d。另据南德集团试验报告:动物摄入大剂量异麦芽酮糖醇,比摄入其他糖醇,适应要快很多。可能是异麦芽糖醇有更大的分子质量和具有较低的渗透压的缘故,试验指出:人体每天摄入 38~45g,不会导致腹胀、肠鸣和腹泻症状。

国内外试验说明木糖醇的耐受量在糖醇中属中等程度。一般每日摄入 30~50g,而且分成几次和其他食品混合在一起,就像平日吃糖一样消费,就不致产生腹胀腹泻症状。个别人也可能敏感些,但也只要有 5~10d 的适应期(即每天摄入量从 10g 逐渐增加到 50g,渐渐增加),就能适应。

日本对含糖醇和低聚糖的保健食品标签要求注明"过多食用会导致腹泻"。美国规定:在某种食品中山梨醇可能使消费者每日摄入超过 50g 时,就必须标明"过量摄取有可能导致轻度腹泻"。

三、糖醇在食品中的应用

2005 年 12 月全国食品添加剂标准化技术委员会初次将糖醇列入我国食品添加剂使用卫生标准 GB 2760—1996 甜味剂中。其使用范围如表 10-6 所示。

表 10-6　　糖醇的使用范围

名　称	使用范围	最大使用量
木糖醇	各类食品	按生产需要适量使用
麦芽糖醇	调味乳	按生产需要适量使用
	稀奶油类似品	按生产需要适量使用
	雪糕	按生产需要适量使用
	风味冰、冰棍类	按生产需要适量使用
	酱渍蔬菜	按生产需要适量使用
	盐渍蔬菜	按生产需要适量使用
	糖果	按生产需要适量使用
	面包	按生产需要适量使用
	糕点	按生产需要适量使用
	饼干	按生产需要适量使用
	冷冻鱼糜制品,包括鱼丸	0.5g/kg
	饮料类包装饮用水除外	按生产需要适量使用
	其他豆制品制糖酿造工艺用	按生产需要适量使用
山梨醇液	混合或调味脂肪(乳化品植脂奶油)	按生产需要适量使用
	冷冻饮品(食用冰除外)	按生产需要适量使用
	酱渍蔬菜	按生产需要适量使用
	盐渍蔬菜	按生产需要适量使用
	糖果	按生产需要适量使用
	面包	按生产需要适量使用
	糕点	5g/kg
	饼干	按生产需要适量使用
	冷冻鱼糜制品(包括鱼丸)	0.5%
	饮料类包装饮用水除外	按生产需要适量使用
	油炸小食品	按生产需要适量使用
	其他豆制品制糖酿造工艺用	按生产需要适量使用
甘露醇	糖果	按生产需要适量使用
乳糖醇	果汁饮料、冰淇淋、糕点	按生产需要适量使用
	乳饮料、口香糖	按生产需要适量使用
赤藓醇	可可及巧克力制品、糖果 糕点、饮料	按生产需要适量使用

糖醇一般因不被口腔中微生物利用,又不使口腔 pH 降低,所以不会腐蚀牙齿,是防龋齿食品的好原料;糖醇对血糖值上升无影响,且能为糖尿病人提供一定热量。所以可作糖尿病人有热量的营养性甜味剂。

虽然国际食品和卫生组织 CAC 和 JECFA 均将糖醇批准为无需限量食用的安全性食品。我国食品添加剂使用卫生标准规定最大使用量为:按生产需要适量使用。但由于各种糖醇均有一定耐受性,且个体之间各有差异,故对消费者来说,还应注意根据自己的体质耐受程度,选择和控制进食量,使摄入量逐步增加。

第二节 山 梨 醇

山梨醇的原料(淀粉)丰富,价格低廉,是糖醇中产量最大、用途最广的品种。2005 年,全世界消费山梨醇 130 万 t(以浓度 70%计),主要用于生产无糖甜食、维生素 C、牙膏、化妆品、表面活性剂(乳化剂)、医药等。其中用于食品的占很大比例,主要是作食糖替代品制取各种无糖甜食,如无糖口香糖、豆沙、糖果等。美国消费山梨醇 30.6 万 t,食品用为 7 万 t;欧盟消费山梨醇 26 多万 t,食品用占 5.4 万 t(大量用于无糖口香糖);日本消费山梨醇 13 多万 t,食品用占 8 万 t。

我国约有山梨醇生产单位 40 多家,生产能力 30 多万 t,大部分为中小企业,前几年开工者不到一半,生产能力为万吨以上的约 10 多家,大部分是年产几千吨的小厂。如法国罗盖特集团,号称世界最大规模的山梨醇厂,年产能力 50 万 t,其出厂价比我国有些企业的成本低。所以近年来我国有很多山梨醇中小企业,纷纷停产。自 20 世纪 90 年代以来,进口山梨醇逐年增加,主要来自法国罗盖特公司,约占 3/4,其次来自韩国。历年来我国山梨醇进口情况如表 10-7 所示。

表 10 - 7　　山梨醇(70%山梨醇)历年进口情况

进口年份	进口量/t	外汇支出额/万美元	到岸价/(美元/t)
1992	24501	1155	472.4
1993	21902	1096.9	471.4
1994	29464	1489	500
1995	50209	3024	505
1996	56216	3379	610
1997	46997	2166	450
1998	76950	3048	396
1999	79187	3004.4	379
2000	72600	2686	369
2001	80811	3223	399
2002	63743	2293	359.7
2003	52766	1902	360
2004	20461	929.65	455
2005	11484	555.7	

如表 10 - 7 所示，山梨醇的进口近年有所下降，但我国山梨醇消费量却不断上升，说明我国山梨醇竞争力有了提高。2003 年我国山梨醇消费 30 万 t（和美国消费量相近，但消费结构不同）国内生产约 25 万 t，但进口量只 5.2 万 t。山梨醇消费的增长，主要由于维生素 C 有较大增长。2000 年维生素 C 产量为 4 万 t，而 2003 年产维生素 C 6 万 t，相应消耗山梨醇从 12.5 万 t 增加到 20 万 t。其他，生产牙膏约用 4 万 t，生产酯类约用 3 万 t，食品用 4 万 t，合计消费了山梨醇 30 多万 t。

我国山梨醇近年生产增长较快，竞争力有所提高。主要是因为我国淀粉糖生产技术进步，使山梨醇原料成本下降有了突破性进展。每吨口服级葡萄糖出厂价从三年前 4500 元/t 降至 2500 元/t。同时结晶葡萄糖的质量达到国际水平，例如河北骊骅淀粉公司的山梨醇产品纯度，液相色谱法测定稳定在 99.6% ~

99.8%,这是生产维生素C用山梨醇的重要因素。成本降低和质量提高为国内有竞争力的企业扩产,创造了有利的条件。

2004年开始,山梨醇出口4033t,创汇193.26万美元,2005年出口8026t,创汇414万美元。

一、生产山梨醇的原料

现在世界各国用于生产山梨醇的原料大致有三种。

(1) 结晶葡萄糖　其来源方便,原料纯度高。建立山梨醇生产车间,不需设立原料车间,因而投资省,上马快。缺点是结晶葡萄糖要从市场采购,成本偏高。

(2) 蔗糖或糖蜜　糖蜜净化得混合糖液,经过柱上分离,可以获得果糖和葡萄糖。分离得的果糖,可精制成含果糖90%以上的商品,残余的葡萄糖经氢化成山梨醇。糖蜜原料便宜,每吨糖蜜可分离出250kg果糖,糖蜜分离果糖以后的葡萄糖,其成本分摊较少,可以成为廉价的山梨醇原料。但葡萄糖液的纯度不高。

(3) 淀粉糖化液　我国淀粉资源丰富,如果在大型淀粉厂利用淀粉乳为原料,而不是以商品淀粉为原料,就可省去淀粉的干燥工序,节约燃料。用这种淀粉经双酶液化、糖化,再经脱色交换,获得净化糖液,成为山梨醇的原料。即使淀粉乳浓度低,糖化后糖浓度只有20%,也对氢化效率有利。氢化以后浓缩热稳定性好。淀粉糖化液氢化的不利因素是双酶等糖化转化率最高为97%,有3%未转化为葡萄糖,麦芽糖、低聚糖、糊精残留在溶液中,这些非葡萄糖在氢化过程中麦芽糖成了麦芽糖醇,所有醛基物质均可能被还原,存留在氢化液中,经离子交换净化,还残留在山梨醇溶液中。这除了不利于维生素C生产外,对作为食品工业用山梨醇和作为保湿剂用于牙膏、卷烟等行业是不成问题的,甚至作为油漆原料也是可以采用的。

用淀粉糖化液氢化制山梨醇,其最大的优点是成本低廉。

二、淀粉制取山梨醇的方法

用淀粉生产山梨醇,实质上还是葡萄糖制山梨醇,所以其生产的第一步仍然是淀粉糖化成葡萄糖溶液,然后经净化后氢化。

葡萄糖在含镍催化剂存在时进行氢化,被转化成山梨醇,其反应式如下:

$$\begin{array}{c} CH_2OH \\ HO-C-H \\ HO-C-H \\ H-C-OH \\ HO-C-H \\ CHO \end{array} \xrightarrow{H_2} \begin{array}{c} CH_2OH \\ HO-C-H \\ HO-C-H \\ H-C-OH \\ HO-C-H \\ CH_2OH \end{array}$$

葡萄糖　　　　　　山梨醇

但是,在氢化过程中,由于葡萄糖在弱碱性条件下加热产生异构化,生成果糖,因而这少部分果糖也被加氢生成了甘露醇。如果作为维生素 C 的原料,那么甘露醇是一种不纯物,因为它不可能在维生素 C 生产的第一阶段转化成山梨糖,所以必须严格控制葡萄糖氢化的反应过程,使其少产生甘露醇。但是如果作为食品工业的原料时,则甘露醇属于可食用糖醇,与山梨醇有同样的功效,所以不必过于苛求。果糖氢化生成甘露醇的反应式如下:

$$\begin{array}{c} CH_2OH \\ O=C \\ HO-C-H \\ H-C-OH \\ HO-C-H \\ CH_2OH \end{array} \xrightarrow{H_2} \begin{array}{c} CH_2OH \\ HO-C-H \\ HO-C-H \\ H-C-OH \\ H-C-OH \\ CH_2OH \end{array}$$

果糖　　　　　　甘露醇

从淀粉开始生产山梨醇的工艺流程如图 10-1 所示。

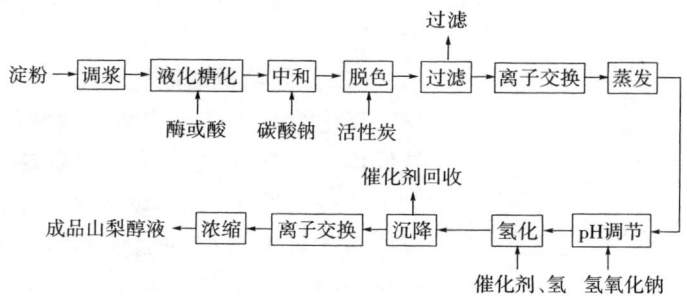

图 10-1 淀粉制取山梨醇流程示意图

（一）淀粉的糖化

制取山梨醇用的淀粉，首先要使其糖化成葡萄糖液。这与淀粉生产结晶葡萄糖一样，需要较高质量的淀粉，关键的质量指标是淀粉含蛋白质不得超过 0.5%，最好不超过 0.3%。因为含氮物质不仅影响溶液的色泽，而且在净化过程除不尽，在氢化时就会毒化催化剂，影响成品山梨醇的质量。

淀粉的糖化，可以采用酸法或酶法，这里只介绍酸法糖化。采用酸法糖化，反应时间缩短了，但必须准备耐酸设备。可以采用定型的搪瓷反应罐作为糖化罐，它带有搅拌器和夹套，能加热和冷却。符合质量要求的淀粉，先加脱离子水调成淀粉乳，然后再加入酸。例如采用 800kg 淀粉，加水 1600kg，然后搅拌均匀，再加入浓硫酸 37kg 左右，使其 pH 1.5。准备好的上述淀粉乳，即完成了调浆过程，就可送入糖化罐。

在糖化罐，开动搅拌器，用蒸汽加热，使蒸汽压达到 0.3MPa，反应时间 100～120min。糖化完毕，放入储料罐中，再通过已经装有活性炭的压滤机。滤出液在中和罐用石灰乳和碳酸钙中和到 pH 5～6，并在中和罐中加入活性炭（溶液的 1%），进行第二次压滤。经过中和脱色的糖液，要进行离子交换，以除去糖液中的无机离子，以提高纯度，纯度应在 95% 以上，最后将离子交换过的净化糖液,用蒸发器浓缩到含糖53%备用(糖化具体流程如图10-2所示)。

(二) 葡萄糖溶液的氢化

氢化的方式有间歇和连续两种,传统的均是间歇氢化。采用间歇法氢化的工艺设备简单,主体设备是一个高压反应釜。将准备好的糖液和活化好的催化剂加入反应釜。通入氢气,在一定的温度和压力下不断搅拌,经过一定时间,就完成了氢化反应。操作易于掌握,投资也比较小。其缺点是催化剂易于沉降,反应过程中为使催化剂与氢、葡萄糖液充分接触,反应中必须搅拌,搅拌速度达100r/min,这样易使催化剂粉碎,降低活性;而且,每次反应完毕后,要将山梨醇溶液和催化剂同时排出,进行沉淀后,再将催化剂重新返回到反应釜中去。这些操作过程,均会给

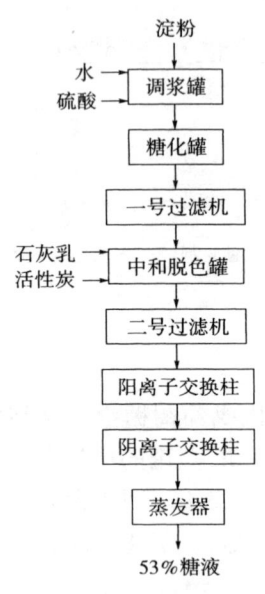

图10-2 淀粉糖化的具体流程示意图

催化剂活性带来影响。为了克服这些缺点,目前国际上已经采用柱式的连续氢化制取山梨醇的工艺。将准备好的葡萄糖溶液用高压泵连续不断地打入装填有固体块状催化剂的柱式反应器中,在一定的温度和压力下,经过一定时间,从反应器排出,就成了山梨醇溶液。这样可以昼夜不停地连续操作,催化剂在反应器中处于静止状态,没有搅拌和冲击的影响,而葡萄糖溶液和氢能继续不断地通过催化剂的表面,使反应均匀而完全。一般连续氢化可以不停地工作1个月以上。根据反应器中催化剂的活性,检查从反应器排出山梨醇液的残糖,如达不到指标时,才停车进行催化剂的活化,然后再用。但是连续氢化因为要配备相应的高压缓冲、高压冷却、高压分离等高压容器,一次性投资较大。此外连续氢化要求严

格的控制,使压力、温度、进料速度等必须按指标进行,一旦出现指标不正常,反应成品就会不合格。当然,在科学技术发展的今天,连续氢化的自动控制已经十分容易做到。

1. 葡萄糖加氢过程中的几个主要注意事项

(1) 氢化压力 葡萄糖的氢化是在水溶液中进行的,在催化剂的接触下完成加氢反应,所以必须使氢气能通过液层扩散到催化剂表面,因而葡萄糖溶液中溶解氢的浓度决定了与催化剂接触的效果。要提高葡萄糖水溶液的氢浓度,就必须提高反应的氢压(因氢在水中的溶解度随压力的增加而增加)。在较高的压力下,其氢化反应速度就加快。但提高反应压力,需要提高氢化反应釜的耐压强度,这会增加相应的设备投资。用于葡萄糖氢化的反应压力,一般在 $4 \sim 8 MPa$。此外,为了增加溶解氢和催化剂表面的接触机会,还可以采取搅拌和其他的办法。

(2) 氢化温度 反应过程的温度增加,能大大加快氢化反应的速度,因为在高温下,分子运动加剧,增加了葡萄糖、催化剂、氢三者的接触机会。但是糖类对温度的耐受有一定限制,过高的温度会使葡萄糖焦化。在一般情况下,超过 $100℃$ 已经开始反应, $120℃$ 能正常反应, $140 \sim 150℃$ 则反应速度加快。研究表明:葡萄糖溶液氢化时,当反应温度从 $100℃$ 增加到 $140℃$ 时,其转化率从 79% 提高到 98.8%。但当温度从 $150℃$ 提高到 $160℃$ 时,反应速度不再增加。

(3) 葡萄糖溶液的浓度 葡萄糖溶液首先要保证足够的纯度。以结晶葡萄糖为原料时,必须是口服医药级的;以淀粉糖化的葡萄糖液为原料时,必须是经过离子交换过的。浓度的确定主要根据商品要求,如市场需要的山梨醇浓度是 50%,那么选择葡萄糖溶液浓度以 50% 为合适,这样氢化后,只要脱除微量镍离子,不经浓缩,就可直接出厂。但如果市场需要的山梨醇是 70% 的,或者要求粉状的,那么氢化以后必须蒸发浓缩。在这种情况下,葡萄糖溶液的浓度就不一定采用 50% 的,可以采用 $20\% \sim 30\%$ 的浓度,经氢化以后再浓缩。因为糖液的热稳定性不如山梨醇液的热稳定性好。当然过稀的浓度,均需经过蒸发浓缩,消耗过多的热量,这是不可取的。实验表明了不论葡萄糖液的浓度变化如何,其反应速度,对单位质量的葡萄糖的氢化速度是一样的。

总之,葡萄糖溶液的氢化速度,不受溶液浓度的影响,而决定于溶液中所含葡萄糖的多少。即浓度大,葡萄糖多,反应时间就要延长;如浓度低,所含葡萄糖少,反应时间就可缩短。两者几乎是一个直线关系。

(4) 葡萄糖溶液的 pH　由于葡萄糖氢化采用镍铝合金活化的催化剂进行催化氢化。活性镍相当活泼,对酸性物质十分敏感,所以葡萄糖溶液不宜在酸性条件下氢化,否则催化剂很快失活。为此,在氢化以前,必须对葡萄糖液进行 pH 调整,使其调到 pH 7.5~8。但也不宜将 pH 调得过高,因为葡萄糖在碱性条件下加热,会异构化,转化成果糖。这样氢化后产生的就不是山梨醇,而是甘露醇了。此外,调节 pH 必须使用试剂级氢氧化钠,因为工业碱纯度低,含有残余的食盐和其他化学元素,这样在氢化过程会毒化催化剂,缩短催化剂的使用寿命。

2. 葡萄糖的间歇氢化

(1) 工艺流程　如图 10-3 所示。

(2) 氢化工艺

① 葡萄糖液的准备:在采用淀粉糖化液时,先在高位槽储存,然后放入计量罐,在计量罐内调节到所要求的 pH。如采用结晶葡萄糖为原料时,则高位槽配有蒸汽加热系统,先在高位槽

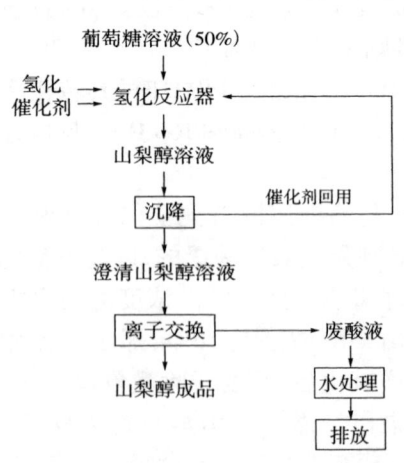

图 10-3　葡萄糖间歇氢化的工艺流程

中加入脱离子水,使水加热到 80~90℃,溶入结晶葡萄糖,使成 53% 的葡萄糖溶液,然后冷却备用。下一步方法与淀粉糖化液相同,将需要加氢的葡萄糖液,放入计量罐,并调节 pH。一般用试剂氢氧化钠,使溶液 pH 调至 8,浓度含量在 0.06% 左右。

② 间歇氢化:在 1000L 的反应釜中,加入葡萄糖液,其量可以达到体积的 2/3。并加入相应量的催化剂,然后用氮气置换反应釜中的空气,再用氢气置换其中的氮气,保证反应釜中的空间在 99% 纯度的氢气介质中。然后升温至 140℃ 左右,升温后才能升压至所要求的压力,这一点必须注意,千万不能先升压后升温。在达到了反应温度和压力后,开始搅拌进行反应。反应过程中氢气被吸收,需继续补充氢气,使压力稳定在所要求的水平上,一般在 3.9~7.8MPa。反应 1~2h,通入的氢气不再吸收,测定反应液的残糖在 0.5% 以下时,反应终了。静置片刻,使温度降至 100℃ 以下,催化剂也大部分沉降,可利用反应釜残余压力,使山梨醇液压入高位沉降槽,以沉淀溶液中悬浮的催化剂;2h 后,澄清的山梨醇液放入低位沉淀器,再次沉淀 4h。经过两次沉淀下来的催化剂,视活性高低,可以重新回用于氢化反应釜。

由于间歇氢化用悬浮催化剂,且山梨糖醇液浓度 50% 以上,有相当高的黏度,在放料过程催化剂会随着山梨醇液同时排出反应釜,因而有一个必要的催化剂回收过程,具体流程如图 10-4 所示。

由于催化剂每次大量离开反应釜回用,在釜外经过多个工序处理运送,必然造成催化剂氧化失活。为了减少随山梨醇液带出的催化剂,生产中将逐渐利用反应残留压力,改为上出料工艺,使大部分催化剂留在反应釜底部,只有少量催化剂随醇液排出,大大减少了催化剂的釜外回收过程。具体流程如图 10-5 所示。

③ 离子交换:澄清的山梨醇液中还含有微量的镍离子,必须通过离子交换除去。交换柱中装有阳离子交换树脂,由于阳离子交换容量大,所以澄清山梨醇的交换,可多次进行。检查交换柱流

出的成品山梨醇溶液不含镍离子、铁离子不超过 20mg/kg 为合格。如交换柱发现漏镍，表示树脂交换容量已过载，必须进行再生。再生前先用脱离子水顶出交换柱中的山梨醇液，然后再用 5% 的盐酸再生，将阳离子交换树脂吸附的镍转化成氯化镍而洗脱。用盐酸再生完毕，再用脱离子水洗去交换柱中的残余盐酸溶液，洗至排出液的 pH 为 4.5~5，即可重新再用。澄清山梨醇液通过离子交换得到的合格山梨醇液，含醇 500g/L，即可包装出厂。有的用户要求 700g/L 的含醇量，则尚需进一步浓缩后包装出厂。

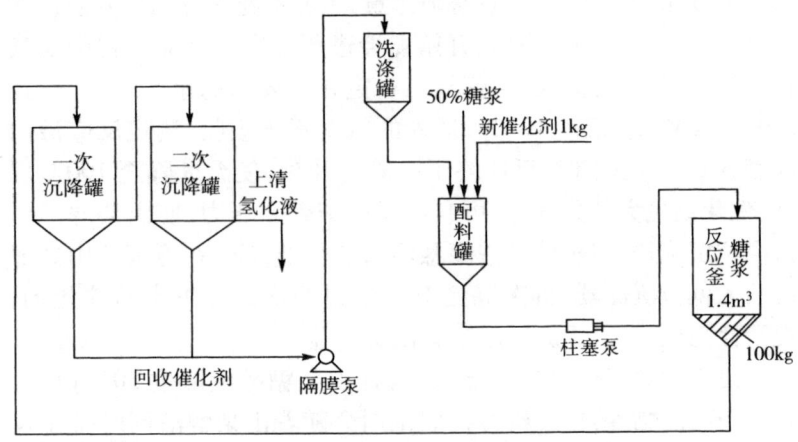

图 10-4 2m³ 反应釜回收催化剂流程示意图

3. 葡萄糖的连续氢化

为提高反应效率，缩短反应时间，最好采用管道连续氢化反应。

（1）葡萄糖溶液连续氢化操作要点 准备好的葡萄糖溶液，送入有计量装置的 pH 调节器，使溶液 pH 调至 8，然后定量地通过高压进料泵，打到氢液混合器，与来自高压缓冲器的氢气相混合，然后经过预热器，使已调 pH 的葡萄糖溶液和氢的混合物，加热至 90℃，然后自动地压入反应器，反应器中填满了已经活化的

第十章 糖 醇

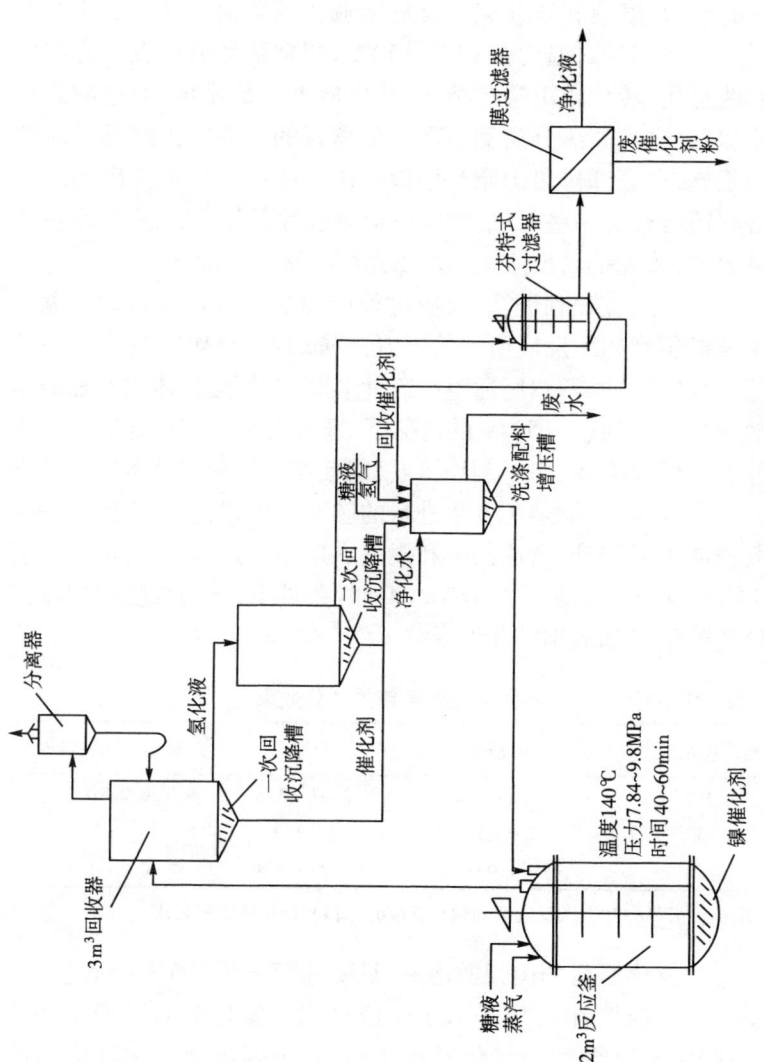

图 10-5 上出料反应催化剂回用流程示意图

催化剂,葡萄糖溶液和氢的混合物由下而上地流动,受反应器中催化剂的阻力,溶液和氢气交替反复接触着催化剂。这时反应器中的压力如在 8MPa,温度在 140~150℃,则葡萄糖溶液在反应器中顺利地氢化,转化成山梨醇溶液,从反应器顶部排出,通过耐高压的冷却器,进入高压分离器。高压分离器的顶部排出过量反应剩余的氢气,在底部排出山梨醇溶液。由于刚从高压下排出的山梨醇溶液还溶解有一些氢气,所以还得通过常压分离器,进一步使微量氢放出,才能把已反应完毕的山梨醇溶液收集起来。

为了使反应顺利进行,反应过程所用的氢应是过量的。氢气经压缩机压到超压反应所需的压力,例如 12~13MPa,使高压下的氢储入高压缓冲罐,然后通过高压针形阀,在压缩氢体积和葡萄糖溶液体积之比为(4~5):1 的情况下,进入高压氢液混合器。高压缓冲器之所以必要,除了利用压差,能使物料顺利进入 8MPa 的反应区间外,同时也能避免发生进料的脉冲现象,防止反应器中的催化剂被冲击而震动,造成破碎和损失。采用上述操作,在反应温度为 142~145℃,反应压力 8MPa 的同样条件下,不同浓度葡萄糖连续氢化的结果如表 10-8 所示。

表 10-8　　　　不同浓度葡萄糖的氢化效果

葡萄糖浓度/%	氢液比	体积速度*	氢化液残糖量/%
16	1.5~2.2	2.02~2.7	0.2~0.3
32	2.9~3.1	1~1.2	0.2~0.56
48	4.09	0.76~0.8	0.7~1.3

注:* 指每小时进入反应区间葡萄糖液的体积和催化剂体积之比。

连续氢化所得的山梨醇溶液,只要残糖不超过 1%(对进入反应系统的葡萄糖计),便送入氢化液储罐。氢化液的离子交换净化,与间歇氢化得到的氢化液操作相同,主要控制净化液中的镍含量。

由上述试验结果可认为其最佳工艺条件为:葡萄糖浓度

32%，温度130~145℃，进料速比2.4(在反应区间停留25min)，转化率99%以上，每1mL新活化的催化剂，可氢化0.76g葡萄糖。

(2) 浓度为32%的葡萄糖连续氢化

其生产工艺流程如图10-6所示。

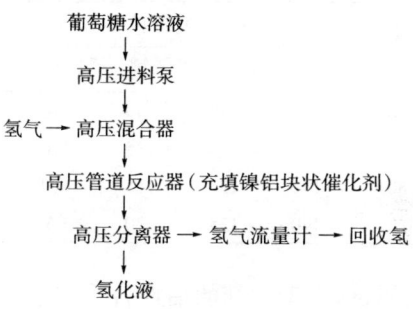

图10-6 葡萄糖连续氢化的工艺流程

将一水葡萄糖按计划浓度溶于水，调pH至7.5~8，通过高压泵，计量进入高压混合器。和高压缓冲器送来的氢，按氢液比3~10进行混合，自动压送至高压反应器。在反应器前部配有高压预热器，通过预热器加热至一定温度进入反应器。反应器总高100cm，有效容积500mL，外套从上至下四组电加热器，并分别具有测温点。在反应器后部配有冷却器，冷却后的反应物料，通过高压气液分离器，进行气液分离。从上部排出的氢气，通过用气体流量计，计算氢气流量，下部排出的氢化液(山梨醇)，检测其转化率。

反应器中装入500mL活化好的催化剂，管路连接好，确认压力系统达到7.84MPa的氢压状态后，开始进料反应。

① 催化剂活性的确认试验：为了验证装入的催化剂的活性，在进行各种工艺试验之前，要进行催化剂最佳容积速度(单位催化剂体积的每小时进料量)的确认。通常要求只要保证葡萄糖转化率在99%~100%，进料速度愈快愈好，以尽量减少糖在反应区

间的停留,防止副反应的产生。试验取中等浓度葡萄糖液32%,pH调至8.5,于氢压7.84MPa和135~140℃,进行加氢试验,观察催化剂的活性。经四批反应,结果如表10-9所示。

表 10-9　　　　　　　催化剂活性试验

试号	时间/h	进料速度/(mL/h)	温度自上而下/℃				氢液比	残余还原物含量/%
			1	2	3	4		
1	7	880	140	138	140	110	7.3	0.4
2	2	880	140	135	135	110	5	0.28
3	4	980	140	135	135	100	3.6	0.28
4	3.5	1070	140	135	130	95	3.6	2.4

实验结果表明,这批催化剂的活性合乎要求。即在7.84MPa、温度135~140℃、氢液比3.6~7.3,能使32%的葡萄糖液,其进料速度达980mL以上。葡萄糖液在反应区间停留约30min。500mL的催化剂反应了980mL的葡萄糖液,实含葡萄糖量313.6g,即每1mL催化剂能催化氢化葡萄糖0.627g。此时氢化液残余还原物仅0.28%,相当于目测转化率达99.72%。

② 不同葡萄糖浓度的氢化试验:反应器中催化剂装入50mL,约50cm高度,用16%、32%以及48%三种浓度的葡萄糖液,通过控制进料速比、反应后氢化液残糖1%以下,验证其氢化效果,如表10-10所示。

如表10-10所示,不同浓度的葡萄糖溶液进行氢化反应只要控制进料速度,均能达到转化率99%以上。并不因为糖浓度高低而影响反应效果。如16%的葡萄糖液进料速度最快,为1070~1140mL/h,由于催化剂体积为250mL,相当于催化剂的容积速比为4.28~4.56。实际含葡萄糖为171.2~182.4g,即每1mL催化剂能氢化葡萄糖0.6848g。当浓度32%时,比16%增加一倍,进料速度也降了一倍,为500~600mL/h,此时容积速比为2.4,实际含葡萄糖为160~192g,每1mL催化剂能氢化的葡萄糖为0.64~

表 10-10　　　　不同葡萄糖浓度的氢化试验

批号	时间/h	糖浓度/%	进料速度/(mL/h)
122	4	16	1070
123	4	16	1140
124	3	32	500
125	2.5	32	580~600
126	2	48	380
127	2	48	400

批号	反应器温度(自上而下)/℃				氢液比	氢化液残糖含量/%
122	145	145	142~145	100	1.5	0.2~0.3
123	145	135~140	140	90	2.2	0.25
124	140~145	142~145	135	95	2.9	0.2
125	140	145	145~142	65	3.1	0.3~0.56
126	145	145	140	75	4.9	0.37~1
127	145	140~142	145	75	12.7	0.8~1.3

0.76g。在用48%浓度进料时,进料速度降至380~400mL/h,容积速比为1.52,实际含葡萄糖182.4~192g,每1mL催化剂氢化葡萄糖0.72g~0.76g。总之不论浓度高低,每1mL催化剂的氢化葡萄糖量,基本是相对恒定,为0.64~0.76g。但实际生产中,高浓度往往少采用的原因是由于高浓度物料进料速度慢,糖在反应区间停留时间长,加之物料黏度大,影响氢在糖液中的扩散,增加副反应。当以16%的浓度进料时,速比4以上,相当于糖液通过反应区仅15min;32%时,速比为2.4,相当于糖液在反应区间停留25min;而48%时,速比为1.5,糖液在反应区间停留时间为40min。本实验也观察到,当以48%的浓度进料时,其反应物残糖含量达0.8%~1.3%,较比16%和32%的进料,效果略差。

归纳一下,这批反应器装50mL催化剂,所进行的不同浓度糖液氢化试验结果如表10-11所示。

表 10 -11　　　　　不同浓度糖液氢化试验结果

糖浓度/%	进料速度/(mL/h)	速比	被氢化糖量/(g/h)	单位催化剂氢化糖量/(g/mL)
16	1140	4.28	182.4	0.68
32	590	2.4	188.8	0.64~0.76
48	380	1.5	182.4	0.72

③ 温度对葡萄糖氢化效果的影响：温度的变化对反应过程和反应产物的质量有重要影响。催化反应的速度在一定范围内，受温度的促进十分明显。现采用32%浓度葡萄糖液，于pH 8.5、氢压7.84MPa，催化剂体积250mL反应器，进行氢化试验，如表10-12所示。

表 10 -12　　　　　不同温度对氢化效果影响的试验

试号	试验时间/h			加料速度/(mL/h)	
130	2.5			340	
131	1			420	
132	2.5			600	
134	4			1020	
138	1			1280	
试号	反应器温度(自上而下)/℃				氢液比	残糖含量/%
130	118~120	120~122	120~122	60~62	5.4	1~1.3
131	130	130~132	130~132	60	5	0.2
132	140	145	142~145	65	3	0.56
134	158~160	152~155	152~155	60	3	1.4~1.7
138	165~168	160~162	160~162	60	3.9	1.7~2.5

从表10-12可看出，在温度120~160℃之间(主要是反映在中部两个测温点，因顶部在出口处，物料已反应结束。底部温度60℃，是预热温度)，在保证转化率99%的情况下，32%的葡萄糖

进料速度,呈直线上升趋势。平均每提高10℃,进料速度提高一个等级。从120~122℃提高到130~132℃时,进料速度从340mL增至420mL,增加23.5%。从130~132℃提高到142~145℃时,进料速度从420mL增至600mL,增加42.8%。从140~145℃提高到152~155℃时,进料速度从600mL增至1020mL,增加70%。但152~155℃提高到160~162℃时,进料速度增至1280mL,不再直线上升,虽增加了25%,但反应后成品质量恶化,也能看到氢化液有微黄色。温度升高,反应增速,符合催化剂反应动力学规则。但达150~160℃时,可能由于葡萄糖的焦糖化等副反应加剧,催化剂被钝化,导致氢化效果下降。所以实验室葡萄糖氢化试验温度一般控制在160℃以下。现将不同温度下葡萄糖氢化效果归纳如表10-13所示。

表 10-13　不同温度对氢化效果影响的试验结果

糖浓度/%	温度/℃	进料速度/(mL/h)	速比	被氢化糖量/(g/h)	单位催化剂氢化糖量/(g/mL)	残糖/%
32	120~122	340	1.36	108	0.432	1~1.3
32	130~132	420	1.68	134.4	0.537	0.2
32	142~145	600	2.4	192	0.76	0.56
32	152~155	1020	4.08	326.4	1.3	1.4~1.7

从归纳结果可看出,葡萄糖氢化温度应权衡其生产能力和氢化液质量的关系,130~145℃之间进行葡萄糖氢化,是比较可取的。在142~145℃时,速比达2.4,即每小时进入反应器的葡萄糖液体积,达催化剂体积的2.4倍,糖液在反应区间仅停留25min。每1mL催化剂可氢化葡萄糖0.76g,达到了催化剂的活性标定值。氢化液残糖0.56%,其表观转化率为99.44%。

④ 反应过程的压力:本试验采用了7.84MPa的氢压。根据动力学概念,氢溶解在糖溶液中的浓度,和压力成正比。压力增加,溶解氢浓度也增加,氢化速度加快。据报道,经测定过的数据

表明,水中氢的溶解量,随着压力的提高,一直到29.4MPa,呈直线关系,到19.6MPa时,认为是已经足够的极限。一般来说,最好的选择是,提高压力同时降低反应温度。但压力容器的投入也随压力升高而增加。目前一般从性能和投入考虑,采用压力为9.8～10.78MPa。

总之,采用骨架镍金属催化剂,连续氢化葡萄糖制取山梨醇,在氢压7.84MPa的情况下,其较好的工艺条件是:葡萄糖浓度32%(最高浓度48%),反应温度130～145℃,容积速比2.4(葡萄糖在反应区间停留25min),可以获得转化率99%以上、残糖0.2%～0.56%、每1mL催化剂氢化葡萄糖0.76g的较佳成绩。从试验可看出,连续氢化时葡萄糖在反应区间的停留时间仅25min,比间歇反应60min能减少一半以上。预期能在提高生产效率的同时,能改进氢化液的质量。这里附带说明的是,如果反应压力提高到9.8MPa,其效果将会更加理想。

上述试验结果表明,连续氢化葡萄糖制山梨醇,浓度为32%时,获得最快的进料速度和最好的反应效果。考虑到目前有些山梨醇生产企业,自有葡萄糖生产车间,用淀粉酶法生产葡萄糖,糖化液糖浓度达30%～33%。因而可以将脱色净化以后的葡萄糖液,不通过浓缩、结晶、分蜜过程,直接送往氢化车间,进入反应系统,氢化成浓度30%以上的山梨醇液,然后根据市场需要浓缩成50%和70%的商品山梨醇。这样能比用结晶糖溶化后氢化节能降耗,进一步降低山梨醇的成本。

(三) 氢化催化剂

作为一种糖醇,如山梨醇、木糖醇、麦芽糖醇等,均是用相应的糖,在有催化剂存在的条件下,进行催化加氢而制得。糖类氢化制糖醇所用的催化剂,经过国内外学者多年研究,认为最理想的是镍系催化剂。用葡萄糖加氢制山梨醇是目前糖醇中产量最大、用途最广的一种,所以其所用催化剂也是最多的。由于催化剂的活性直接影响着山梨醇的质量和成本,所以选择适当的催化剂,将是生产中的重大问题。

作为葡萄糖加氢用催化剂,国内外常用的有两种形式:一种是将镍盐载在载体上(如载在硅藻土上)进行活化,然后悬浮在糖溶液中进行氢化,这与油脂氢化相类似;另一种是将镍和铝制成合金,称骨架镍,国外称伦宁镍。将镍铝合金用碱液活化,即可加入糖液,进行催化氢化。由镍铝合金制备简单,一般市场有商品出售,而且不像载体催化剂从镍盐开始,制备过程复杂,活化后不易储存,所以山梨醇生产一般均采用镍铝合金催化剂。近年国内外也有少数企业采用钌作催化剂的。

1. 镍铝合金的制备

用作催化剂原料的金属镍和金属铝,必须具有较高的纯度,一般要求含量在 99.5% 以上,故基本上是电解镍和电解铝。镍铝合金的含镍量从 40%~50% 不等,其余部分为铝。由于镍和铝各自的熔点差别较大,所以过去的合金制备方法是将镍和铝分别熔融,然后混合,其实是一个熔炼炉中可以按先后分别加入熔融混合,同样可以获得好的镍铝合金。关键是在熔炼过程必须使之搅拌均匀,真正成为一种金属固体溶液,而不是一种金属混合物,使所得合金中的镍处于分子状态。熔化完毕,倒入用铸铁加工成的模型中,使冷却成型。根据需要,可以铸成棒状、块状和片状。若在间歇氢化中使用粉状的催化剂,还需将获得的合金敲碎,并用球磨机粉碎至粒度 100 目左右使用。

研究证明,为了进一步提高镍铝合金的强度和活性,在合金中加入金属铬、锰、钛作为助催化剂时,有较好的效果。

2. 镍铝合金的活化

镍铝合金是一种金属溶液,活化是使合金中的铝部分溶解,导致部分分子镍露出来而成为活性镍。铝能溶解于碱液中,其化学反应式如下:

$$2Al + 6NaOH \longrightarrow 2Na_3AlO_3 + 3H_2 \uparrow$$

铝　氢氧化钠　　　铝酸钠　　氢

从反应式可以看到,镍铝合金用碱液活化的过程,也是产生氢的过程,因此可以用反应过程生成的氢来计算活化过程溶解掉的铝。例如,有 200kg 镍铝合金需要活化,其中含有 100kg 铝,假使希望溶解其中 40% 的铝,即 40kg 铝,则按照上述计算公式,理论上应发生 49.8m^3 的氢。但活化过程中必须要使碱略过量,以使活化速度加快。氢的量一达到要求,应立即终止反应,排出残余的碱液。

用于连续氢化的催化剂,因为将催化剂填充于反应塔中,所以应该是块状或棒状的,其尺寸大小在 5~10mm。活化时,在一个不锈钢的活化器中,配有夹套加热和冷却系统,先加入一定量的镍铝合金,体积不超过活化器的 2/3。然后加入 10%~20% 浓度的氢氧化钠溶液,加到溶液盖住合金为止,开始加热,使温度上升,铝开始熔解并放热。此时应注意控制温度不超过 90℃,维持约 2h,大约溶解掉合金中铝总量的 40% 左右,放去反应残液。然后用蒸馏水洗涤至 pH 8,保存在水溶液中备用。

粉末催化剂因其颗粒小,易与碱反应,所以操作上和块状催化剂有所不同。活化器中先装入碱液,使夹套通水冷却,使溶液保持在 25℃ 以下,然后渐渐加入粉末催化剂,加入速度要缓慢,以不使活化器中温度超过 25℃ 为好。加入粉末的同时,要不断搅拌。加粉末完毕,再用夹套加热,使反应温度控制在 90℃,不超过 95℃。每 40kg 的镍铝合金粉末,需加热 3~4h。反应完毕,放尽反应残液,用蒸馏水洗至 pH 8 备用。

由于活化过程中,铝和氢氧化钠反应生成铝酸钠和放出氢气,氢气是易燃易爆物质,所以活化操作要在单独的并且通风的地点进行,并禁止一切火种,以防万一。此外,经过活化了的合金镍铝催化剂,是一种活性镍,它与空气中氧接触会发热并燃烧,所以活化完了的催化剂一定要封存在蒸馏水中,不能与空气接触,并尽快投入使用。存放过久,活性也会下降。在生产车间,操作人员检查催化剂是否具有活性的方法,只要将催化剂包在滤纸里,吸净催化剂的水分,这时包在滤纸里面的催化剂会发热并将滤纸烧出一个空眼。如果包在干的滤纸里,一点也不发热,那么说明催化剂失去了活性,需要再生。

3. 催化剂的使用

在间歇反应器中进行葡萄糖的氢化时,需向反应器中一次性地加入对糖液 10% ~ 15% 的已经活化好的催化剂。每次反应完毕,将催化剂沉淀过滤出来,回到反应器中继续使用。但每次总有一些损耗,所以每次可以视情况适当补加一些新催化剂,以保持反应的稳定。随着氢化反应的不断进行,催化剂的反复使用,最后达到每吨山梨醇成品以消耗催化剂不超过 6kg 为度。作为经常性反应终点的控制,则以测定葡萄糖氢化后氢化液中残糖不超过 0.5% 为标准。一般情况下,如果采用较高的反应压力、较低的反应温度、较短的反应时间,则催化剂的使用寿命能更长一些。

在连续氢化反应器中进行葡萄糖的氢化时,活化好的催化剂(指块状的)一次性装入连续反应器内。催化剂量不是按糖液量计算,而是按反应器的体积至充满催化剂为止。一般连续反应器是柱状,有几根柱子串连在一起,如果有 5 根柱,每根柱子体积 100L,则总容量是 500L。那么要加入的催化剂量大约 1t 左右。装入催化剂以后可以连续使用,测定氢化液的残糖,要求转化率在 99%。如果已经达不到指标的要求,可以用 2% 的氢氧化钠溶液按氢化过程同样的工艺条件,不进葡萄糖液,而进氢氧化钠溶液进行洗涤,并适度地活化催化剂的表面,以恢复其活性。经过几个周期以后,若用 2% 氢氧化钠已经不能恢复催化剂的活性时,则应用 10% 的氢氧化钠溶液按正常的催化剂活化条件进行再生并洗涤,直洗至排出液 pH 8 为止,就可继续使用。由于催化剂在氢化过程中有损耗,所以每隔半年,应打开反应柱,添加一些催化剂,以保持其催化剂的总容积和生产能力。

三、山梨醇的质量规格

我国传统山梨醇生产均为50%的溶液,现在国际上已经大部分以70%的浓度出厂。浓度提高可减少运输量并延长保存期。现将1986年日本食品添加物公定书第5版规定的产品标准,摘录如下,供参考。

含量:($C_6H_{14}O_6 = 182.17$)50%~70%

性状:无色澄明糖浆状液,冷时析出无色结晶,无臭,有甜味

相对密度:1.285~1.315

重金属含量:Pb计,小于10μg/g

镍:丁二酮肟法不显红色

砷:小于4mg/kg

还原糖:以葡萄糖计,小于0.68%

糖类:以葡萄糖计,小于6.8%

灼烧残渣:小于0.02%

此外,日本提出的食用结晶粉末状山梨醇,其含量为大于80%,糖类总量也为6.8%,干燥失重为3%。其他重金属、镍、砷、还原糖等指标,均与浆状山梨醇相同。

法国近年向我国输入的山梨醇,其技术规格为(70%商品):

折射率(20℃):1.458~1.460

还原糖:<0.15%

总糖:6~8g/kg

氯化物:<10mg/kg

铅:<1mg/kg

硫酸盐:0

砷:<1mg/kg

镍:<1mg/kg

pH(50%水溶液):5~7

第三节 麦芽糖醇

麦芽糖醇是由麦芽糖氢化而获得,是较早应用于低热量甜味剂的糖醇之一。麦芽糖醇的化学全名为 $4-O-\alpha-D-$ 葡萄糖基 $-D-$ 葡糖醇,分子式 $C_{12}H_{24}O_{11}$,相对分子质量344。

纯净的麦芽糖醇呈无色透明的晶体,熔点135～140℃,对热耐酸都很稳定。在水中的溶解度,20℃时比蔗糖低,但在30℃以上时较蔗糖高,甜度是蔗糖的80%～90%,甜味特性接近于蔗糖。

液体麦芽糖醇的甜度是蔗糖的60%,在水中的溶解度较结晶麦芽糖醇大,溶解度增大的原因在于麦芽三糖醇之类低级糖醇含量较多,引起溶液黏度增大,从而抑制了结晶的出现。

麦芽糖醇水溶液的沸点较蔗糖水溶液高,用结晶麦芽糖醇调配的溶液沸点比用液体麦芽糖醇调配的溶液高。因此,在制造含麦芽糖醇的硬糖时,必须使用真空炉,以使其沸点温度提高至160℃以上,才能保证产品水分降至2%以下。而在传统硬糖制造中,这个温度是140～145℃。

麦芽糖醇在20℃时溶于水中的溶解热为 $-23.0J/g$,吸热量在所有糖醇中是最小的,因此,食用时几乎没有凉爽的口感特性。

一、麦芽糖醇生产工艺

正如前述,糖醇类可以用相应的糖,通过氢化还原获得,如木糖氢化制取木糖醇,乳糖氢化制取乳糖醇,麦芽糖氢化制得麦芽糖醇。其氢化原理与葡萄糖氢化制山梨醇相同。

(一) 氢化条件选择

山东禹城福田药业有限公司曾对麦芽糖浆的氢化条件进行了选择实验,结果如下:

采用折射率为25%的超高麦芽糖浆水溶液为原料,普通氢气为气源,大连研制的三元 Raney Ni 合金 RTH-311 为催化剂,在

5L 高压釜中进行加氢实验。

通过以下三步对产品进行分析：①用还原糖法测定产品含量，从而求得加氢转化率；②利用液相色谱，测试所得样品纯度；③利用阿贝折光仪，测试样品浓度。

(1) pH 对加氢反应的影响　由于麦芽糖在酸性条件下易转化为葡萄糖，且酸性条件对催化剂有腐蚀作用，所以重点考察了料液 pH 在 6.0~9.0 范围对加氢转化率的影响。当实验条件为：温度 120℃，反应时间 120min，反应压力 9.0MPa，剂糖质量比 5%，搅拌速度 360r/min 时，实验结果表明 pH 的提高有利于转化率的提高，但 pH 过高时，容易出现炭化结焦现象，所以加氢时控制 pH 在 7.5~8.0 为适宜。

(2) 温度对加氢反应的影响　实验压力 9MPa，剂糖质量比 5%，反应时间 120min，pH 8.0，搅拌速度 360r/min 时，反应温度对该反应的影响很大。随温度升高，加氢转化率迅速提高。当温度达到 130℃时，加氢转化率达到 99.6%，加氢液麦芽糖醇纯度达到 87.96%。但温度达到 140℃时，虽然加氢转化率达到 99.5%，但加氢液麦芽糖醇纯度却降低至 84.19%，麦芽三糖醇与山梨醇纯度均有所增长。究其原因，是由于在较高温度时（≥140℃），2 个麦芽糖醇分子相互作用得到一个麦芽三糖醇分子和一个葡萄糖分子，葡萄糖加氢又得到山梨醇，所以加氢温度应控制在 140℃以下。

(3) 压力对加氢反应的影响　实验温度 120℃，剂糖比 5%，反应时间 120min，pH 8.0，搅拌速度 360r/min 时，系统压力对反应结果影响很大。随压力提高，加氢转化率提高。当压力达 10MPa 时，加氢转化率可达到 99.5%，加氢液麦芽糖醇纯度可达到 88.02%。

(4) 反应时间对加氢反应的影响　实验温度 120℃，剂糖比 5%，反应压力 9.0MPa，pH 8.0，搅拌速度 360r/min，随反应时间增长，糖液加氢程度逐渐提高，反应时间到 150min 时，在给定条件下,加氢转化率可达到 99.7%,加氢液麦芽糖醇纯度可达到 88.09%。

(5) 剂糖比对加氢反应的影响　实验温度 120℃,反应时间 120min,反应压力 9.0MPa,pH 8.0,搅拌速度 360r/min,催化剂用量提高,糖液加氢转化率迅速提高。当催化剂用量对糖为 5.5% 时,加氢转化率可达到 99.6%,加氢液麦芽糖醇纯度可达到 87.99%。

(二) 工艺流程

麦芽糖氢化制麦芽糖醇浆的工艺流程如图 10 – 7 所示。

备料 → 调 pH → 进料反应 → 过滤脱色 → 离子交换 → 蒸发浓缩 → 成品

图 10 – 7　麦芽糖氢化制麦芽糖醇浆工艺流程

(1) 备料　合格的麦芽糖浆(含麦芽糖 50% 以上),从商品麦芽糖浆浓度 70% 以上,稀释到 25%。一般为顺利反应取低浓度。

(2) 调 pH　糖液用试剂 NaOH 调 pH 至 7.5~8。

(3) 反应用催化剂　大都采用骨架镍,间歇反应用粉状,连续反应用块状。间歇反应第一次用量为糖的 10%~12%。

(4) 氢化反应技术条件　反应氢压一般均采用 8~11MPa。反应温度一般为 120~130℃。

(5) 氢化液净化　先经沉淀催化剂,上清液经微滤,滤除催化剂微粒,再用活性炭脱色,然后离子交换,最后用蒸发器一次浓缩到糖醇含量达 70% 以上的成品。

(三) 固体麦芽糖醇

麦芽糖醇是用麦芽糖氢化的产品,如欲制取固体麦芽糖醇,必须要先制取高浓度麦芽糖,然后氢化得麦芽糖醇液,从而再加工成固体。目前制取高浓度麦芽糖有两种技术路线。

1. 酶法

首先将淀粉配成约15%的淀粉浆,用耐高温α-淀粉酶进行液化。液化液的DE 10%~12%。液化完后送糖化罐,加入β-淀粉酶和普鲁兰酶,糖化48h。糖化液脱色后,进行离子交换,得到浓度大于85%的高麦芽糖浆。

在液化、糖化阶段,严格控制DE,以减少糖液中葡萄糖及麦芽三糖的含量。

注意离子交换后,物料pH偏低会使部分麦芽糖分解成葡萄糖。

麦芽糖浆在氢化时需控制反应条件,入料浓度一般在40%,pH通过加碱调节至7.5~8,温度(125±5)℃,氢压7.84MPa,反应时间不宜过长,以免生成副产物。最终的氢化转化率可达99.5%。

净化的液体麦芽糖醇经浓缩后,加入晶种,使结晶固化,再经干燥、粉碎、过筛,即得粉状麦芽糖醇。

2. 色谱分离法

用酶法糖化麦芽糖,浓度达到90%以上有相当难度。无锡分离研究所,采用低浓度麦芽糖醇浆(50%~70%),用色谱分离法,获得了浓度达90%~95%麦芽糖醇浆,然后进行结晶,效果明显。

2005年山东省建立了年加工3000t麦芽糖醇浆(50%~70%)、色谱分离生产线,工程运行稳定,麦芽糖醇溶液浓度>95%,生产出结晶麦芽糖醇产品,纯度达99.5%。

二、麦芽糖醇质量规格

麦芽糖醇有液体和结晶体两种产品。液体产品是用麦芽糖浆(浓度50%~55%),经镍催化加氢后提纯浓缩而成。如进一步用高浓度麦芽糖(85%~90%)氢化,可制取结晶麦芽糖醇。由于我国结晶麦芽糖醇未能达到正常工业生产,故尚无国家标准。

国产麦芽糖醇浆质量指标如表10-14所示。

表 10-14 国产麦芽糖醇浆质量指标

指标	含量	指标	含量
固形物含量	70%±1%	镍	<0.0003%
纯度	55%	灼烧残渣	<0.2%
重金属(以 Pb 计)	<0.0005%	砷	<0.0003%

以德国 ZDS 公司为例(见表 10-15),说明国外结晶麦芽糖醇和麦芽糖醇浆产品的规格。

表 10-15 德国 ZDS 公司结晶麦芽糖醇和麦芽糖醇浆产品规格

指标	液体	结晶
水分/%	≤26.0	≤1.0
固形物含量/%	≥74.0	≥99.0
麦芽糖醇含量/%	73.0~77.0	86.0~99.0
D-山梨醇含量/%	2.5~3.5	1.0~3.0
麦芽三糖醇含量/%	9.5~13.5	5.0~8.0
高级糖醇含量/%	6.5~13.5	2.0~6.0
还原糖含量/%	≤0.3	≤0.3
硫酸盐灰分/%	≤0.1	≤0.1
氯化物含量/(mg/kg)	≤20	≤20
镍含量/(mg/kg)	≤2	≤2
砷含量/(mg/kg)	≤3	≤3
铅含量/(mg/kg)	≤1	≤1
总重金属含量/(mg/kg)	≤10	≤10
40%水溶液的 pH	5.0~7.0	5.0~7.0
麦芽四糖醇含量/%	1.5	
麦芽五糖醇含量/%	0.8	
麦芽六糖醇含量/%	0.6	
麦芽七糖醇含量/%	0.6	
更高级麦芽糖醇的含量/%	5.7	

第四节 甘露醇

甘露醇又称 D-甘露糖醇、己六醇、木蜜醇。分子式$C_6H_{14}O_6$,

相对分子质量182.17。

甘露醇为白色结晶粉末,相对密度1.489,熔点166~168℃,沸点290~295℃(在0.4~0.467kPa),比旋光度+24°~+28°。甘露醇可溶于水(1g可溶于约5.5mL水),微溶于甲醇乙醇,溶于吡啶和苯胺,不溶于乙醚。甘露醇是山梨醇的异构体,山梨醇的吸湿性很强,但甘露醇完全没有吸湿性。甘露醇甜度相当于蔗糖的70%。人体能吸收、部分代谢,部分从尿中排出。甘露醇主要用于医药和食品,可作食品添加剂、无糖甜食品、饲料添加剂。

过去我国甘露醇生产方法主要是从海带中提取的天然提取法。现逐渐发展为蔗糖水解,催化还原工艺,以及葡萄糖酶异构化成果葡糖再氢化制取。

一、甘露醇生产工艺

随着淀粉糖化技术的进展,用淀粉糖化并异构化制取果葡糖浆,进一步用氢化还原成山梨醇和甘露醇,成为当前国内外公认经济效益好的生产甘露醇的技术路线。

甘露醇生产工艺流程如图10-8所示。

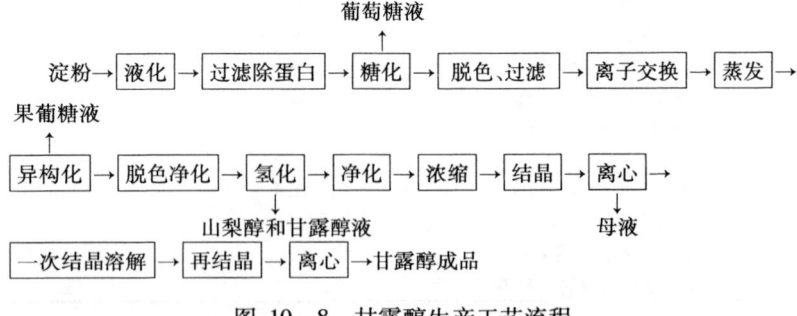

图10-8 甘露醇生产工艺流程

山东寿光天力生物2006年采用结晶葡萄糖为原料,建成年产5000t结晶甘露醇车间。主要生产流程如下:

结晶葡萄糖经溶解调至40%的浓度,pH 7~8,进行异构化

（异构化柱两个直径1m,高4m,装酶2m,生产能力4万t/年）,进料速比1:1,生产42-果葡糖浆。42-果葡糖浆然后被氢化成山梨醇、甘露醇浆,用板式蒸发器浓缩,从上而下由直径60mm进料管连续注入110m³立式连续结晶机。110m³立式连续结晶机高16m,从上而下,分三段冷却控温,水温用板式换热器调节,水自下往上流动,适应物料温度"下低上高"的要求。整个三层串联冷却器,用齿轮油泵提升,然后自动下降,即冷却器连续不断升降,几秒钟一次。物料约在器内滞留40多小时,按甘露醇溶解度确定降温终点。成熟膏连续从底部出料,用螺杆泵自动计量,打入上悬离心机(直径1320mm,转速1300r/min),离心得一次结晶。将一次结晶溶解进行二次结晶、离心,将二次结晶进行三次结晶、离心,获得99%以上的甘露醇。母液主要含山梨醇,可回用一部分,需研究色谱分离。一次结晶纯度92%,二次结晶纯度98%,第三次结晶纯度99%以上。出厂价1.4万元/t。

110m³连续结晶机,每台结晶葡萄糖能力为1万t,但甘露醇因需三次结晶,年产5000t,需用110m³连续结晶机两台。

成品在符合30万级卫生指标要求的GMP车间中进行,包装成药用级结晶甘露醇。

据报道,美国伊利诺伊州ZU化学公司,2003年从芬兰HYDRIOS生物技术公司取得专利权,用Lactobacillus生产高纯果糖浆,并转化成甘露醇,称生物法生产甘露醇,比过去氢化法能大幅降低成本。

二、甘露醇市场

世界市场95%的甘露醇为粉状,年消费1.8~2万t,销售额1亿美元,甘露醇的最大用户是无糖口香糖,约占产量的10%。2004年粉状甘露醇用于口香糖价格4.87~5.9美元/kg,而2000年为3.1美元/kg,但医药用甘露醇的价格更高。

2003年国内医药用甘露醇5600t,其中注射用4500t。食品及食品添加剂用 2200t,包括出口总需求 9500t。

我国甘露醇历年出口量如表 10-16 所示。

表 10-16　　　　我国甘露醇历年出口量

年份	出口数量/t	金额/万美元	年份	出口数量/t	金额/万美元
1999	697	116.6	2003	1382	290
2000	1121.9	156	2004	1382	290
2001	1515	186	2005	1412	337
2002	1872	228			

三、甘露醇质量标准

各国甘露醇质量标准如表 10-17 所示。

表 10-17　　　　各国甘露醇质量标准

理化性质	中国药典 2000 版	英国 BP 1998	美国 USP 24
含量/%	98~102	98~101.5	96~101.5
鉴别	符合规定	符合规定	符合规定
酸度/mL	≤0.3	符合规定	符合规定
氯化物/%	≤0.003	≤0.005	≤0.007
硫酸盐/%	≤0.01	≤0.01	≤0.01
草酸盐/%	≤0.02	—	—
还原糖	—	符合规定	符合规定
干燥失重/%	≤0.5	≤0.5	≤0.3
灼烧残渣/%	≤0.1	≤0.1	
重金属/%	≤0.001	—	—
砷/%	≤0.0002	—	—
镍/(mg/kg)	—	≤1	
铅/(mg/kg)	—	≤0.5	≤1
熔点/℃	166~170	165~170	166~169
比旋光度	—	+23°~+25°	—
山梨醇	—	符合规定	—
澄清度和颜色	≤1 号浊度液	≤1 号浊度液	≤1 号浊度液

第五节 赤藓醇

赤藓醇又名赤藓糖醇,英文名称 Erythritol。它是一种四元醇,分子式 $C_4H_{10}O_4$,相对分子质量 122,熔点 126℃,沸点 329~331℃。

和其他糖醇一样,广泛存在于天然的动植物体内,如海藻、蘑菇、瓜类、葡萄以及动物的眼球晶体、血浆、胎液中亦能少量检测到。发酵食品葡萄酒、啤酒、酱油、日本酱中也含有赤藓醇。但含量很少。

赤藓醇和其他糖醇一样,有防龋齿、低热量、糖尿病人可以食用等共性。但赤藓醇由于在进入体内以后,人体没有代谢赤藓醇的酶系,所以当小肠吸收进入血液后,很快又从尿中排出体外,因此就避免了像其他糖醇进入大肠后,由于量过大而产生腹胀、肠鸣和腹泻的副作用。

目前赤藓醇已被法国和日本政府批准作为食品添加剂的新品种。美国 FDA 正审理中。

一、赤藓醇生理功能

糖类在人体中被利用的过程,以淀粉为例,它是首先被淀粉酶降解成单糖——葡萄糖以后,在小肠部分才被吸收进入血液。在胰岛素的作用下,葡萄糖进入细胞,进一步代谢,最终成为二氧化碳和水。所有其他糖类,包括双糖,均必须降解为单糖才被吸收。山梨醇和甘露醇等糖醇在小肠中吸收缓慢,到达大肠后,能被细菌发酵,增加菌体量并产生脂肪酸、甲烷和氢气。脂肪酸进入肝脏,进一步代谢,产生能量和二氧化碳。赤藓糖醇有和糖醇相似的生理功能,但不尽相同。

(1) 赤藓糖醇吸收但不代谢 赤藓醇是丁四醇,比起六碳醇麦芽糖醇、山梨醇,五碳醇木糖醇的分子均小,在小肠中,可以很快被吸收,并向血液中转移,但在体内因没有代谢丁四醇的酶系,所以只吸收不代谢,只有很少量在大肠被发酵分解。

(2) 低热量　赤藓醇虽然能被吸收,但人体缺乏代谢赤藓醇的酶系,所以在小肠吸收进入体内不被代谢而排泄,只有大约 10% 进入大肠,在大肠约 50% 被细菌利用,1996 年 5 月日本厚生省公布的"难消化性糖质的能量换算系数"中,赤藓糖醇惟一的热量为 0kJ/g。美国 FDA 认定赤藓醇为低热量性,表示为 0.84kJ/g。

(3) 耐受性　赤藓醇具有高的耐受性,是糖醇中表现较为突出的品种。所以一般糖醇一次性摄入限于 20g 以下,如分散分批食用,每天最多 50g。其主要原因是糖醇进入大肠后会产生腹胀、肠鸣和腹泻现象,所以糖醇可以作为便秘病人的通便剂。而赤藓醇大部分被小肠吸收,进入大肠的很少,且有半数被排泄,故滞留在肠内数量很少,其产生的上述副作用也少。

(4) 对糖尿病人的适应性　由于赤藓醇不被人体酶系统代谢,进入血液后最终从尿中排出,对糖代谢过程没有影响,所以糖尿病人食用赤藓醇是安全的。

(5) 防龋齿性　由于口腔中的细菌不能利用和发酵赤藓醇,特别是普遍认为的产生龋齿的链球菌不能在赤藓醇中生长,所以食用赤藓醇不会导致口腔中 pH 下降,也不会产生新的牙斑。

二、赤藓醇生产工艺

以淀粉为原料生产赤藓醇,有两条途径,即化学法和发酵法。化学法是将淀粉用高碘酸法生成双醛淀粉,再经氢化裂解生成赤藓醇和其他衍生物,因此化学法的流程长、成本高,无法和发酵法比拟。

发酵法是先将淀粉酶法液化糖化成葡萄糖。然后采用高渗透性酵母发酵。使葡萄糖转化成赤藓醇。其反应式如下:

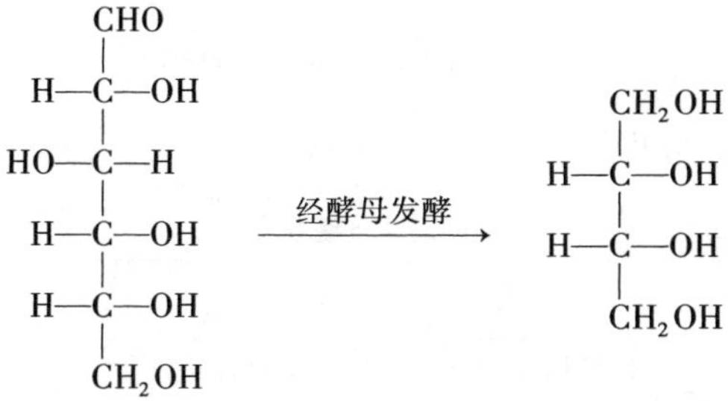

第十章 糖 醇

$$\begin{array}{c} CHO \\ H-C-OH \\ HO-C-H \\ H-C-OH \\ H-C-OH \\ CH_2OH \end{array} \xrightarrow{\text{经酵母发酵}} \begin{array}{c} CH_2OH \\ H-C-OH \\ H-C-OH \\ CH_2OH \end{array}$$

葡萄糖　　　　　　　　赤藓醇

由于采用高渗透酵母,所以发酵时葡萄糖液浓度也较高。发酵生成物除赤藓醇还有少量核糖醇,一般赤藓醇转化率达到淀粉的 45%~50%。其生产工艺流程如图 10-9 所示。

糖化液(糖浓度 35%~45%)→ 流加发酵 (5~7d)→ 菌体分离 → 脱色 → 浓缩 → 结晶 → 离心 → 再溶解 → 离子交换 → 浓缩 → 再结晶 → 离心 → 干燥 → 成品

图 10-9　赤藓醇生产工艺流程

比利时维尔沃德公司、用高渗酵母 Moni—tiella tomentosa,发酵高浓度葡萄糖(>450g/L),生成赤藓醇、甘油和核糖醇的多元醇混合物,其中赤藓醇能结晶被并分离出来,结晶产品有较好的耐热和耐碱性,结晶赤藓醇得率达理论值的 50%,能在聚氨酯或醇酸树脂生产时代替季戊四醇和甘油。

欧洲色列斯达公司设有赤藓醇发酵中试车间,用 100~5000L 发酵罐(底部搅拌式)进行发酵法制赤藓醇的研究开发,工业上直径 5m、高 25m 的发酵罐已正常运行。发酵时间 7d,发酵液赤藓醇含量可达 300g/L。

我国山东保龄宝生物技术公司建成年产 3000t 生产线,以淀粉为原料,经液化糖化然后在 $50m^3$ 发酵罐中发酵,发酵时间 96h,醇浓度达 14%~17%。经净化、提纯、再结晶得含量为 98.5% 以上赤藓醇,产品除内销外,还出口到日本。

三、赤藓醇质量指标

赤藓醇质量指标如表 10-18 所示。

表 10-18　　赤藓醇质量指标

指　标	要　求	指　标	要　求
外　观	白色结晶粉末	灰分含量	≤0.01%
味	甜味,似蔗糖,无异味	重金属含量	≤5mg/kg
含　量	≥98%	砷含量	≤2mg/kg
水分含量	≤0.2%		

四、赤藓醇在食品中的应用

赤藓醇作为低热量甜味剂,其热量只是蔗糖的 10%,而且赤藓醇吸湿性极低,可制成结晶粉末状,可以作为餐桌用糖尿病人和不愿吃糖消费者的甜味料。即使希望增加甜度配入糖精、甜菊苷等高倍甜味剂时,赤藓醇也有掩盖这些高倍甜味剂后苦味的功效。

由于赤藓醇易于结晶,口感和蔗糖相似,所以是蔗糖甜食品的良好代用品,特别适合于制造巧克力。

用赤藓醇取代蔗糖生产甜食品,使原有产品的热量降低,并保持原有食品的品质,用赤藓醇替代降低热量的最大值,各种食品的要求有所不同,如餐桌用甜味剂能降热值 90%,巧克力为 34%,口香糖为 85%,奶油软糖为 65%,松糕为 25%。

1. 法国 Cerestar 公司的赤藓醇食品

(1) 无糖低热量巧克力的配方如表 10-19 所示,表中还列出了以蔗糖为原料的配方。

表 10-19　　分别以赤藓醇和蔗糖为原料的巧克力配方　　单位:%

成　分	赤藓醇配方	蔗糖配方	成　分	赤藓醇配方	蔗糖配方
可可粉	39	42	赤藓醇	47.7	—
可可脂	13	13.5	蔗　糖	—	44

续表

成 分	赤藓醇配方	蔗糖配方	成 分	赤藓醇配方	蔗糖配方
磷脂	0.48	0.48	阿斯巴甜	0.03	—
香兰素	0.02	0.02			

以赤藓醇为原料的配方,热量值减少32%。其主要生产工艺是先将赤藓醇和可可粉、可可脂在40℃搅拌10~15min,然后在80℃精炼16~18h,最后在29~30℃热压成块。

（2）无糖口香糖配方如表10-20所示。

表 10-20　　　　　　　无糖口香糖配方　　　　　　单位：%

成 分	质量分数	成 分	质量分数
胶基	38	甘露醇	10
赤藓醇	45.5	甘油	3
麦芽糖醇	2	香精	1.5

用赤藓醇所制的无糖口香糖,和用山梨醇的比,其硬度相对降低。

2. 三菱化学食品株式会社的赤藓醇食品

（1）无热量饮料　表10-21所示为无糖无热量饮料的配方。

表 10-21　　　　　　　无糖无热量饮料配方

成 分	柠檬饮料		微碳酸饮料	
	质量分数/%	甜味度	质量分数/%	甜味度
赤藓醇	1	0.75	2	1.5
天门冬酰苯丙氨酸甲酯	0.021	4.25	0.0275	5.5
柠檬果汁	2		0.5	
香料	0.12		0.13	
碳酸水	—		65	
水	加水调整到100		加水调整到100	

（2）糖果　赤藓糖醇溶解在水中时显示高的吸热作用,因此含在口中能得到爽快的清凉感。其吸热程度:14g 赤藓糖醇溶解在 25℃ 的 86g 自来水中时,溶液的温度降低 7℃。在市场销售的糖类中是吸热强的糖,利用这种作用,可用于制造糖果。表 10-22 所示为糖果配方。

表 10-22　　　　　糖果的配方

成　分	质量分数/%	成　分	质量分数/%
赤藓糖醇	49	天门冬酰苯丙氨酸甲酯	0.005
葡萄糖	49	蔗糖脂肪酸酯	2

（3）冰淇淋　赤藓糖醇结晶化非常快,过饱和时容易产生结晶。由于这种性质,如果在冰淇淋、果子露等中使用赤藓糖醇替代砂糖,会使质感变粗、变硬,产品容积减少。但是,如果将赤藓醇与赤藓醇以外的糖、糖醇相并用,这种状况有可能改善。表 10-23 所示为各冰淇淋配方。

表 10-23　　　　　冰淇淋配方

材料项目＼试验区	ERY	ERY、MAL	ERY、ORI	ERY、F-ORI
鲜奶油	20%	20%	20%	20%
脱脂奶粉	8%	8%	8%	8%
赤藓糖醇	14.5%	7.25%	7.25%	7.25%
麦芽糖醇	—	7.25%	—	—
还原直链低聚糖	—	7.25%	—	—
果糖低聚糖	—	7.25%	—	—
稳定剂	0.1%	0.1%	0.1%	0.1%
乳化剂	0.5%	0.5%	0.5%	0.5%
天门冬酰苯丙氨酸甲酯	0.014%	0.014%	0.014%	0.014%

续表

材料项目 \ 试验区	ERY	ERY、MAL	ERY、ORI	ERY、F-ORI
香料	0.1%	0.1%	0.1%	0.1%
水	56.7%	42.3%	—	—
评价	硬		软匙容易通过	

注：ERY 为赤藓醇，MAL 为麦芽糖醇，ORI 为低聚糖，F-ORI 为果糖低聚糖。"—"意为"不加"。

第六节 木 糖 醇

在自然界，木糖醇广泛存在于各种水果和蔬菜中，如草莓中含 362mg/100mL，莴苣中含 131mg/100mL。在人体血液中也含 0.03～0.06mg/100mL 的木糖醇。由于木糖醇和蔗糖具有相同的甜度和热量，所以在食品工业中作为疗效食品有广泛的用途。由于木糖醇是一种多元醇，所以在其他部门也有较好的应用前景。

（1）木糖醇和其他糖及糖醇的甜度 经用 10% 浓度的水溶液，在 20℃ 时测定各种甜味料的甜度（按蔗糖为 100）：

木糖醇	100	葡萄糖	69
山梨醇	48	木糖	67
甘露醇	55	麦芽糖	40
果糖	130	乳糖	30

（2）木糖醇和蔗糖物理性质的比较 如表 10-24 所示。

表 10-24　　　　木糖醇和蔗糖物理性质

项 目	木糖醇	蔗 糖
分子式	$C_5H_{12}O_5$	$C_{12}H_{22}O_{11}$
相对分子质量	152.15	342
熔点/℃	93～94.5	179～186
相对密度	1.5	1.59

续表

项目		木糖醇	蔗糖
溶液相对密度	10%	1.03	1.04
	20%	1.07	1.08
	40%	1.15	1.18
	60%	1.23	1.29
溶液黏度/($\times 10^{-3}$Pa·s)	10%	1.23	1.31
	20%	1.67	2.03
	40%	4.18	6.17
	50%	8.04	16.42
	60%	20.63	58.5
溶解热/J		+145.7	+18.2
比旋光度$[\alpha]_D^{20}$		无	+66.5
热量/(J/g)		17	17
可发酵性		—	+

（3）木糖醇的主要化学性质　木糖醇受热分子内部脱水,成为环状失水木糖醇;和各种有机酸反应生成酯类,但和氨基酸不产生美拉德反应(褐变反应);和硝酸成硝酸酯;和糖类成糖苷;和阳离子金属和硼砂能形成络合物。

（4）木糖醇的生物化学特性　当服用木糖醇后,通过磷酸-木酮糖侧路和糖醛酸侧路代谢。大约有50%～60%经正常代谢为CO_2,排泄出体外约4%～20%,有20%～30%被转化成糖原储存在细胞中。木糖醇进入血液不需要胰岛素能透过细胞膜成为组织营养。当人对糖代谢异常时,木糖醇能正常代谢。木糖醇有特殊的抗酮体作用。木糖醇不被酵母和链球菌利用,不产生成醇发酵。

玉米芯和蔗渣是木糖醇的理想原料。

玉米芯是玉米脱粒以后的棒子,也称玉米核。全国有玉米芯资源2000万t。主要分布在东北到西南各省区的玉米带上。产量较大省区有吉林、黑龙江、辽宁、山东、河北、河南、山西、陕西等,云南、贵州、四川各省也有一定的产量。特别是吉林省,玉米产量全国之首,玉米单产全省平均400kg。目前玉米芯用于工业原料最多的是糠醛工业。年收购量在40~50万 t。木糖醇生产年用玉米芯仅2万多吨。

一、原料预处理

植物纤维原料制木糖醇的化学过程是水解和氢化,氢化必须是在有催化剂存在的条件下,对纯净木糖液的氢化,所以必须在原料水解以前,尽可能地除去各种非糖杂质。

为了使预处理能达到比较理想的效果,最大限度地除去原料中夹带和含有的杂质,在进入分离可溶性杂质以前,还必须对原料进行预先的筛分。不论是玉米芯露天堆放或存放在仓库里,除了收购时带来的杂质以外,存放过程也会增加灰分。特别在北方,气候干燥,风沙较大的情况下,玉米芯灰分增加达5%。所以在进入车间预处理前,要进行筛分或风选,去除杂质和灰土。往往由于灰土嵌入玉米芯的蜂窝格中,难以清除,当进入预处理罐用水处理也无法洗出,最终会导致水解过程被硫酸中和,并污染了水解液。为此在可能的情况下,应该进行流动的或翻动的预洗,然后再进行预处理。

预处理的方法,基本上是热水预处理。为了提高溶出率,有时在预处理的热水中加入酸或碱,称酸预处理和碱预处理。现分别叙述如下:

(1) 水预处理 水预处理方法简便,成本低廉,一般采用水温为120~130℃,以便使玉米芯中的水溶物能充分溶出。根据试验,水预处理的时间应是2~3h,这时从玉米芯中洗出的干物质达到2%~3%,随着温度的升高和时间的延长,其洗出物也增加。

(2) 酸预处理 鉴于玉米芯夹杂有大量灰分,难以去除干净,单纯水处理达不到预期效果,故在热水中加入一定量的硫酸,使系统硫酸浓度达到0.1%,即使常温常压下,也能顺利地溶解玉米芯所含的灰分。例如,当水温100℃时,处理1h,由于含有0.1%的硫酸,玉米芯的灰分可溶出0.8%。

(3) 碱预处理 主要适合于色素较深的原料,如棉子壳。一般采用碱浓度0.1%,在100℃处理原料,可使色素大量溶入预处理液,从而大大减轻原料水解时获得水解液的色泽,减少水解液脱色时活性炭的用量。但工业上较难实施的原因,是因为物料中的残碱会增加水解过程硫酸的消耗,并增加了水解液中可溶性盐类,导致离子交换负荷的增加。

二、半纤维素水解

(一) 木糖醇生产的水解工艺特点

由于木糖醇生产利用的是植物纤维原料中的半纤维素,所以其水解工艺要适应半纤维素本身所具有的特性。

一般半纤维素是除淀粉和果胶以外,区别于纤维素的复杂多糖,其聚合度比纤维素要低得多,属无定形纤维,易于吸水膨胀,能溶于氢氧化钠溶液,在有酸存在的条件下,不需加压,常温煮沸即能使半纤维素溶解和降解。因此木糖生产的水解工艺应该是:

(1) 选择活性高的酸催化剂,如硫酸和盐酸,用量尽量要少,因为催化剂并不参与反应,水解完毕,尚需将其除去。一般溶液浓度为0.2%~0.8%。

(2) 采用适当的温度在水溶液中使以多缩戊糖为主的半纤维素水解,务使多缩戊糖充分水解但不使产生的木糖分解,一般采用105~130℃。

(3) 掌握好水解终点,即半纤维素水解成单糖为止的全过程。如果当多糖水解成低聚糖而尚未全部水解成单糖而停止反应,不仅会减少收率,而且会对净化过程带来困难。一般糖水解时间为2~4h。

(二) 各种水解方法和工艺条件

按水解酸浓度和温度的不同,基本上可分成两类水解方法,即硫酸浓度 1.5%~2.0%,温度 100~105℃为稀酸常压法;硫酸浓度为 0.5%~0.7%,温度为 120~125℃的低酸低压法。如以盐酸为催化剂,因其催化活性比硫酸高一倍,因此盐酸的浓度可比硫酸降低一半。

(1) 玉米芯稀酸常压单批水解　当水解罐中玉米芯经预处理完毕以后,加入稀酸,通入蒸汽,使罐内物料达到沸腾,保温 3~2h,使水解完全。排出水解液为原料的 5~6 倍水解液含还原物 5%~6%,产率为玉米芯质量的 33%~35%。

(2) 玉米芯低酸低压单批水解　为了节约催化剂硫酸的消耗,以降低生产成本,将稀酸浓度降至 1% 以下,一般掌握在 0.6%~0.8%,水解过程控制水解罐蒸汽压不超过 0.2MPa,温度不超过 125℃,水解时间根据投料多少,控制在 3~4h。排出水解液为原料 5~6 倍,所得水解液还原物浓度 5% 以上,产率占玉米芯 33% 以上。为了回收残渣中的还原糖,可在排完水解液后,加入适量的清水,进行洗涤,将洗液用于配制稀酸,这样可使下一次水解液的还原物浓度提高到 6%,产率增加至 36%。

(3) 玉米芯稀酸常压渗滤水解　和单批水解不同的是稀酸液在稳定的水解温度时,连续不断地从水解罐顶部加入,并不断地从水解罐底部排出水解液,稀酸液在罐内停留时间不超过 2h,从加稀酸开始到全部排完水解液总时间为 4h,排液量为玉米芯 6 倍。水解液还原糖浓度开始达到 9%,最终为 3%,平均达到 6%,产率为 32%~33%。采用渗滤法水解的优点在于水解产物能及早排出罐外,能减少不解产物在罐内的停留时间,从而减少了各种分解产物对水解液的污染。

(三) 戊糖水解液的化学成分

水解液的化学组成除了加入的催化剂硫酸和多缩戊糖水解产生的还原糖以外,还有半纤维素在水解过程分解产生的醋酸等有机酸;原料中所含灰分溶入水解液,木糖在水解过程中进一步脱水生成糠醛等,所以水解液的组成是比较复杂的。当然非糖有机杂质的多少和原料质量有重要关系,而且和原料的预处理效果有更加密切的关系。目前木糖醇生产企业为了节约硫酸消耗和降低生产成本,普遍采用低酸低压水解。现将玉米芯和蔗渣戊糖水解液的化学组成列举如表 10-25 所示。

表 10-25　玉米芯和蔗渣戊糖水解液的化学组成

化学组成	玉米芯	蔗渣
还原物浓度/%	5.5~6.0	3.5~3.6
总酸/%	1.2~1.1	1.2~1.0
无机酸含量/%	0.6~0.8	0.6~0.8
有机酸含量/%	0.6~0.4	0.6~0.4
灰分/%	0.2~0.3	0.15~0.2

三、水解液的净化

(一) 中和

在水解中,含有 0.6% 左右的硫酸和 0.5% 左右的有机酸(主要是醋酸),还有胶质物、腐殖质、色素等物质。

中和的目的在于除去水解液中的硫酸,同时伴随着中和过滤过程。除去一部分胶体及悬浮物质,水解液中的有机酸主要是带挥发性的醋酸,尚待蒸发过程蒸出去。所以应控制中和终点无机酸 0.03%~0.08% 以防止中和过头,生成醋酸钙。醋酸钙的溶解度很大,不会在中和过程沉淀出来,到蒸发过程又分离不掉,结晶污染了糖浆。这会导致离子交换过程的质量下降,酸碱消耗增加。但中和不完全,无机酸残余 0.1% 以上,则在蒸发过程中会严重腐蚀设备。

除了正确掌握中和终点,除去水解液中的硫酸以外,还应在操作中做到中和液中含有最小量的溶解石膏。因为硫酸被中和后生成的硫酸钙(石膏)大部分沉淀出来,还有一部分溶解在中和液中。如操作不当会增加中和液中石膏的溶解量,严重地使蒸发器迅速结垢。

玉米芯水解液用碳酸钙中和产生如下反应：

$$H_2SO_4 + CaCO_3 \longrightarrow CaSO_4\downarrow + H_2CO_3$$

硫酸　　碳酸钙　　硫酸钙　　↓
$$H_2O + CO_2\uparrow$$
水　二氧化碳

以上是一个理论反应式，也就是硫酸水溶液和碳酸钙反应生成硫酸钙沉淀，同时逸出二氧化碳。

实际情况，在不同温度下，将生成含有不同结晶水的石膏。最经常形成的石膏结晶有两种形式：即带两分子结晶水的二水石膏 $CaSO_4 \cdot 2H_2O$ 及带半个结晶水的半水石膏 $CaSO_4 \cdot 1/2H_2O$，在高于100℃中和时还生成无水石膏 $CaSO_4$。

从二水石膏和半水石膏在不同温度下的溶解度（见表10-26）可以看出，半水石膏在低温时溶解量大于二水石膏4倍以上。所以在中和时我们不希望产生半水石膏以减少中和液中的溶解石膏量。

表 10-26　二水石膏和半水石膏在水中的溶解度

温度/℃	溶解度（换算成 $CaSO_4$）/%		温度/℃	溶解度（换算成 $CaSO_4$）/%	
	二水石膏	半水石膏		二水石膏	半水石膏
20	0.205	0.880	70	0.185	0.330
30	0.210	0.757	80	0.185	0.270
40	0.211	0.590	90	0.175	0.215
50	0.207	0.500	100	0.168	0.180
60	0.200	0.420			

不同石膏的产生温度：

（1）低于80~82℃中和产生二水石膏（在生产厂80℃中和就产生半水石膏）。

（2）82~95℃产生二水、半水及无水石膏的混合物，在这一温度范围内温度愈高二水石膏愈少。

(3) 93~103℃产生半水石膏及无水石膏,没有二水石膏。

(4) 103~105℃只产生无水石膏。

因此,要求产生主要只是二水石膏的中和液。必须控制在80℃以下,同时根据表10-26所列溶解度,二水石膏在70~80℃的溶解度均为0.18%。所以中和温度采用70~80℃。

在实际生产中,中和液中的溶解石膏量超过0.185%这一数值。一般稳定在0.23%左右,操作不当会大大超过,即产生石膏的过饱和溶液。这是因为水解液中不仅含有硫酸,而且含有糖和其他有机杂质,这些会阻碍石膏的结晶、增加石膏的溶解度。在水溶液中,硫酸被中和后,石膏结晶的速度决定于温度。例如,二水石膏的过饱和溶液转变成饱和溶液的时间在25℃为24h,而在85℃为30min,100℃为10min。根据这个道理,在中和过程中碳酸钙全部加完以后,必须保持70~80℃继续搅拌40~60min以使石膏结晶充分成长,使二水石膏的过饱和溶液转变为饱和溶液。这和其他结晶工艺的原理是一样的,一定要有个养晶过程。

曾经有研究指出,在纯净的水溶液中,半水石膏在低温时转变成二水石膏,这样虽然80℃时硫酸水溶液中和了生成的半水石膏及二水石膏混合液,但冷却以后由于半水石膏变成二水石膏,又能析出一部分沉淀来。而如果在生产上,水解液中含有胶体物质时,半水石膏则很难转变成二水石膏。如果中和水解液产生了半水石膏,由于很难转变成二水石膏,则随着温度的下降,溶解在中和液中的石膏相反会增加。

所以,按照以上情况,中和操作应注意:

(1) 中和温度控制在80℃以下进行,掌握在70~80℃。在水解液达到这一温度以后,停止加热,防止局部过热,均匀地加入碳酸钙。

(2) 中和终点控制无机酸在0.03%~0.08%,防止醋酸钙的生成。

(3) 碳酸钙加毕,要继续搅拌,使刚生成的石膏晶种悬浮在液体中,并继续保温,使过饱和度尽快下降,使石膏晶充分成长,大约 40~60min,视水解液的质量而定。

通过实践,再分析测定中和液中的石膏含量,检查蒸发器的结垢情况,再改进操作,进一步提高中和液的质量。

(二) 脱色

水解液含有各种色素,所以呈黄褐色半透明状。中和过程只是为了除去水解液中的无机酸,而色素残留在中和液中。这些色素来源于几个方面,首先玉米芯含有天然的花色素和含氮物质,在水解过程会进入水解液。这种色素随着 pH 的变化而变化,而碱性增加时色泽加深,而酸性增加时色泽变浅。其次是水解过程的成色反应也有好几种,其中糖类受热焦糖化反应、糖类和氨基酸的美拉德反应以及水解液和铁等金属产生的反应,均会使水解液色泽加深。这些色素如不除去,将会使氢化过程的催化剂严重污染和中毒。所以脱色过程是木糖醇生产的重要净化过程。

木糖醇生产的脱色工艺和其他制糖工业的脱色办法相同,也是采用脱色剂固相吸附色素的脱色方法。常用的脱色剂有活性白土、骨炭、粉状活性炭和颗粒活性炭。考虑到脱色效果、来源方便、价格适当等因素,一般选用活性炭脱色。活性炭具有巨大的比表面积,对吸附色素有广谱性。脱色过程还应考虑的因素是溶液的黏度,黏度决定于溶液的浓度和温度。因为色素分子是通过扩散被逐渐吸附到脱色剂上,溶液适当加热,能降低黏度和加剧分子运动,有利于吸附过程。但增温要适当,否则会破坏溶液成分并产生已经被吸附色素的解吸过程。关于脱色剂的用量,在对糖消耗 10% 以下的活性炭时,脱色液的透光度随着活性炭的用量增加而增加。当活性炭用量超过对糖 15% 以后,脱色效果不再增加,因为在水解液中有些色素不被活性炭吸附。

常用的脱色工艺有两种,即水解液脱色和糖酱脱色。水解液脱色也分两种,先中和后脱色和先脱色后中和。先中和是将中和液先过滤一次,然后加入活性炭脱色,用炭量对糖 10%~15%,温度75℃,搅拌1h,过滤,滤液透光度达到85%。滤饼是废炭,可作下一次脱色时预脱色用,以节约活性炭消耗。先脱色后中和工艺指的是水解液先加入活性炭脱色,脱色后不过滤,接着加碳酸钙中和pH至3,这样减少一次过滤工序,但滤饼不能重复用,滤液透光度达到75%~80%。另一种脱色工艺不在中和前后进行,而在浓缩糖浆以后进行。理由是中和脱色液进行浓缩时还会产生新的色素,所以水解液先中和过滤,然后浓缩,得到含糖35%左右的糖浆,然后以同样对糖耗量10%~15%的活性炭,在温度75~80℃,搅拌2h,过滤糖浆的透光度比中和脱色液浓缩的糖浆要好,质量相对提高。但浓糖浆脱色后,过滤过程糖损失大,一般糖收率只有85%,而中和液脱色过滤糖收率95%以上。为此在采用浓糖浆脱色工艺时,必须先将中和液,通过糖浆脱色的滤饼,进行洗涤,洗出糖浆滤饼中的糖分,使中和液糖分从5%提高到6%以上。通过这一弥补操作,可使糖浆脱色过程糖分收率达到90%以上。

水解液通过脱色,外观由黄褐色不透明变成浅黄透明,透光度由5%~6%提高到80%,取得明显的净化效果。但脱色过程采用的脱色剂活性炭价格昂贵。必须考虑活性炭的回收利用,以降低生产成本。前面提到的废炭回用,可使活性炭用量对糖从10%降至7.5%,并保持透光度在80%左右。但这种方法有一定限度,过多的回用,会导致废炭的解吸,污染溶液。同时过滤总量增加,也会增加过滤损失。一种改进的脱色过滤方法是将活性炭预先注入压滤机框中,将中和液从左到右通过压滤机,即在固定床进行脱色,中和液通过20个板框,其中第一个板框承受最大的色素负荷,依次经过第2到第20个板框,这样能较大地提高脱色效果,降低活性炭的消耗。这种方法已在葡萄糖生产中普遍采用。

(三)蒸发

水解液中和脱色以后,需经蒸发浓缩,然后送至离子交换工序。

常用的蒸发器有中央循环管蒸发器,升膜或降膜蒸发器,括板薄膜蒸发器。根据实践,中和脱色液的蒸发以升膜或降膜蒸发效果较好。升降膜蒸发采用较长的列管,以便取得较薄的液膜、较快的线速和更好的传热效果。但往往由于中和脱色液中残留的可溶性硫酸钙的干扰并在加热管表面沉积,使薄膜蒸发失效,所以有时也采用外循环短管升膜蒸发,以便于经常清洗结垢的列管。如果水解液采用离子交换脱酸,那么这种中和脱色液比较适合采用降膜膜蒸发。至于刮板薄膜蒸发,则适用于高浓度高黏度溶液的蒸发,例如木糖醇膏的蒸发。

目前采用的中和脱色液蒸发工艺规程,按双效蒸发时为:第一效真空度 16~20kPa,分离室液温 95~98℃,溶液浓度 10%~12%;第二效真空度 80~93kPa,分离室液温 65~70℃,蒸发浓缩终点控制浓度 35% 左右。所得糖浆的质量如表 10-27 所示。

表 10-27　　　　水解液脱色后糖浆的质量

指标	含量	指标	含量
还原物	33%~35%	总酸	0.8%~1%
纯度	≥83%	无机酸	0%~0.1%
灰分	≤2.5%	有机酸	0.5%~0.9%

蒸发过程的控制,主要在于节约蒸发消耗和尽可能地提高糖浆的纯度。但是这一问题往往被蒸发过程产生的结垢所影响。中和脱色液的蒸发结垢主要是硫酸钙,但亦夹杂有其他有机物如焦糖等,所以较难以清除。因为金属的热导率大,如铜是 350W/(m·K),合金钢是 15~30W/(m·K),而石膏(硫酸钙)只有 0.4W/(m·K)。所以当加热管表面结有 0.2mm 的垢时,传热效果不好而蒸发的水分减少 2/3。为此必须注意预防结垢,主要有下列措施:

(1) 控制中和液中的硫酸钙含量,理论上硫酸钙溶解度是 0.21%,但如操作不当,硫酸钙含量过饱和至 0.24%~0.26%,这样更易于增加结垢。方法见上述"中和"章节。

(2) 控制加热管的蒸汽温度,特别是刚清洗完毕以后,蒸发效果较好的情况下,不宜强热。一般清垢周期为 1 周的话,夹套蒸汽温度从 100℃ 升到 120℃，应该是每 2 天升高 10℃。

（3）控制被蒸发液的回流速度和液面。当采用外加热蒸发时，回流速度决定于加热温度和真空度，也由于回流管的直径大小和洁净，当正常操作时，回流速度快，产生一定的冲刷作用。保持正常的进液量，使加热管中有一定的液面，防止管中干结生成焦糖和加速结垢的形成。

关于蒸发器加热管结垢的清除，一般常用机械法，即相同于锅炉清垢的旋转清管器，利用清管器头部高速旋转刮除管壁的结垢。正常的情况下，每周清垢一次。机械清垢的缺点是易于使加热管壁磨损，凭经验决定清垢的终点。为了提高清垢的效果，可以用氢氧化钠溶液对结垢进行预煮。由于木糖结垢主要是钙盐并含有焦糖等有机物，能溶于碱性溶液，因此以 2%～3% 的氢氧化钠溶液，加热 10～20h，可使结垢部分溶解和软化，并便于清垢，使加热管壁处于较佳的清洁状况，提高加热器的传热效果。

（四）离子交换净化

水解液经过中和、脱色、过滤、蒸发后成为糖浆，纯度只有 85% 左右，外观呈棕色不透明。含有原料中带来的灰分、中和产生的可溶性盐类，有机酸及残存的无机酸，以及脱色过程未除去的色素、胶体等物质。这些杂质如不进一步净化，是不适用于氢化使用的，会使催化剂钝化和中毒。为此必须进行离子交换净化，使溶液纯度达到 95% 以上，才能符合氢化的要求。除了采用离子交换净化的办法以外，也可采用结晶的办法，使木糖从糖浆中结晶出来。然后溶解于蒸馏水，以纯木糖溶液进行氢化，但木糖结晶品的收率只有总糖的 50%，几乎有一半被损失了。而用离子交换净化糖浆的方法，可使糖收率达到 90%。

木糖醇离子交换净化常用的离子交换树脂有：

（1）强酸性阳离子交换树脂，如苯乙烯二乙烯苯磺酸树脂及酚醛磺酸树脂。

（2）弱碱性三聚氰胺树脂，是三聚氰胺－胍－甲醛缩聚物。

(3) 强碱性多孔阴树脂,是树脂生产过程采用起泡剂,使产品具有更好的吸附及再生性能。

1. 离子交换净化工艺

根据糖浆的纯度和离子交换树脂的性能,可以按阳-阴-阴、阳-阴-阴-阳不同组合对糖浆进行净化,使糖浆经离子交换净化以后,其净化液的纯度达到95%以上,符合氢化的要求。现将几种木糖浆净化的工艺流程列举如下:

(1) 酚醛磺酸强酸树脂-三聚氰胺弱碱树脂-三聚氰胺弱碱树脂流程 所用木糖浆总固形物35%~37%,有机酸对还原物为3%,灰分对固形物为2.5%。每立方米阳树脂投入350~400kg固形物。在加入糖浆以前,应先从底部,对树脂进行反冲洗,特别是放置过久的树脂,更应充分反洗,使洗出液无色透明,才能使用。开始投入糖浆前,先放去树脂上层水,然后加入糖液,其流速为洗脂的0.4倍进行交换,流经阳-阴-阴三个柱,流出净化液到浓度2%以下,才放入下水道。头部流出在2%~5%及尾部流出在5%~2%浓度的净化液,单独收集,送入洗液罐。所有5%浓度以上的净化液,全部收集可作氢化用。当糖浆加毕以后,先加入上一次的洗液,顶出树脂层中的糖浆,然后再用无盐水(蒸汽冷凝水或经阳离子交换树脂处理过的脱离子水)进行顶替,洗出树脂层中的糖分,直至排出液折光计检验为零时止。经过交换以后,要进行再生,再生操作时阴树脂由下而上注入上次收回的废碱液,使顶部排出液呈碱性,然后静置一些时间,再通入5%浓度的新碱液,使上部排出碱液浓度亦达5%,然后再静置30min,最后用无盐水从上而下洗至洗液中残碱为0.025%为止。阳树脂的再生用2%的硫酸,流向从上而下,使排出液硫酸浓度达到2%时,静置30min,然后用无盐水从上而下洗涤树脂,直至洗液中硫酸含量降至0.025%为止。采用阳-阴-阴交换流程,所得净化液的质量分析结果为:还原物12%~15%,总酸0.03%~0.05%,灰分0.03%~0.05%(对还原物),透光度90%,纯度95%~97%。

(2) 苯乙烯强酸树脂－三聚氰胺弱碱树脂（体积比为1∶1.3）流程　交换所用糖浆还原物浓度35%～40%,总酸0.6%～1.0%,无机酸0%～0.16%,灰分1.66%～2.00%,每立方米树脂投入1t糖浆。操作方法同阳－阴－阴流程相同,其所得净化液质量为:还原物12.3%,总酸0.029%,无机酸0,灰分0.085%,钙14.9mg/kg,透光度86%以上,纯度95%以上。

(3) 苯乙烯强酸树脂－多孔强碱阴树脂（体积比为1∶1.3）流程交换所用糖浆还原物浓度28%～31%,总酸1.15%～1.20%,无机酸0.2%～0.3%,透光度10%～15%。操作方法同前,其所得净化液平均还原糖浓度13%～15%,总酸0,无机酸0,钙20mg/kg,透光度90%以上,纯度95%以上。

不论采用何种工艺流程,树脂工作一段时间以后,由于受污染物的影响,往往使净化液化学成分指标合格而透光度不合格,或者按同样的糖浆负荷,但已经不能达到原定的质量指标,此时,离子交换树脂要进行反再生。一般阳树脂以碱液进行反再生,此时洗出液有明显的棕黄色,应继续按正常再生那样,使反再生处理彻底,直至阳树脂层不再洗出色泽为止。最后再用无盐水洗至洗液中残碱0.025%为止。阴树脂的反再生则用酸液进行反再生。一般情况下,离子交换树脂在投料几十批以后应进行反再生,阳树脂比阴树脂需要更多的反再生。

2. 离子交换净化液的化学组成

符合氢化质量要求的离子交换液组成应如表10－28所示。

表 10－28　　　　　　　　离子交换净化液组成

项目	要求	项目	要求
还原糖	12%～14% 不低于10%	钙	20mg/kg 以下
pH	不低于6	镁	10mg/kg 以下
无机酸	无	总纯度	95% 以上
透光度	90% 以上		

四、木糖氢化

（一）氢气准备

用于制造食用氢化油的氢气，不能含有 CO、CO_2、NH_3、H_2S、SO_3 等有害气体，所以食用氢化油厂一般采用食盐电解制烧碱的副产氢或用电解法由含氢氧化钾的水获得氢。

氢气在常温下无色，无味，无臭。氢气的相对原子质量为 1.008，相对分子质量为 2.016，重量只有空气的 1/14.5。在标准状况下（0℃，0.1MPa）每升重 0.09g。氢的燃点为 580~590℃。在大气压下，氢气和空气的混合物是爆炸性气体，其含量极限为 5%~73.5% H_2。因此，食用氢化油厂要特别注意安全。除了制氢车间以外，催化剂活化和油脂氢化部分，均属防爆安全车间，必须采取相应的措施，以保证安全。

如果在食用氢化油厂附近有食盐电解厂，那么本厂只需有一个氢气贮存的气柜，将氢气从电解厂引进食用氢化油厂，这样工程简单易行，在食用氢化油厂，不需单独设立制氢车间。但如当地没有食盐电解厂的副产氢可供利用时，一般在食用氢化油厂必须建立制氢车间，用水电解槽制备氢气。当然，如果经济核算的话，例如氢化油厂规模不大，年用氢量不大，也可以自备氢气钢瓶，到附近的城市去购买氢气，作为氢气来源。

虽然制氢可以有很多方法，但由于水电解法得到的氢气纯度高，同时还副产氧气，所以还是被很多食用氢化油厂采用。水电解槽比较常用的是压滤机形式的电解槽，其电极相当于压滤机的滤板，由上百个连在一起，安装紧凑，但技术要求高。电解槽相应还得配上整流器，以提供直流电源。另外还应有氢气储柜。假如要回收氧气，还有氧气回收和压缩系统。此外还要有蒸馏水制备装置，以补充电解过程的耗水。

电解用水中为了克服水的电阻，增加导电性，水中加入氢氧化钾。有的企业若觉得氢氧化钾太昂贵，也可采用氢氧化钠。水通过电解,生成氢和氧的体积比是 2∶1。目前国内常用的水电解槽采用 Dy-24 型,即每小时产氢量为 $24m^3$ 的氢,同时副产 $12m^3$ 的氧。

用水电解法制氢,每生产 $100m^3$ 氢,约需直流电 420~480kW·h。但由于各种损耗,按交流电源通过整流,最后电解得氢,每 $1m^3$ 氢要耗电 6kW·h,一台 Dy-24 电解槽配套功率 145~165kW。

用水电解法得到的氢不需经任何净化,直接送入氢气柜备用。

(二) 木糖加氢用催化剂

1. 木糖加氢用催化剂

木糖加氢是在有催化剂存在时进行的。现在成熟的木糖加氢催化剂常用镍催化剂,用镍铝合金经碱溶去铝后得到的活性镍,亦称骨架镍,主要取其制备简便、活性高、选择性好、强度高等特点,其缺点要消耗金属镍。由于催化剂的活性决定木糖氢化的效果,提高催化剂的活性,对进一步降低每吨木糖醇成品金属镍的消耗,将起决定性的作用。

镍催化剂可以采用块状的也可以是粉状的,块状的是固定地装在反应设备中,由木糖液通过催化剂区域时完成催化加氢,往往用于连续加氢;粉状的催化剂则和木糖液混合在一起。用高压进料泵将悬浮有粉状催化剂的木糖液打入反应器中,往往用于间歇加氢。

固定式催化剂的优点:催化剂固定地装于反应器中,可连续使用好几个月,操作方便。但其缺点在于催化剂装于反应器,相对地要增加反应器的容积,和粉状悬浮式催化加氢比较,同样的生产能力,需要容积较大氢化反应器。

不论是块状还是粉状的合金,均需用氢氧化钠溶化,才具有活性。活化是将合金中铝溶去一部分或大部分溶去,便得到活性镍。活化反应式如下:

$$2Al + 6NaOH \longrightarrow 2Na_3AlO_3 + 3H_2$$

　　铝　氢氧化钠　　　铝酸钠　氢

活化好的催化剂,可贮存在水中,也可以贮存在酒精中。短期贮存其活性变化不大,但如经长期存放,活性也会下降,特别是不宜使用存放超过半年的催化剂。

此外,为降低催化剂生产成本,可以用廉价的硫酸镍为原料。

2. 镍载体催化剂的制备

关于镍铝合金催化剂制备,已于"山梨醇"一节进行了说明。本节只对镍载体催化剂的制备作说明。

采用镍盐经碳酸钠反应生成碳酸镍,并沉淀在载体上,再经加热分解成氧化镍,最后经还原生成活性镍。其反应过程表示如下:

硫酸镍和碳酸钠反应生成碳酸镍沉淀

$$NiSO_4 + Na_2CO_3 \longrightarrow NiCO_3 \downarrow + Na_2SO_4$$

碳酸镍加热分解生成氧化镍

$$NiCO_3 \xrightarrow{\Delta} NiO + CO_2 \uparrow$$

氧化镍通氢还原生成活性镍

$$NiO + H_2 \xrightarrow{\Delta} Ni + H_2O$$

沉淀载镍国内常用的载体是硅藻土,现将主要制备过程叙述如下。

(1) 沉淀载镍 工业硅藻土需经灼烧以除去可分解的杂质,一般在600℃保持2h,这样不致在后工序产生分解物,灼烧冷却以后的硅藻土备用。

将碳酸钠溶于水中,使成10%的浓度。在反应器中先配好碳酸钠溶液,然后加入备用的硅藻土。使加热至80℃。另将计算量的硫酸镍浓度配成2%,慢慢加入碳酸钠溶液,一边搅拌,一边添加,加入量要均匀分散,反应器保持温度不超过90℃。所需硫酸镍的总量按上述反应式生成碳酸镍即可,但应使碳酸钠略过量,以便保证硫酸镍反应完全。硫酸镍加完以后,应用镍指示剂检验,反应清溶液中不含有镍,说明已经反应成碳酸镍。为使反应完全,硫酸镍加完以后,要保温一段时间。这样碳酸镍沉淀在硅藻土上。

将反应生成物经过滤,滤去反应过程生成的硫酸钠和残余的碳酸钠。过滤时要小心,避免碳酸镍的损失。过滤后得到的滤饼,即是载了碳酸镍的硅藻土。将滤饼再次用热水洗涤,务必使滤饼中残存的硫酸钠洗净,因为残存的硫酸钠洗不透,将会使催化剂在下阶段制备时得不到好的活性。滤饼洗涤的终点控制十分重要。应用氯化钡液检验洗水中的硫酸根,应用指示剂检验其碳酸钠。滤饼的洗涤可以在压滤机中进行,也可以在离心机中进行。

洗净的含碳酸镍硅藻土滤饼,在 95℃ 干燥至含水 10% 以下,然后粉碎。如粉碎度较好,可不再分筛。如有硬质小颗粒,则需过筛,除去小颗硬粒。

（2）还原　单元镍硅藻土载体催化剂的还原操作,是获得高活性的关键操作。还原包括碳酸镍分解成氧化镍以及氧化镍被氢还原成活性镍两个过程,这两个过程,可在一个反应器中进行,也有称作活化器。为使粉碎好的载了碳酸镍的硅藻土能均匀地进行反应,一般在流态或沸腾状态下进行活化。活化温度不超过 600℃,通常在 450～520℃ 时进行活化。在柱形反应器中进行活化时,载镍硅藻土先装入反应器,从底部通入氢气,使硅藻土呈沸腾状,此时反应器中的空气也被进入底部的氢气带出。然后开启热源,升高反应器温度,第一阶段反应生成氧化镍和二氧化碳,接着氧化镍和氢反应生成活性镍和水,水呈水蒸气和反应区间的氢一起从反应器顶部排出,通过一个冷凝器,可以检示排出的水分。反应完毕,仍在氢气流中,但关去热源,使之逐渐冷却,当物料冷却到 60℃ 左右,即可将活化好的硅藻土载镍催化剂,注意防止和空气接触,迅速倒入精炼油中备用。

活化的温度不够会达不到活性要求,但过高会使催化剂烧结,影响活性。不同产地的硅藻土和预处理方法,对于催化剂的活性均有一定的影响,其活化过程的温度,也有所不同。为了便于计量和分割,也有将活化好的载镍催化剂倒入氢化油中（已预热）,冷却后成块状,可以分割成若干块,分别使用。

（三）木糖加氢过程的氢化反应和副反应

木糖是含有四个羟基和一个醛基的五碳糖。木糖氢化实际上是木糖的羰基（C=O）。在催化剂存在下，加温加压，氢化还原成羟基的反应如下式所示：

$$\begin{matrix} \text{CHO} \\ \text{H-C-OH} \\ \text{HO-C-H} \\ \text{H-C-OH} \\ \text{H-C-OH} \\ \text{H} \end{matrix} + H_2 \xrightarrow[120\sim130℃\ 6.5MPa]{\text{Ni 催化剂}} \begin{matrix} \text{H-C-OH} \\ \text{H-C-OH} \\ \text{HO-C-H} \\ \text{H-C-OH} \\ \text{H-C-OH} \\ \text{H} \end{matrix}$$

木糖　　　　氢　　　　　　　　　　　　木糖醇

理论上每 150g 木糖，只要 2g 氢。在标准状况下，每升氢质量 0.09g，故 150g 木糖需要 22.2L 的氢气，亦即每吨木糖转化成木糖醇理论上需要氢 $134.6m^3$。

木糖氢化是农副产纤维原料制取木糖醇的一个关键步骤。氢化反应效果的好坏，既决定木糖醇的质量也影响木糖醇的产量。当氢化转化率（氢化前木糖减氢化后残余木糖）高时，氢化液浓缩结晶过程中结晶快、纯度高、得率也高。

由于糖类加氢，需要在碱性溶液中进行，故在加氢过程也随之产生副反应。一是糖类的同分异构化，例如葡萄糖会转化成部分的甘露糖和果糖。二是糖类在碱性介质，由于加热尚未进入催化剂区间，或催化剂活性下降，会使糖类焦化。从生成的氢化液呈黄棕或棕红色，可以判断糖类在反应过程中焦糖化。所以仅仅从氢化液的残糖测定，来决定其转化率，并不是最理想的方法，主要取其简便易行。

氢化过程最经常发生的副反应是木糖的氧化还原反应（康尼查罗反应），当木糖液在氢化前用氢氧化钠调节 pH 至 7~8 以后，经过氢化反应,氢化液的 pH 又降至 5,并从氢化液分析含有微量溶解的镍,也足以说明木糖液氢化过程有酸产生。一般康尼查罗反应是指在有碱存在的情况下,醛基转化为相应的醇和酸的反应。例如糠醛用氢氧化钠使生成糠醇和糠酸。木糖溶液在碱性时,在氢化过程由于有骨架催化剂的存在,亦产生康尼查罗反应,其反应机理如下:

$$RCHO + NaOH \longrightarrow RCH(ONa)OH$$
$$RCH(ONa)OH \longrightarrow RCOONa + H_2$$
$$RCH(ONa)OH \longrightarrow RCH_2OH + NaOH$$

(四) 木糖氢化工艺流程和效果

1. 木糖(净化液)氢化流程

木糖(净化液)氢化流程如图 10 - 10 所示。

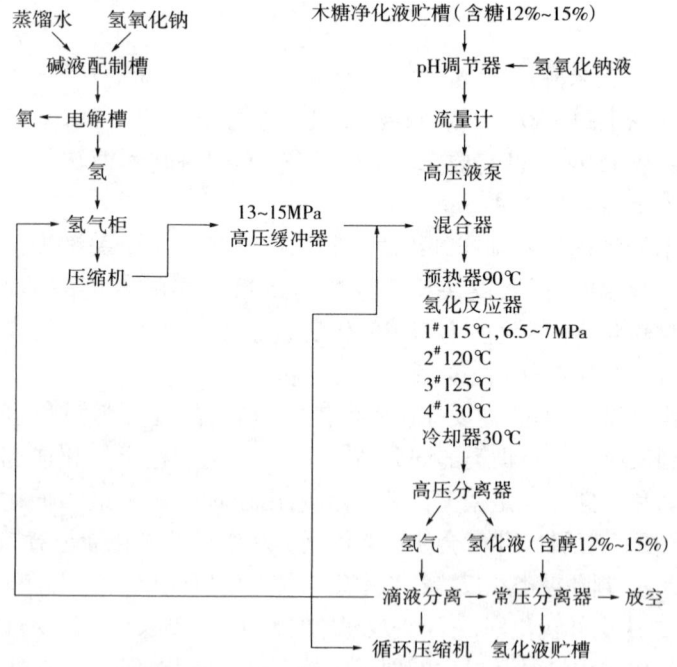

图 10 - 10　木糖(净化液)氢化流程示意图

2. 骨架镍催化剂对木糖液连续氢化的效果

骨架镍催化剂对木糖液连续氢化效果如表 10-29 所示。

表 10-29　骨架镍催化剂对木糖液连续氢化效果

指　标	实验组(1)	实验组(2)
催化剂体积	140~150L	140~150L
有效工作日	59 天	73 天
期初进料速度	140L/h	160L/h
期末进料速度	70L/h	160L/h
木糖液浓度	12%	10%
平均进料速比	0.8	0.85
氢化糖量	9.4kg/h	11.4kg/h
产醇量	225kg/d	277kg/d
产结晶量	135kg/d	175kg/d
每升催化剂产醇	1.55kg/d	1.9kg/d
每升催化剂产结晶	0.93kg/d	1.16kg/d

3. 硅藻土载体镍催化剂连续氢化效果

连续氢化试验共进行 22d。结果表明，在反应压力 6~7MPa、氢液比 10~12，催化剂镍量 1.5%（对糖），温度 130~138℃，进料速度 0.4~0.5L/h，24h 的平均转化率能达到 96%~97% 最高的达 99%。

（五）木糖氢化液的成分

净化木糖经过氢化以后，木糖转变为木糖醇，氢化液的组成与物性如表 10-30 所示。

表 10-30　氢化液的组成与物性

组分与物性	检测结果	组分与物性	检测结果
含　醇	12%~15%	透光度	80%~85%
总　酸	0.015%~0.05%	色　泽	无色透明至浅黄透明
残　糖	0%~0.15%	折射率	12%~15%
灰　分	0.1%~0.2%		

五、由氢化液制取结晶木糖醇

(一) 木糖醇结晶的基本概念

木糖醇结晶的原理和蔗糖结晶相似,在于取得其过饱和溶液,然后用降温的办法获得晶体和饱和溶液,所以结晶的基本问题在于产品本身在不同温度时的溶解度。在较高的温度下,具有较高的溶解度,但当温度下降时,溶解度亦随之下降,因而析出一部分晶体来。但是在生产上的木糖醇往往不是纯粹的木糖醇溶液,亦带有少量杂质,由于这些少量杂质的存在对于木糖醇的溶解度带来较大的影响,一般情况下,会增加木糖醇的溶解度或增加了溶液的黏度等,因此增加了结晶的困难。

根据蔗糖结晶的基本概念,结晶晶体的生成量、生成速度和过饱和度、纯度、黏度、温度等有关。

假设结晶过程在过饱和溶液中浓度为 C,形成晶核(或投入的晶种)以后,则在晶核周围就没有过饱和液,已变成饱和溶液,浓度为 O,如图 10-11 所示,晶体表面的饱和溶液其溶液层厚度为 a,已经对晶体的成长不起任何作用,而是由于过饱和区和晶体外围这一层饱和液之间存在有浓度差 $C-O$,故产生了不扩散作用,不断地通过 a 这一距离在晶体表面沉析。所以结晶速度决定于扩散速度,而扩散的物质质量决定于**浓度差** $C-O$,与其成正比,而与 a 距离成反比。另外,晶体生成量当然也与过饱和液中的晶核总表面积及时间成正比。

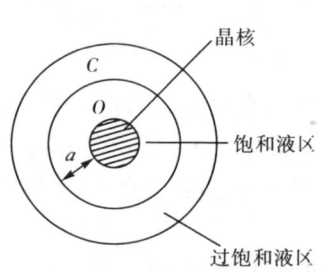

图 10-11 木糖醇结晶核与溶液的示意图
C—高浓区 O—低浓区

但是扩散速度是与温度成正比,与黏度成反比,即溶液温度高扩散速度快、黏度也少。但是温度高时,其溶解度大了,即其过饱和度也小。从上所述可归纳为下式：

$$结晶速度 = \frac{常数 \cdot 温度 \cdot 浓度差}{黏度 \cdot 距离} 时间 \cdot 表面积$$

例如：饱和溶液的过饱和度为1，过饱和区为1.1，则浓度差为1.1 – 1 = 0.1，如过饱和区为1.2，则浓度差是1.2 – 1 = 0.2，则其结晶速度能比前者快1倍，但是当过饱和度增加时，黏度也增加，所以在结晶过程提高过饱和度，有时增加结晶速度，有时则因为黏度相对增加，而降低了结晶速度，一般生产上过饱和度采用不超过1.2。结晶中搅拌也很重要，在于防止浓缩物在结晶过程长久静止，晶体沉降到下部；同时木糖醇浓缩物比较浓厚稠黏，在晶体形成以后，尽量使晶体通过搅拌由饱和区的包围中转入过饱和区。

到结晶的后期，晶种已经长大，木糖醇膏成熟前，物料已相当稠厚，此时搅拌作用并不明显。

（二）木糖醇结晶工艺流程

木糖醇结晶工艺流程图如图10 – 12所示。

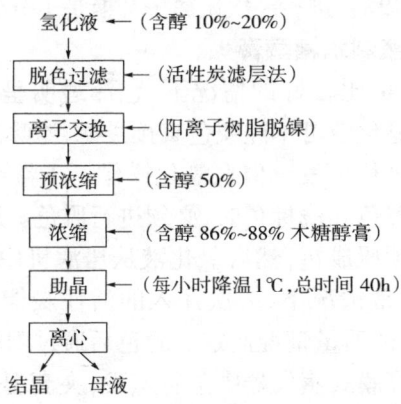

图10 – 12　木糖醇结晶工艺流程图

（三）氢化液净化条件的选择

氢化液净化：氢化液是由木糖净化加氢得到，一般情况下，氢化液的质量决定于净化液的质量。由于净化液的纯度均在95%以上,故氢化液制取结晶木糖醇应该是比较容易的。但是由于加氢过程因各种原因使氢化液纯度下降,例如:反应温度偏高,pH 大于7等均会使氢化液的透光度下降,因此氢化液在提取结晶前,必须经过净化,然后才能浓缩成为木糖醇膏,进行结晶。

据国外经验氢化液必须经过离子交换,以便提高纯度,降低黏度,从而提高结晶木糖醇的得率。但离子交换工序手续比较繁杂,成本较高,消耗酸碱较多,交换试验采用阳阴流程,阳树脂为732,阴树脂为 AH-1,交换后所得结晶木糖醇经过分析,其质量除重金属有明显改善以外,其他相差不大。

氢化液离子交换净化的结果表明,只要离子交换工序的净化液质量好,氢化过程稳定,氢化液质量优良,是可以不经过氢化液的离子交换,只经过脱色,就可以进行浓缩结晶。但是在实际生产中,由于各种因素的影响,很难保证氢化液的高质量,所以氢化液的离子交换就成为必要,特别是当前对产品含镍指标有更严格的要求,因而氢化液在脱色以后,进行一次阳离子交换是十分必要的。

(四) 氢化液制木糖醇膏

在氢化液质量比较好的情况下,色泽透明呈浅黄色,透明度80%以上,此时氢化液可不经脱色直接过滤,滤除氢化液中的催化剂等悬浮物后,进行蒸发。但在氢化操作不正常或者净化液质量差,氢化液带有黄色和浅棕色时,必须进行脱色。脱色是在压滤机中注入活性炭,预压成饼,然后氢化液从压滤机中通过,即达到脱色的目的。在正常情况下,一次注入的活性炭能通过氢化液 40t 左右。视氢化液的质量情况而定。脱色后通过阳树脂交换。去除镍离子后,于升降膜式蒸发器中进行蒸发,夹套温度 85~90℃,采用分批蒸发的办法,从折射率10%蒸发到折射率50%~60%左右,称预蒸发。再进一步蒸发到折射率80%左右,投入结晶槽。

若预蒸发用 $14m^2$ 加热面积的外热式蒸发器,真空度 80~83kPa 每小时进料(13%含醇)360L,蒸出水为266L/h 得到预蒸发液中醇含量在50%左右,进一步浓缩到折射率80%(含醇86%~88%),采用升降膜式蒸发器加热面积12m²,夹套温度110℃,真空度83~84kPa,每小时进料(含醇50%)600L,每小时蒸出水量270L左右。得到含醇86%~88%的木糖醇膏340kg左右。

(五) 木糖醇膏的结晶和离心

由于木糖醇必须采用助晶槽降温结晶的办法制取结晶木糖醇,故结晶前木糖醇膏的浓度应该尽可能高一些。这样结晶收率也能相应提高。例如试验室的结果表明:含醇83%的木糖醇膏,结晶收率只有31%;而90%的木糖醇膏其结晶收率可达76%,但也不能将浓度提得太高,因为木糖醇溶液的黏度随着浓度的提高而提高,55℃时72%的浓度,黏度0.0158Pa·s;浓度89.2%时,黏度为0.22Pa·s,黏度太大结晶过程困难。生成的晶粒小,分蜜也困难,所得结晶纯度也差。所以木糖醇的浓度,应视氢化液的纯度,选择86%~88%,最高不超过90%。

为了使结晶过程中得到较大的晶体,在分离时易于分离,所以应采用较高的温度,较低的黏度和较低的过饱和度中进行结晶。

采用逐渐降温办法,能保持较低的过饱和度和较高的温度,结晶收率能提高。例如:在实验室以母液进行结晶试验,在不同降温速度下其离心结晶收率(对醇)分别如表10-31所示。

表10-31 在不同降温速度下母液离心结晶收率(对醇)　　单位:%

降温速度	浓度	收率	降温速度	浓度	收率
每3h降1℃	91.8	50	每1.5h降1℃	92.5	43
每2h降1℃	91.3	48	迅速冷却	90.1	42.5

木糖醇膏通过40h左右结晶,物料从透明变成不透明的糊状物,温度降至25~30℃时即可投入离心机分离。

当采用三足式离心机对成熟的木糖醇膏进行离心分离时,转速为1000r/min,只需30min离心完毕。从工业生产投料1000kg

为平均测算单位,不同醇膏含醇量,其结晶木糖醇的得率如表10 - 32所示。

表 10 -32　不同醇膏含醇量对应的结晶木糖醇得率

含醇/%	结晶收率/%(对醇膏)	含醇/%	结晶收率/%(对醇膏)
82.0	49.3	86.2	54.0
82.4	50.6	86.5	54.5
84.5	54.8		

六、木糖醇的质量指标

因为木糖醇是一种营养性甜味剂,因此我国批准木糖醇是根据加工食品的需要量决定加入量的食品添加剂。1990年,全国食品添加剂标准化技术委员会通过了木糖醇的国家标准。规定的技术要求如下。

1. 外观

木糖醇为白色结晶或晶状粉末,味甜,无异味,易溶于水,微溶于酒精和甲醇。

2. 项目指标

木糖醇的理化指标如表10 - 33所示。

表 10 -33　　　　　木糖醇的理化指标

项　目	指　标	项　目	指　标
总醇/%	>98	灼烧残渣/%	<0.5
木糖醇/%	>92	还原糖(以葡萄糖计)/%	<0.5
砷(以As计)/%	<0.0003	熔点/%	88 ~ 90
重金属(以Pb计)/%	<0.001	其他多元醇/%	<5
干燥失重/%	<1.5		

木糖醇和多元醇采用气相色谱法分析,砷、重金属、干燥失重、灼烧残渣等,和其他营养性甜味剂分析方法相似。

七、木糖醇生产技术的发展方向

(一) 糖醇生产的主要技术经济问题

由于木糖醇是以农林植物废料所含的多缩戊糖为原料,经水解、净化、氢化等工序而制成,所以工艺流程较长,所耗化工材料、水、电、汽均比淀粉制葡萄糖要多得多。因而产品成本高,木糖醇的售价要高出白糖10倍以上,成为进一步开拓木糖醇市场的障碍。根据分析,木糖醇生产中存在的主要技术经济问题如下。

① 水解液浓度低:其溶液中含糖一般只有5%左右。将水解液反复净化提取,最后得到固体结晶木糖醇,必然要消耗大量的蒸汽。

② 工艺流程长,过程损失多:从原料中多缩戊糖含量计算,理论上只要3t原料就能得到1t木糖醇,但实际生产中,水解液经净化分离、浓缩,将净化的糖液氢化,再通过净化、浓缩、结晶,最终所得结晶商品木糖醇,需消耗的原料要8~10t。

③ 水解液净化消耗的化工材料多:现有工艺通过中和、脱色、交换、蒸发等工序,大量消耗化工材料,成为木糖醇生产成本的主要组成。仅脱色用活性炭的消耗,生产1t木糖醇要耗用150~200kg。

④ 原料的收购、保管、卫生均带来经济问题。

针对上述问题,如何在保证质量的前提下,提高得率,节能降耗,就成为木糖醇生产和科研工作者的努力方向。

(二) 木糖醇生产技术发展趋势

我国木糖醇生产经过30多年的实践,技术相对成熟,生产趋于稳定。为了使木糖醇生产提高到一个新的水平,根据国内外相关行业的技术进展,发展情况,在木糖醇生产技术方面应重点研究以下几个方面。

1. 连续水解

目前国内水解为间歇反应。年产1000t木糖,就需25m³ 水解釜6台,且原料在反应区间,从投料到出料周期12~15h,所生成的糖液易受热破坏,影响质量。如能用连续法水解,使物料缩短在反应区停留的时间,减少糖类的分解和破坏,提高水解液的纯度。连续水解还能小液比进行水解后,实行逆流萃取水解液,从而可大大提高水解液的浓度。瑞士一家公司中试结果表明,玉米芯水解液的还原物浓度能达到10%。采用连续水解,把间歇水解的装料、升温、水解、排液、排渣所有过程串联在一起,操作周期从12h缩短到2h,而且水解罐容积相对减少10倍,也就是说,间歇水解需要100m^3的水解罐总容积,连续水解只要一台10m^3水解器就能完成。

2. 采用高新分离技术

对成分复杂的水解液进行净化分离。在现有中和、脱色工序宜增加膜分离,使一些相对分子质量较大的非糖有机物通过膜分离,由此可大幅降低脱色剂消耗。其次,由于水解液中不仅含木糖,还有阿拉伯糖和葡萄糖,因此必须通过色谱分离技术富集木糖,并使分离出的其他糖类,找到新的用途。目前国内色谱分离技术已初步产业化试验成功,有望在行业内逐步推广。

3. 节能

除了使用蒸汽加热部分充分回收重复利用外,根据国内其他行业的成熟经验,应将含糖5%低浓度水解液,用反渗透膜处理(不用蒸汽蒸发),能使糖浓度提高到15%。

其次应引进国外蒸汽再压缩机,又称热泵。根据经验,在一效蒸发过程产生的二次蒸汽温度为90℃时,经蒸汽再压缩机压缩以后,二次蒸汽的温度可升高到125~130℃,又返回到蒸发器的加热器使用。蒸汽的回收率达94%,每吨回收蒸汽耗电大约是35~40kW·h。这种节能技术,在具有自备热电站的企业,将显示最大的经济效益。

4. 木糖渣利用

传统木糖生产,木糖渣作为废渣处理。近年为节约煤炭,开始推广用干燥木糖渣代替煤炭,但附加值并不高。应研究木糖渣的深度利用,如制取纤维助滤剂,以及利用木糖渣的纤维素进一步水解成葡萄糖,作发酵工业新糖源,最后剩下木质素仍可作燃料。国内已有企业正进行木糖渣酶解制酒精的试验。

5. 新原料的开发

目前木糖生产企业的玉米芯从农村分散收购,原料含杂质太多。清洗玉米芯是木糖生产主要污水来源;此外为保证全年生产,年初就得收足原料,在厂区保管,造成企业环境污染和安全保障的工作负荷;而且近年玉米芯用途增多,不仅价格上涨,而且收购困难。因此研究利用常年生产的、工业加工的植物纤维废料非常重要,例如和制浆造纸结合,利用废水中的半纤维素回收木糖。奥地利就有从桦木制人纤浆预水解废液中提制木糖的装置。国内20世纪70年代曾完成了甘蔗渣制人纤浆预水解废液提制木糖的工业试验。山东省最近已成功进行了麦草制浆和预处理生产低聚木糖的工业试验。

第十一章 糖类生产有机合成原料和可降解材料

20世纪末期,世界各国加紧了可再生资源代替石油原料生产化学品的开发力度。从1996年开始,美国能源部同玉米湿磨协会(CAR)、国家玉米种植协会(NCGA)以及杰能科、诺维信等企业合作,制订了"2020农作物可再生资源可持续发展规划",旨在使用可再生农作物资源,加强美国经济可持续发展。我国也高度重视可再生资源开发新能源、替代石油生产各种可降解材料,列入了国家重点科技攻关计划。据报道,真正生物降解材料2002年全世界生产仅4万t。中国生物分解材料工作组(BMG)宣布,我国2003年生产的生物可降解材料仅1万t。

国外已经实现产业化的、国内正进行研发的可再生资源代替石油原料生产的,有机合成原料主要有1,3-丙二醇、甲乙酮、甘油、乙二醇,另外还有生物可降解材料。

第一节 糖类生产有机合成原料

一、发酵法生产1,3-丙二醇

1,3-丙二醇(1,3-PDO),可用于食品、化妆品和制药等行业,其最重要的用途是制造性能优异的新型聚酯纤维聚对苯二甲酸丙二酯(PTT),替代PET(聚对苯二甲酸乙二酯)。PTT较PET有更好的穿着性能,是国内外合成纤维新品种研发的热点。

为降低1,3-丙二醇的生产成本,目前世界各国均看好采用廉价的葡萄糖为原料,利用生物合成法制取1,3-丙二醇,比较成熟的生物合成路线可分为:①将甘油歧化为1,3-丙二醇;②直接以葡萄糖为原料,用基因工程菌生产1,3-丙二醇。

杜邦和杰能科联合开发了将克氏肺炎杆菌中dha调节子基因克隆到大肠杆菌中,并用此构建的基因工程菌以葡萄糖为底物,在年产80t规模的中试中,得到的发酵液1,3-丙二醇含量为160g/L。其主要特点是将厌氧变为好氧,使葡萄糖转化成甘油、甘油转化成1,3-丙二醇,这两个过程合一次发酵完成。这一生产1,3-丙二醇路线,是国际公认为最具有经济竞争力的生产1,3-丙二醇的技术路线。据报道,下一步生产线将扩大至年产2.5万t,其投资将比化学合成法减少25%。国内将此项技术也列入了国家攻关课题。

大连理工大学用甘油发酵法生产1,3-丙二醇。清华大学以葡萄糖和粗淀粉为原料生产1,3-丙二醇,该工艺已经实现5000L发酵罐的中试,产醇率60~65g/kg。预计发酵法生产1,3-丙二醇的成本为2万多元/t。小试生产的1,3-丙二醇产品已经送交中石化仪征化纤公司和中石油辽阳化纤公司,进行与进口1,3-丙二醇聚合成的PTT的对比实验。实验结果显示,以生物工程生产的1,3-丙二醇制成的PTT其黏度和色值都优于进口1,3-丙二醇聚合而成的PTT,可以满足聚酯和纤维生产领域的要求。清华大学与黑龙江辰能生物工程有限公司合作建设年产2万t1,3-丙二醇的项目,首期年产2500t1,3-丙二醇的装置设计工作目前进展顺利。

安徽立兴化工公司自主开发了发酵法1,3-丙二醇的生产技术,以甘油为原料,用自然突变和驯化的菌种,2005年在2000L发酵罐中进行中试,其工艺流程如图11-1所示。

甘油→ 发酵 → 热处理 → 絮凝除菌 → 蒸馏 → 精馏 →成品

图11-1 以甘油为原料生产1,3-丙二醇工艺流程

2006年通过鉴定,发酵时间28h,甘油利用率90%,发酵液产醇60~80g/L,1,3-丙二醇总得率60.5%。

二、发酵法生产甲乙酮

甲乙酮是一种低沸点溶剂,有优异的溶解特性,对合成橡胶、纤维衍生物、高级脂肪酸等有强的溶解能力,广泛应用于涂料、黏结剂、润滑剂、染料、印刷油墨等行业,同时甲乙酮又是有机合成香料、抗氧剂等的中间体。

现在甲乙酮生产方法,主要用正丁烯(液化烃)作原料,合成路线长又复杂,消耗原料多,建设投资大,加工成本高。

由于原料正丁烯的价格昂贵,所以国外正寻求新的生物合成途径。利用碳水化合物为起始原料包括淀粉、农业纤维水解液,以及葡萄糖,用 Klbsiella oxytola 发酵,使葡萄糖转化得 2,3-丁二醇,将发酵液除去菌体后,加入 5% 的硫酸加热处理 2,3-丁二醇 45min,2,3-丁二醇顺利转化成甲乙酮,转化率 100%。最后将硫酸处理过的发酵液蒸馏获得 99% 的商品甲乙酮。可见用发酵法生产 2,3-丁二醇,然后硫酸转化、蒸发获得甲乙酮,其工艺简短,转化率高。国外也有报道:可以用木糖发酵制取 2,3-丁二醇。因此,随着糖化液成本降低和发酵水平的提高,预期不久发酵法生产甲乙酮相比正丁烯合成的甲乙酮,能有一定的竞争力。

三、糖类氢化氢解制甘油、丙二醇和乙二醇

世界 1,2-丙二醇产能 130 万 t,陶氏化学公司和莱昂德尔化学公司分别为 50 万 t 和 35 万 t。世界范围内 2003 年消费 1,2-丙二醇 141 万 t,美欧消费 77.6 万 t,占 73%,中国消费占 9%。2003 年我国进口 1,2-丙二醇 83666t,耗汇 6535.85 万美元,合到岸价 781 美元/t。2005 年进口丙二醇 77461t,耗汇 10506 万美元,合到岸价 1356 美元/t。

2003 年全球乙二醇产能 1585.8 万 t,产量 1373 万 t,消费 1407 万 t。

2004年全球乙二醇产能1698万t,产量1490万t,消费1492万t(聚酯纤维占51%,PET瓶24.5%,薄膜3.6%,抗冻剂11.4%)。

2003—2010年预计全球乙二醇产能增长率为5.8%,消费年增长6%~7%,2010年预计消费2100万t。

中国乙二醇消费量占全球市场的25%,亚洲市场的40%。2004年中国消费乙二醇431.4万t,居世界第一,自给率22%,仅产聚酯1170万t就需乙二醇410万t,其他防冻液等消费21.4万t。

我国乙二醇进口量:1995年为20.54万t,2000年为104.9万t,2004年为339万t,占世界贸易量53%。2005年进口400万t,用汇35272万美元。

我国乙二醇生产发展状况:环氧乙烷/乙二醇装置11套,产能107.8万t,产量95万t。2005年南京扬巴石化公司30万t,中海油壳牌石油化工有限公司32万t的生产线陆续投产。2006年上海石化公司新建38万t,辽阳化纤公司扩建6万t至20万t,扬子石化公司扩建到37万t。2006—2010年计划新建的项目:天津联化公司45万t,镇海炼化工程公司65万t,四川乙烯工程35万t,大连实德集团60万t。预计到2010年国内乙二醇产能436.7万t。

关于糖类氢化氢解制取丙三醇、丙二醇、乙二醇,国外20世纪60年代早有研究报道,但由于当时粮价高、石油价廉,所以用糖类氢化氢解制取丙三醇、丙二醇、乙二醇,虽然技术上可行,但是经济上不可行。

用糖类氢化氢解制取丙三醇、丙二醇、乙二醇,其基本过程:

第一步含醛基的木糖或葡萄糖氢化成木糖醇和山梨醇;

第二步将木糖醇或山梨醇在高温高压下进一步氢解。以山梨醇为原料,主要利用其廉价和来源广泛;而木糖醇的氢化氢解,能比山梨醇一次氢解获得较多的乙二醇,且可利用非粮食原料,前景广阔。

(一) 木糖醇氢解

在高温高压下氢化裂解木糖醇,使其碳链在第三位断裂,从而生成甘油和乙二醇,但有少量在第四位断裂而产生丁四醇和一元醇。此外甘油在反应区间,会进一步脱水生成丙二醇。这是利用非食用的植物废料原料获得甘油和乙二醇的重要途径。

木糖醇氢解生成丙三醇和乙二醇的反应式如下:

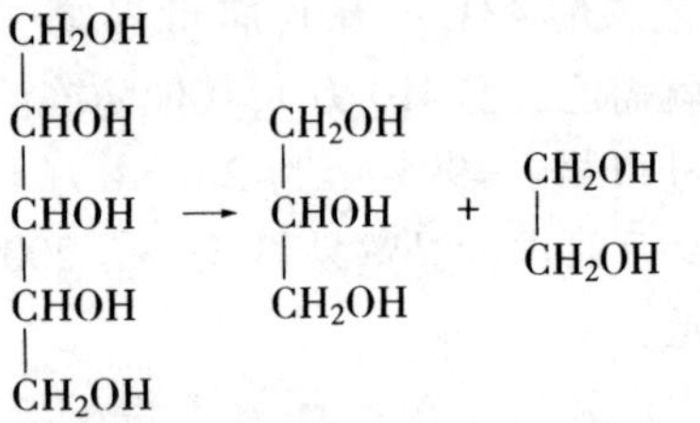

$$\begin{array}{c}CH_2OH\\|\\CHOH\\|\\CHOH\\|\\CHOH\\|\\CH_2OH\end{array}\quad\longrightarrow\quad\begin{array}{c}CH_2OH\\|\\CHOH\\|\\CH_2OH\end{array}\quad+\quad\begin{array}{c}CH_2OH\\|\\CH_2OH\end{array}$$

　　　　木糖醇　　　丙三醇　　　乙二醇

木糖醇氢解工艺流程如图 11-2 所示。

　　25% 木糖醇溶液
　　　　↓
催化剂→高压反应釜(19.6 ~ 22.54MPa,时间 90min)→氢解→组分分离→产品

图 11-2　木糖醇氢解制丙三醇和乙二醇工艺流程

木糖醇氢解产品得率如表 11-1 所示。

表 11-1　　　　　　　　　木糖醇氢解产品得率

实验组	压力/MPa	温度/℃	生成品(对木糖醇)/%					转化率/%
			丙二醇	乙二醇	甘油	丁四醇	残余木糖醇	
1	19.8 ~ 23.03	225 ~ 235	24	20	14	12	5.2	70
2	20.776 ~ 21.756	220 ~ 232	24	20	14	14	28	72

(二) 山梨醇氢解

山梨醇氢解和木糖醇氢解原理相同,工艺也相同。山梨醇在高温高压下氢化裂解,主要在碳链第三位断裂,而产生甘油。甘油在反应区间,会进一步脱水生成丙二醇。有少量在第四位断裂而

产生丁四醇和乙二醇。其化学原理示意如下。

山梨醇氢解产生两分子甘油,反应式如下:

$$\begin{array}{c} CH_2OH \\ | \\ CHOH \\ | \\ CHOH \\ | \\ CHOH \\ | \\ CHOH \\ | \\ CH_2OH \end{array} \longrightarrow 2\begin{array}{c} CH_2OH \\ | \\ CHOH \\ | \\ CH_2OH \end{array}$$

山梨醇　　　甘油

山梨醇碳链第四位断裂氢解产生丁四醇和乙二醇的反应式如下:

$$\begin{array}{c} CH_2OH \\ | \\ CHOH \\ | \\ CHOH \\ | \\ CHOH \\ | \\ CHOH \\ | \\ CH_2OH \end{array} \longrightarrow \begin{array}{c} CH_2OH \\ | \\ CHOH \\ | \\ CHOH \\ | \\ CH_2OH \end{array} + \begin{array}{c} CH_2OH \\ | \\ CH_2OH \end{array}$$

山梨醇　　　丁四醇　　乙二醇

丙三醇进一步氢化脱羟生成丙二醇的反应式如下:

$$\begin{array}{c} CH_2OH \\ | \\ CHOH \\ | \\ CH_2OH \end{array} \longrightarrow \begin{array}{c} CH_3 \\ | \\ CHOH \\ | \\ CH_2OH \end{array}$$

丙三醇　　丙二醇

山梨醇氢解的工艺及设备和木糖醇氢解相同,但生成物不完全相同,具体如表 11-2 所示。

表 11-2　　　　　　山梨醇氢解生成物　　　　　　单位：%

反应时间/ min	生成物					
	甘油	乙二醇	丙二醇	丁四醇	山梨醇残留量	总醇
200	39	20	22	8	3	90
300	33	17	21	7	2	80

经济分析（按反应时间为200min为基础测算）如下：每投入1t山梨醇，可得甘油390kg，丙二醇220kg，乙二醇200kg，丁四醇80kg，四种多元醇890kg，进一步分离提纯，得率按90%计算，则各产物收率分别为：甘油35.1%，丙二醇19.8%，乙二醇19%，丁四醇7.2%。总收率为山梨醇的80.1%，每吨山梨醇氢解和分离，可得801kg产品，其中甘油351kg，丙二醇198kg，乙二醇190kg，丁四醇72kg。

按目前市场价估算，山梨醇氢解和分离所得产品效益将十分明显。

投入：山梨醇1t，市场价每吨4000元。

产出：甘油市场价每吨8500元，产出351kg，为2983.5元；

　　　丙二醇市场价17000元，产出198kg，为3366元；

　　　乙二醇市场价8400元，产出190kg，为1596元；

　　　丁四醇市场价30000元，产出72kg，为2160元。

四种产出810kg，合计产值10105.5元，为1t山梨醇价值（4000元）的2.52倍。

但应指出，用糖类氢化氢解获得乙二醇，在技术是可能的，而且经济上也可能是有效益的。但绝不可能成为解决我国年需约500万t乙二醇的主要途径。因为从氢解最佳效果考虑，应是最高的总醇收率才有竞争力。如果单纯为提高乙二醇的收率，除了必须强化氢化氢解条件，延长反应时间，有可能使已生成的甘油进一步转化成丙二醇。再继续反应，有一部分丙二醇又转化成乙二醇，使乙二醇总收率有所提高。但山梨醇氢解，最高产率很难是乙二醇,而且相应总醇得率下降,成本大幅上升。无论如何,糖类的氢化氢解,所得三元醇和二元醇,总是有一定比例,山梨醇所产生的总醇收率,一般是丙三醇和丙二醇大于乙二醇。所以必须从我国市场需求的各种醇比例(我国年消费约 450~500 万 t 乙二醇,8~10 万 t 甘油;15~20 万 t 丙二醇)来考虑项目的安排,作为年消费 500 万 t 乙二醇的中国,要用糖类来源取代石油合成,显然是不可能的,只能是一种很少的补充。

第二节 糖类生产生物可降解材料

一、直接利用淀粉制可降解包装材料

过去国内号称可生产淀粉基降解塑料有几十家,年产 10 万 t 左右。其实大量的是用聚乙烯和淀粉复合(淀粉原料 50% 左右)的淀粉基可崩解材料,实际上进入土壤只有淀粉部分降解,而非淀粉部分被粉碎分散在土壤中,反而污染了土壤。这种一次性包装材料,并非全降解材料,只能算是可崩解材料。

真正意义的淀粉基降解材料,是用淀粉为起始原料,进行变性或添加少量可降解的聚合物(一般只占 10% 以下),国内江西科学院化学所,曾用淀粉经改性制取这样的淀粉基降解材料,小批量生产农业育种杯、餐盒及小型包装盒。

中科院长春应化所以玉米淀粉及水发泡剂,结合纳米粒子作为发泡成核剂,通过双螺旋挤压和特殊成型模具,获得了淀粉含量超过 80% 的一次性餐盒,通过国家环保产品质量中心检验,符合国家一次性可降解餐具的标准。

(一)普鲁蓝用淀粉质原料经发酵生产普鲁蓝和聚羟基烷酸

普鲁蓝是一种由出芽短梗霉产生的胞外多糖,亦称短梗霉多糖,具有无毒、黏度低、可塑性强、成膜性好等优点。

中科院微生物所早年研究,用淀粉质原料经发酵生成的微生物多糖——短梗霉多糖,能降解,还有很好的成膜性,能作为食品、

药品的可食用包装材料。

近年浙江大学普鲁蓝多糖研究取得新进展。研究结果表明，普鲁蓝多糖可直接制成薄膜，具有透明、硬度强、耐油、可热封、表面摩擦因数小、弹性强、延伸率低等特点，薄膜最特殊的性质是比其他高分子薄膜的透气性能低，氧、氮、二氧化碳等几乎完全不能通过。而且薄膜具有良好的热封性，成品不需添加增塑剂、稳定剂，温度的小范围变化不会改变其稳定性，对食品、环境和人体都无毒无害，所以是一种非常理想的食品包装材料。

目前普鲁蓝多糖在国外仅有日本林原生化公司生产，国内尚没有普鲁蓝产品的生产，获取普鲁蓝高产菌并降低生产成本，是实现普鲁蓝产业化的先决条件。虽然普鲁蓝多糖的生产原料蔗糖价廉，但普鲁蓝其市场价高达 10～15 美元/kg，因此作为一次性包装材料，缺乏竞争力，尚待进一步研究解决。

（二）聚羟基烷酸

淀粉质原料经发酵生成聚羟基烷酸（PHA），是生物合成新材料生产中的高新技术，已列入国家科技攻关计划多年，聚羟基烷酸和聚乙烯、聚丙烯性质相近，能拉丝、压模、注塑，是一种可替代塑料包装材料的生物降解材料，国内有几家在研发中。

宁波天安生物材料有限公司副总经理陈学军，经过十年努力研发并成功地进行了工业生产 PHBV（聚 - β - 羟基丁酸 - 戊酸酯），一次性从糖类发酵法转化成高聚物，宁波天安生物材料有限公司，是我国第一家自主知识产权实现 PHBV 产业化的企业，也是全球第二家有 PHBV 工业化生产装置的企业，现有 3 个 $80m^3$ 的发酵罐。国外只有巴斯夫有工业生产装置，正从 8000t 扩至 14000t。

二、淀粉质原料经发酵生成聚乳酸酯和聚丁二酸丁二醇酯

用淀粉质原料经发酵生成小分子产物，进一步聚合而成高分子物质是国内外研发生物可降解材料的重点。其中值得注意的是

聚乳酸酯(PLA)和聚丁二酸丁二醇酯(PBS),亦称聚丁烯琥珀酸酯。

(一) 聚乳酸酯(PLA)

PLA是用淀粉质原料经发酵生成乳酸,再将乳酸聚合而成,所以开发PLA,要有优质和廉价的乳酸,而且首先是L-乳酸。

1. 乳酸

乳酸广泛存在于动物、植物和微生物体内。由于乳酸含有一个不对称碳原子,因此具有旋光性。按其旋光性可分为D-乳酸、L-乳酸以及两者混合的DL-乳酸三种。

工业生产乳酸有化学合成和发酵法两种,由于合成乳酸采用有毒的乙醛、氢氰酸为原料,存在安全和环保问题,因而世界上逐步以发酵法取代化学合成法。目前发酵法生产的乳酸品种大部分为DL-乳酸,我国20世纪50年代江苏无锡制药二厂即以大米发酵生产DL-乳酸。国内乳酸90%以上用发酵法生产,主要产品为DL-乳酸,大量应用于食品和医药工业。由于人体只含有L-乳酸脱氢酶,只能代谢L-乳酸,而不能代谢D-乳酸,世界卫生组织(WHO)限制人体摄入D-乳酸量为100mg/kg,在三个月以下的婴儿食品中,不得添加D-乳酸和DL-乳酸。因此随着经济的发展和消费水平的提高,L-乳酸成为国内外乳酸发酵行业努力开发的乳酸新品种。特别是L-乳酸能替代烃类制取可降解树脂聚乳酸酯(PLA)后,因而L-乳酸成为发达国家竞相投资开发的重点。世界范围内2001年乳酸总产量13万t,据报道,2002年世界乳酸及其乳酸酯和盐生产能力达47.13万t,生产量21万t。2002—2007年间,乳酸及其酯和盐的消费增长可达9.7%。

美国是最大的乳酸生产消费国,年需用乳酸1994年为2万t;1999年为6万t,2000年达7万t,年增约5%~8%,但每年需部分进口。美国发酵乳酸的生产企业有嘉吉集团、ADM等,估计年产能力5万t;美国合成乳酸不到1万t。欧洲最大的乳酸公司Purac,全年产3万t,也是全球最大的乳酸生产企业。近年该公司和美国嘉吉集团合资在美国内布拉斯州的新建一处年产7500万磅(约3.4万t)乳酸的装置。与此同时Purac还在同一州新建另一个乳酸生产企业。日本年消费乳酸1.5万t,约有6000t用于食品添加剂,用于生产工业乳酸酯的约4000~5000t,用于生产乳酸钙的有2500t,用于生产乳酸钠的有1500t。近年开发了聚乳酸酯,需求量将迅速增加。日本主要生产商为武藏(过去用合成和发酵法生产乳酸)和Purac日本公司,产量约各占一半,但产品供不应求,每年均需从荷兰、西班牙、美国、中国等国进口。

我国乳酸均为发酵法生产,品种以DL-乳酸为主,少量为L-乳酸,用于食品和医药。但主要消费是食品工业。如乳酸用于啤酒调节pH抑菌、提高品质,在饮料中作酸味剂,用于酸乳及乳酸饮料;乳酸锌、乳酸钙用作营养强化剂、乳酸及乳酸钠用于肉类保鲜剂;乳酸乙酯和丁酯用于酒类、饮料、食品的香料、硬脂酸乳酸钙用作食品乳化剂等。年产能力约10万t,实产7万多吨。20世纪90年代以来,每年均有3000~4000t出口。但出口品种主要是DL-乳酸,单价连年下滑。L-乳酸近年才开始有批量出口。

我国20世纪90年代研发成L-乳酸,采用根霉(95%以上高纯度)和细菌发酵(90%以上转化率)、连续发酵,从发酵液中取代钙盐法萃取、色谱、膜技术分离乳酸等,均取得进展。在原料方面,除了大米,玉米原料外,玉米淀粉(生产1t L-乳酸耗2t玉米淀粉)、葡萄糖原料发酵,亦获成功。1996年上海工业微生物研究所在崇明建成年产2000t的L-乳酸企业,出厂价为每吨2万元以上,国际市场约1700美元。近年国内有多家L-乳酸企业投产,如山西乐达,年产3000t;江西武藏生化工,年产5000t;安徽丰原生化和比利时galactics.a合资新上L-乳酸3万t;重庆博飞生化,拟用玉米粉原料,建设国内最大的乳酸企业;新加坡凯能公司采用膜技术,提取分离L-乳酸,年产2万t,将在江苏宜兴动工。瑞士伊文达菲瑟公司和哈尔滨威力公司与杭州中化国际集团,共同投资4亿元,在哈尔滨威力的基础上,建设年处理玉米3万t,产乳酸并进一步加工聚乳酸 1 万 t 生产线。

目前国内最大也是亚洲最大的乳酸生产企业——河南金丹乳酸有限公司,年产总能力 6 万 t,其中 L-乳酸产 1 万 t。该公司 L-乳酸直接用粗玉米粉为原料,并采用细菌固定化发酵、膜分离等先进技术,产品质量好,得率高,成本低,具有相当竞争力。其主要工艺流程如图 11-3 所示。

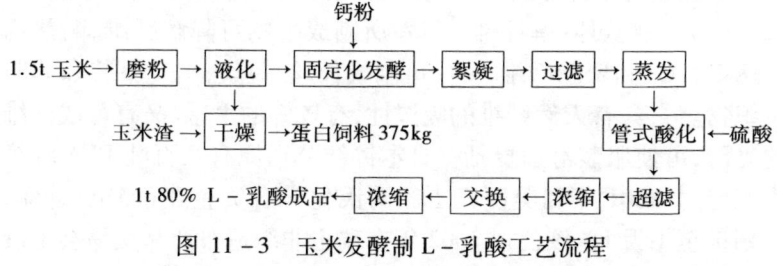

图 11-3 玉米发酵制 L-乳酸工艺流程

L-乳酸发酵时间 30 多小时,发酵产酸 15%,残糖 0.05% 以下,糖酸转化率达 95% 以上;超滤除去 200 以上分子及两价盐类;每生产 1t 乳酸钙的气耗为 1t。

L-乳酸产品质量指标如表 11-3 所示。

表 11-3　　　　　　　L-乳酸质量规格

指　标	检测结果	指　标	检测结果
色价 APHA	≤50	氯化物/%	0.002
乳酸浓度/%	≥80	硫酸盐/%	0.01
纯度(总乳酸中 L-乳酸)/%	≥95	灼烧残渣/%	0.1
		重金属/%	0.001
耐　温	180℃	砷/%	0.0001

金丹乳酸有限公司正将 L-乳酸扩建至年产 10 万 t。

2. 聚乳酸酯(PLA)

近年国际上以 L-乳酸为主开发的聚乳酸酯(PLA),比起石油化学合成树脂,具有独特优异的性能,主要有以下三方面独特的用途。

(1) 医疗器材　由于 PLA 具有独特的生物兼容性和生物降解性,可获得和骨骼强度相近的 PLA,能作人造骨折内固定物(代替金属固定物,免除二次手术)、缓释材料、手术缝合线、组织修复材料等。产品技术附加值高,因而是目前聚乳酸应用的主要的市场。聚乳酸也是医疗行业应用广泛,最有发展前景的高分子材料。

(2) 生物可降解纤维　PLA 所制成生物可降解纤维,耐热温度达 175℃,和聚酯纤维一样,可制成长丝、短丝,用于服装和非服装织物。它具有天然纤维的吸湿性,有较好的手感、又有合成纤维的光滑,可使服装舒适挺括。日本钟纺公司原有几百吨 PLA 纤维生产能力,2001 年和美国嘉吉和陶氏化学合资企业(CDP)合作,计划扩至 1 万 t。该公司 2002 年在瑞士非织造布商品交易会上展出了熔点 175℃、伸长 25%~35%、强度 4.5~5.5g/d 的 PLA 纤维,商品名为 Corn fiber(玉米纤维)。此外日本尤尼古安卡、可乐丽公司也和 CDP 合作生产 PLA 纤维。日本东丽公司生产 PLA 地毯、床上用品、服装布料、室内装饰材料等,2003 年度计划销售 1700 万美元。

聚乳酸酯纤维目前价格大约是常规聚酯纤维的三倍,只有降低成本才有较大潜力。由于 PLA 的优异性能,国际市场对其前景看好。我国每年消费大量化学合成纤维,据纺织部门预测,仅涤纶纤维 2005 年就需近 1000 万 t。如用 3%~5% 的 PLA,年用量可达 30~50 万 t。

(3) 生物可降解塑料　PLA 所制生物可降解塑料,各国已有很多专利。美国企业 CDP 2001 年完成 6000t 中试,2002 年计划达到 14 万 t,现该企业已独立为 Nutral Work 公司。计划到 2009 年,使 PLA 产量增加到 45 万 t,预期每吨生产成本将从 5000 美元降到 2500 美元。据 2004 年报道,美国 College farm 糖果公司,开始采用 PLA 作环境友好包装材料,在高速扭结包装设备中有一套包装能力为 1300 块/min。用 PLA 包装的糖果透明性、扭结性、印刷性均良好,且阻隔性好,能保持糖果的香气。日本岛津、三井、油墨公司,分别均有年产 500~1000t 的装置,并均计划扩建。德国 Ems Inventa-Fischer 公司,在德东部建一年产 3000t PLA 示范工厂,成本 2.2 欧元/kg,用于食品包装袋和包装盒,计划扩建至 2.5 万 t,建设期 18 个月。下一步计划建年产 10 万 t PLA 的装置,预期成本降至 1.25 欧元/kg。

我国许多科教单位投入力量研发 PLA,建有多套实验装置,如中国食品发酵研究院、中科院长春应化所、天津南开大学、东华大学、华南理工大、华东理工大、浙江大学、武汉大学等。天津南开大学以国产 L-乳酸为原料,先制成 L-丙交酯,然后用异辛酸亚锡为引发剂,进行开环聚合,制得了相对分子质量 87 万的 PLA。

浙江海正药业和中科院长春应化所 2002 年开始合作,采用中国自主知识产权的技术,研发成了可耐 100℃ 的国产聚乳酸可降解的薄膜、胶片、包装材料和餐具。主要技术要点是二步法开环合成 PLA,流程如图 11-4 所示。

L-乳酸→低聚乳酸→裂解→丙交酯→开环聚合→PLA
　　　　　　　↑　　　　　　　↑
　　　　　　亚锡催化剂　　　催化剂

图 11-4　浙江海正药业生产 PLA 的工艺流程

该技术,可生产聚合度 15 万、20 万、60 万、80 万不同规格的 PLA。代替日常的塑料用品的 PLA,相对分子质量 15~20 万。PLA 生产过程乳酸利用率 95% 以上,产品成本低,按 L-乳酸价 6000 元计,PLA 成本 1.2 万元/t。2005 年浙江海正药业兴建了年产 5000t PLA 生产装置,2006 年中期已投产。

上海同济大学生命科学院,采用 L-乳酸一步法丙交酯开环聚合制取 PLA 获得专利,在上海建立了同杰良生物材料公司,商品 L-乳酸先经膜分离精制,才进入生产线。能生产相对分子质量 18~20 万的 PLA,最高至 80 万,咖啡杯用 PLA 相对分子质量为 15 万。该公司试制了可降解的薄膜、包装材料和餐具以及梳子等用品,理化性质及降解性能符合国家标准,达到美国 Nutral Works 的水平。正计划建年产万吨级装置。

河南飘安集团公司用丙交酯二步法开环聚合制取 PLA,试验规模 6t,生产相对分子质量为 5 万、40 万、80 万以上的聚乳酸,用以制取医用防护材料,如 $35g/cm^2$ 无纺布、面膜等。计划新建年产 9000t PLA 的装置。

总之,在我国发展 PLA,经过各方努力,已取得了初步成效。我国原料玉米丰富,且聚乳酸产品在医疗、纤维、塑料等市场前景广阔。但要看到发展有一定难度,因为虽然乳酸自身含有羟基和羧基,能自行缩聚成闭环丙交酯,但工业应用价值不高。为了制取聚合度 10 万以上的产品,必须使丙交酯进一步开环聚合,为了脱除反应过程生成的水,需加入溶剂、促进反应的引发剂,并在惰性气体保护下反应。所得 PLA 尚需在强度、韧性、拉伸、耐温、耐水等方面满足用户的要求,总之生产真正商品化的 PLA 的技术较为复杂,没有足够的条件,不能轻易上项目。此外从根本上来说,PLA 的发展,需要大量优质价廉的 L-乳酸来支持。否则用上万元每吨的 L-乳酸去生产 PLA,形成规模后的生产成本将达 3 万元左右,这将对发展生物可降解塑料聚乳酸的生产产生严重制约。因此加大 L-乳酸的研发力度,大幅降低 L-乳酸成本的工作,尤为重要。

(二) 聚丁二酸丁二醇酯(聚丁烯琥珀酸酯,PBS)

用脂肪族二元酸和二元醇生成的脂肪族酸聚酯,是国际上公认的可完全生物降解的聚合物。其中丁二酸丁二元醇聚酯,原料易得,成本相对较低,因而具有广阔的发展前景。日本用丁二酸为起始原料制取丁二酸类脂肪族聚酯研究较多,目前已由日本 SHOWA HIGHPOLYMER 公司实现工业化生产。美国碳化学公司发表的"用生物合成的丁二酸生产合成化学品"曾获得美国生物质应用国家发明奖。

聚丁二酸丁二醇酯,亦称聚丁烯琥珀酸酯,简称PBS,是脂肪族二元醇酸聚酯之一,是用丁二酸和1,4-丁二醇合成的生物可降解塑料。目前丁二酸是用石化原料顺丁烯二酸酐生产,和1,4-丁二醇合成生物可降解塑料。日本三菱化学和味之素公司,他们联合开发一条生物法制聚丁二酸丁二醇酯(PBS)工艺路线。新工艺将采用以玉米淀粉为原料发酵法生产丁二酸。据该公司称,聚丁二酸丁二醇酯PBS,价格比聚乳酸便宜,可以在大多数生物降解应用范围替代聚乳酸(PLA)。该公司计划在2006年建一座年产能达3万t/聚丁二酸丁二醇酯装置,同时计划在玉米供应充足的地区,如巴西和泰国等国家建设以玉米淀粉为原料发酵法制取丁二酸装置。

丁二酸类脂肪族聚酯不仅可应用于包装材料、餐饮用品、地膜等一次性用品,在穿着用纤维、油漆、墨水、医用材料、药物基质等方面也极具应用前景。

我国工程塑料国家工程研究中心2000年10月以来,对聚丁二酸丁二醇酯(PBS)的合成工作中取得进展,筛选出了高效催化体系,解决了线性脂肪族聚酯合成反应活性低,后期需再进行扩链反应以增加相对分子质量,用熔融缩聚法直接合成出高相对分子质量的聚丁二酸丁二醇酯(PBS),其综合力学性能达到了日本SHOWA HIGHPOLYMER公司的水平,部分性能指标达到了聚丙烯的水平。此项技术已经通过了中试阶段。我国中科院化学研究所及清华大学,亦均进入以制取薄膜为目的的聚丁二酸丁二醇酯生产中间试验。

第三节 糖类生产绿色环保型可降解表面活性剂

一、烷基糖苷

21世纪是世界范围内广泛注意环境保护的新世纪,人们要求日用化学品(包括洗涤剂、护肤用品)既不污染环境,又不刺激人体。国际上20世纪90年代开发成了一种环保型表面活性剂——烷基糖苷(APG)。它是用可食用的葡萄糖和脂肪醇为原料,无毒无害,对人体皮肤无刺激作用,能在自然条件下完全降解。

烷基糖苷特别适宜作餐具洗涤剂,清洗剂泡沫性能好、脱脂能力强,而且它对革兰氏阴性菌、革兰氏阳性菌和真菌都有一定的抗菌活性,具有爽快舒适的使用感;用烷基糖苷作洗衣剂,在硬水中可正常使用,并有使衣服柔软、抗静电性和防缩的作用;将烷基糖苷用于香波和浴液,对皮肤头发有养护和防晒效果,且对眼无刺激。此外烷基糖苷还能作为一种农用薄膜的防雾防滴剂,对土壤和环境无任何有害残留物。

烷基糖苷的合成是以葡萄糖和长链(8~14)脂肪醇为主要原料,用酸作催化剂,经缩合后制得的长链烷基多苷即烷基糖苷。另一种有希望的新工艺是酶催化法。该法生产糖苷选择性好、反应条件温和、收率高、产品纯度高,关键是酶的制取。

20世纪80年代末,法国Seppic公司率先实现了工业化生产烷基糖苷,规模1万t/年。德国的Henkel公司1988年建成年产5000t烷基糖苷的装置,并于1992年在美国建成了年产2.5万t烷基糖苷的装置,在Henkel公司总部也建成了一套年产2.5万t烷基糖苷的装置,并进一步扩大规模。2000年,西欧烷基糖苷用于洗涤剂的年产达到了30~50万t。

烷基糖苷在我国属于发展中产品,列入了"九五"攻关计划,目前有中国日用化学工业研究院等单位小批量生产。金陵石油化工公司目前建有年产5000t烷基糖苷的装置,产品外观:无色至淡黄色透明或稍混浊黏稠液体,活性物含量:50%~53%;水分及挥发物含量:47%~50%,pH(浓度20%,20℃在15%异丙醇溶液中):11.5~12.5,黏度(20℃,MPa·s):≥500,残留醇:≤1%,灰分含量:≤3%,HLB:15~16;宜兴金兰化工公司产品外观:淡黄色液体,室温低时为白色膏体,烷基碳数:8~10,12~14;活性物含量:48%~52%糖聚合度:1.4~1.8,残留糖:≤1%,HLB:12~14,

15～16，pH：6～8。

烷基糖苷在我国会有广阔的发展前景。其中一个重要因素是葡萄糖原料有了较快的发展。由于每吨 50% 的烷基糖苷需葡萄糖 310kg，目前葡糖单价，比以前降了一倍，这将为我国烷基糖苷的发展，给予了有力的推动和支持。

二、氨基酸聚合物

随着人们对环境、健康安全的日益关注，采用无毒可降解氨基酸作为起始原料生产表面活性剂备受各方重视。目前由于氨基酸表面活性剂，比常用的烷基苯磺酸钠成本要高，故暂时只在高档护肤用品中使用。今后随着氨基酸工业生产规模化，成本大幅下降，这将为氨基酸表面活性剂开发创造有利条件。

氨基酸表面活性剂，不仅对皮肤、头发作用温和，刺激性小，起泡性好，去污力强，且有一定抑菌性。国外对氨基酸表面活性剂的开发较早，已有系列商品。目前正进一步研究新品种，如日本三菱化学正研发天门冬氨酸表面活性剂，味之素公司已初步完成了以谷氨酸钠为原料可用于洗发剂的 Amisoft。

国内北京化工大学，完成了生产聚天门冬氨酸的"十五"攻关课题，并在河南建立了年产 300t 聚天门冬氨酸的中试装置，转化率 97% 以上，产品纯度 95% 以上。聚天门冬氨酸是一种无毒可降解材料，可用于洗涤剂、化妆品、高吸水材料。在美国已形成 10 万 t 的市场，主要用于农业增效剂及高吸水材料。

2004 年台湾味丹公司已开发了 γ - 聚麸氨酸（γ - polyglutamic acidγ - PGA），即 γ - 聚谷氨酸，由微生物或酵素将麸酸聚合而成，为一种生物可降解物质。γ - 聚谷氨酸具有奇佳的吸水性和保湿性，可用于生产高级护肤品，可增强人体对维生素及矿物质的吸收，可用于医药缓释载体，功能保健食品和饮料。γ - 聚谷氨酸还有抗菌抗氧化活性。研究指出，由于 γ - 聚谷氨酸既有羧基又有氨基，所以具有左右旋光性。在不同的 pH 条件下，γ - 聚谷氨酸形成不同的结构和性能,在 pH 2~3 时,γ-聚谷氨酸呈螺旋结构。在人体中 γ-聚谷氨酸能降解为谷氨酸被吸收,但十分缓慢,有些像膳食纤维的性能。

第四节 糖类生产食品添加剂

我国已经列入 GB2760—1996《食品添加剂使用卫生标准》的丙酸和己二酸。原来用石化原料生产,今后可用糖类为原料进行生产。

1. 丙酸

丙酸为带辛辣味液体,沸点 141.35℃,相对密度 0.9934,溶于水和乙醇等有机溶剂,和钙生成丙酸钙,丙酸和丙酸钙均是国际上常用的防霉剂,对其 ADI 值不作限定,所以是较安全可靠的食品添加剂,被世界上绝大部分国家批准用于食品和饲料的防霉。美国用量占防腐剂的 1/3 以上,有些国家面食制品使用量最高达 1%。我国按 GB2760—1996 规定,丙酸钙可用于面包、糕点、酱油醋、豆制品,用量不超过 2.5g/kg,生面制品用量不超过 0.25g/kg。全国潜在需用丙酸钙 7000 多吨,约合丙酸 3500t。

由于我国丙酸未能规模化生产,远远未满足消费需要,至今每年仍大量进口丙酸。据统计 2000 年以来,每年进口丙酸万吨以上,2004 年进口 15974t,耗汇 1300 万美元,每吨到岸价 810 美元。

我国丙酸消费主要为食品和饲料防霉剂,据中国化工信息报道 2001—2005 年的消费量如表 11-4 所示。

表 11-4　　　　我国丙酸消费领域　　　　单位:t

年份	饲料	食品	医药	农药	丙酸酯	合计
2001 年	6400	450	2000	1900	1600	12350
2002 年	6850	500	2050	1950	1650	13000
2003 年	7200	600	2100	2000	1800	13700
2004 年	7500	700	2150	2050	1900	14300
2005 年	7800	800	2250	2150	2000	15000

2003年全球丙酸生产能力27万t,产量24万t。美国和德国是世界最大生产国,占全球生产总量的90%。美国生产主要用丙烯氧化制丙酮联产丙醛,再用丙醛氧化成丙酸,反应式如下:

$$2CH_3CH_2CHO + O_2 \xrightarrow{\text{环烷酸钴},60℃} 2CH_3CH_2COOH + O_2$$

德国的丙酸生产采用的是乙烯羰基化法,反应式如下:

$$CH_2=CH_2 + CO + H_2O \xrightarrow{\text{催化剂},20\sim24MPa,300℃} CH_3CH_2COOH$$

2001—2005年欧洲及美国丙酸消费情况如表11-5所示。

表 11-5　2001—2005年欧洲及美国的丙酸消费量　　单位：万t

年份	2001	2002	2003	2004	2005
美国	10	10.3	10.6	11	11.4
欧洲	8.1	8.4	8.6	9.1	9.5

美国丙酸消费,食品和饲料防霉剂占41%,丙酸盐占16%,日本年消费2500~2700t丙酸。

由于合成法条件较苛刻,基建投入大,污染严重,国内外均在研究用糖类发酵生产丙酸。虽然有很多菌株能产丙酸,但由于丙酸会抑制丙酸菌进一步产生丙酸,所以常规发酵法一般产酸率较低,1996年Ozadali采用补料发酵使产酸量达45g/L,发酵时间7d以上,但尚不具备工业生产条件。为了能使丙酸菌能不被生成的丙酸抑制,继续发酵,天津科技大学正研究膜分离技术,从发酵液中不断将丙酸分离出去,丙酸菌则可回到发酵过程继续发酵。此外,天津科技大学还研发丙酸菌的固定化,将膜分离和固定化丙酸菌发酵相结合,预期将会取得更好的效果。

2. 己二酸

己二酸是白色结晶固体,熔点153℃,稳定性高,酸味柔和,用作食品添加剂酸味调节剂和香料。我国GB2760—1996规定用于固体饮料的最大使用量为0.01g/kg,果冻粉为0.1g/kg,胶基糖果4g/kg。国内市场价为12000元/t。

世界上最常用的生产己二酸的方法是:将苯先氢化成环己烷,进一步氧化为环己醇、环己酮,最后用硝酸氧化获得己二酸,每吨需苯 0.94t,H_2 1000m^3,浓硝酸 1.4t,生产流程长,设备防腐要求高。

开发中的新技术是以葡萄糖为原料,经生物催化生成己二酸,催化剂是载在二氧化硅上的金属钌和铂,葡萄糖经转化为反己烯二酸,然后加氢成己二酸。

己二酸的另一重要用途是制取 1,6 - 己二醇。1,6 - 己二醇可应用于无毒环保型聚氨酯弹性树脂、聚酯型增塑剂、紫外光固化涂料、医药中间体等,目前依赖进口。大连化学物理研究所用己二酸先酯化得 1,6 - 己二酸二甲酯,转化率 99%,再用铜基催化剂在较温和条件下(6~7MPa)氢化,生成的 1,6 - 己二醇成品纯度 99.6%。

第十二章　变性淀粉与高吸水性树脂
第一节　变　性　淀　粉

玉米生产淀粉的加工过程是一物理加工过程,所以获得的淀粉,其性质和原料中的淀粉没有什么变化,可称为原淀粉。由于原淀粉的性质,不能适应各种应用部门的要求,因此发展了变性淀粉新品种,即进一步用化学、物理、酶等方法,处理原淀粉,改变淀粉的性能,以适应用户的要求,提高淀粉的技术经济效果。

工业上生产的变性淀粉主要有:预糊化淀粉、氧化淀粉、双醛淀粉、交联淀粉、阳离子淀粉、羟烷基淀粉、淀粉醋酸酯、淀粉磷酸酯、淀粉黄原酸酯、接枝共聚物、糊精、酶变性淀粉等。比较大规模采用变性淀粉的部门是造纸、纺织、食品等工业。现将几种工业中应用比较普遍的品种简介如下。

1. 预糊化淀粉

将天然淀粉加热糊化,淀粉失去晶区结构,称糊化淀粉或 α -淀粉。糊化后的淀粉再冷却干燥,重新得到固体,这种预糊化淀粉,加入冷水或热水,短时间即能膨胀溶解于水。预糊化淀粉大量应用于固体饮料。

2. 交联淀粉

交联剂有三氯氧磷、三偏磷酸钠、己二酸醋酸酐等,经上述含两个以上可反应的官能基试剂交联反应生成的交联淀粉,降低了溶胀性,使颗粒不易崩解,能在低 pH 及机械作用下保持其性能,保持较高的工作黏度。

3. 降解淀粉

降解淀粉包括酸处理、氧化和糊精三类。在美国降解淀粉约占变性淀粉的50%。酸处理用硫酸或盐酸。在低于糊化温度(50~55℃)进行处理,所得酸处理淀粉,用于纺织上浆及造纸施胶。氧化淀粉用5%~10%的次氯酸钠溶液,于pH 8~10,20~38℃处理淀粉乳而得,应用于纤维及衣服上浆、纸张涂布和施胶。糊精是经酸化处理、预干燥、焙烤、冷却、再湿处理等步骤制成,作黏合剂、涂布、药品稀释剂等用。

4. 医药工业用包醛氧淀粉

包醛氧淀粉是以淀粉为原料,经 H_2O_2 处理,得到双醛淀粉,再经表面复醛处理后得到的产品。它是一种尿素氮吸附药。适用各种原因引起的氮质血症,如慢性肾类尿毒症、高血压尿毒症和糖尿症尿毒症。

胃肠道中的氮、氨等代谢废物,经过肾将代谢废物排出体外。一旦肾功能衰竭,不能将代谢废物排出体外,就导致尿毒症,是死亡率较高的疾病。国内常用的治疗方法是透析法,但只能缓解症状,而且一个周期只几天,费用也很高。

我国天津大学发明的包醛氧淀粉是一种口服吸附剂,使体内代谢废物和包醛氧淀粉上的醛基结合,从粪便中排出体外,能补偿肾功能、降低血中和尿中氮的浓度而起到治疗作用。

5. 酯化和醚化淀粉衍生物

此类衍生物主要是淀粉酯类、醚类、接枝共聚物等。当淀粉引入低取代度的醋酐、环氧烷类,得到的变性淀粉,可以防止淀粉在低温下、长期贮存出现的不透明和亲水力降低现象。酯化和醚化淀粉,大量用于造纸施胶和涂布以及经纱上浆。黏质淀粉醋酸酯和羟丙醚,可用作食品增稠剂。羧甲基淀粉水溶性高,能和多价铝、铁、铬离子反应,生成不溶物。淀粉中引入阳离子,在造纸工业中有助于填充料的驻留并增强纤维之间的结合,减少废水中的纤维消失。淀粉用高碘酸处理,可选择性地氧化碳2及碳3上的羟基成醛,称双醛淀粉,其性质难溶于水。淀粉和二硫化碳反应,生成黄原酸淀粉酯,可作纸张增强剂和从废水中清除有害金属。

日本目前有 21 个企业生产变性淀粉,其中 α-淀粉 10 处、酸处理淀粉 3 处,磷酸淀粉 4 处,酶法变性糊精 3 处,老化型变性淀粉 1 处。日本全年生产变性淀粉约 13 万 t,从 1972~1979 年,基本上是这个水平,没有什么增长。日本变性淀粉价格,酸处理淀粉每千克 120~140 日元,α-淀粉每千克 200~250 日元,磷酸淀粉每千克 300~350 日元。美国变性淀粉包括糊精目前产量约 120 多万 t,其中造纸用变性淀粉约 60 万 t。美国变性淀粉的价格相当于淀粉的 2~3 倍。

第二节　高吸水性树脂

高吸水性树脂亦称超吸水剂,这种树脂每克能吸收几百倍到几千倍的水分。对于血、尿亦有较好的吸收功能,因此在工业、农业、生活各方面,有广泛的应用前景。

美国是世界上最早研制高吸水性树脂的国家,其原料是淀粉。它是一种水解的淀粉接枝聚丙烯氰共聚物,1974 年投放市场,其吸水率 300~1000 倍。随后日本亦投入生产了同样的品种。近年韩国建成 2000t/年的生产装置。

中国台湾台塑公司于 1992 年建成年产 6000t 规模的丙烯酸系高吸水树脂。

据了解,世界上有 50 家企业生产高吸水性树脂,其中美国有 17 家、日本有 22 家、欧洲有 10 家。世界上高吸水性树脂年产能力 25 万 t,主要亦为美国、日本、欧洲所有。

国内自 20 世纪 80 年代初期才开始对高吸水性树脂进行研究开发。较早的有河南化学所、吉林石油化工设计研究院、湖北省化学研究所等。但均未能形成大规模工业化生产。

一、高吸水性树脂的性能

用淀粉制取的高吸水性树脂具备如下特性。

1. 高吸水性

过去常用的吸水材料如脱脂棉、滤纸等,吸水能力为自重的 10~20 倍。而淀粉接枝共聚的高吸水性树脂,吸水能力达几百倍到几千倍。

2. 高吸水速度

通常在几十秒内,可以吸收总液量的 60%~70%,在几分钟内吸水率达 100%。

3. 保水性

不论在压力下或在蒸发状态下,保水性均比较好。在离心机转速 100r/min 的情况下,可保持水分 70%。

4. 吸湿性

高吸水性树脂在空气中,也能吸收水分,虽然比和水直接接触要少。在相对湿度 74%~90% 时,其吸湿率为 25%~40%。

5. 无毒和稳定性

高吸水性树脂无残存腈基,对动物无毒、无刺激、无过敏性。在 60℃ 以下,不失去吸水性。100℃ 以下随温度的升高吸水性略有下降。

二、淀粉高吸水性树脂合成原理

淀粉自身并无吸水能力,必须经过化学引发或物理引发,在淀粉大分子上产生自由基,与单体起接枝共聚反应,同时通过交联剂、辐射交联或自身交联,形成三维网络结构的淀粉接枝共聚物。

物理引发是用放射性元素钴照射引发产生自由基,化学引发是加入引发剂产生自由基。通常用硝酸铈铵作引发剂。

淀粉原料不受限制,不论玉米、薯类的淀粉,以及氧化淀粉、交联淀粉、淀粉酯等变性淀粉均可以,可以用颗粒淀粉,最好是已经过加热处理的糊化淀粉。

单体一般是丙烯腈、丙烯酸、丙烯酰胺等。

采用不同的淀粉、单体和引发剂,得到不同类型的高吸水性树脂。比较典型的是淀粉和丙烯腈、淀粉和丙烯酸。

其主要合成工艺：淀粉于75~90℃糊化，加入硝酸铈铵，降温至20~30℃，与丙烯腈接枝聚合，再用氢氧化钠水溶液在80~100℃进行水解2~4h，然后加入醋酸中和至pH 7，用甲醇沉淀和洗涤，过滤，干燥粉碎而得产品。

三、淀粉高吸水性树脂的用途

淀粉高吸水性树脂的用途如下。

1. 卫生用品

纸尿布（尿不湿）、卫生巾、一次性使用面巾和桌布等。

2. 医疗产品

伤口敷料能吸血吸脓，促进愈合，缓放性专用血液吸收材料。

3. 农林保水制品

园艺保水剂、发芽育苗、沙漠绿化、飞播造林、苗木移植。

4. 食品保存

果蔬保鲜、脱水干燥。主要是在密封包装中加入0.01%的高吸水性树脂，可以防止结露或防止过湿，从而延长保鲜期。

第十三章 玉米皮综合利用

玉米皮指的是玉米籽粒的表皮部分,有的称玉米纤维或玉米渣,是玉米加工淀粉的副产物,在湿法加工淀粉时,被分筛出来。由于破碎分离过程不可能很完全,所以玉米皮中往往还夹带着不少淀粉,还有附着在玉米皮内侧的未被剥离的淀粉。大厂玉米皮含有淀粉25%,中小型玉米淀粉厂,淀粉含量达到40%。其他为半纤维素(38%)、纤维素(11%)、蛋白质(11.8%)、灰分(1.2%)以及其他微量成分。所以玉米皮其主要成分不仅是纤维素,还含有大量可降解的淀粉、半纤维素,少量蛋白质和脂类。商品玉米皮的总量,一般占玉米质量的8%~10%。一些大型玉米淀粉厂的玉米淀粉加工设备,均将玉米皮干燥,再和浓缩玉米浆混合,制取玉米纤维蛋白饲料,其产品蛋白质含量达21%~22%。将玉米皮用酸水解(低温稀酸法),可以获得各种糖类,产糖率可达60%~70%,其中葡萄糖20%以上,木糖15%以上,阿拉伯糖11%以上,还有少量半乳糖、甘露糖。

第一节 玉米皮的水解产物

1. 玉米皮水解实验

1984—1985年,原轻工业部环境保护研究所水解研究室对我国玉米皮的糖类组成进行了研究。玉米皮取自盛产玉米的吉林省淀粉厂。考虑到玉米皮中主要含有的半纤维素和纤维素属于易水解物,所以重点分析了其易水解物的组成。分析方法如下:取100g风干玉米纤维(水分含量约15%),用2%硫酸600mL,于常压下煮沸2h,滤出水解液。然后在水解残渣中加水300mL,煮沸

10min,洗出其残糖,获得洗液。将水解液及洗液合并,测定其还原物,其还原物得率在67%左右,亦可作第二次洗涤,则还原物得率超过70%。

所得水解液用氢氧化钡中和,除去硫酸,制备成糖浆,并经衍生化用气相色谱法测定糖类的组成,结果如表13-1所示。

表 13-1　　　　　玉米皮水解物中的糖类

糖组成	含量	糖组成	含量
多缩阿拉伯糖	13.3%	多缩葡萄糖	11.6%
多缩木糖	21.3%	多缩半乳糖	5.1%
多缩甘露糖	0.6%	合　计	51.9%

从分析结果看出,吉林省淀粉厂的玉米皮,其易水解物的主要组成是多缩戊糖。

进一步用其他地区玉米皮酸水解,即固液比1:3,固酸比30:1,温度130℃的条件下,水解玉米皮,分出水解液,进行分析,其可溶物达69.2%,具体构成如表13-2所示。

表 13-2　　　　　玉米皮水解液可溶物组成

可溶物	含量	可溶物	含量
葡萄糖	28.2%	木　糖	15.2%
阿拉伯糖	8.7%	蛋白质	5.7%
其　他	11.4%		

从玉米皮的酸水解液的可溶物组成可以看出,其主要是糖类,葡萄糖、木糖、阿拉伯糖三者合计为52.1%,占可溶物的75%。

玉米皮水解后的残渣还有30%,经分析,其组成如表13-3所示。

美国ADM公司报道的玉米皮,水解液的构成如表13-4所示。

表 13-3　　玉米皮水解后残渣的组成

水解残渣组成	含量	水解残渣组成	含量
葡萄糖	4.4%	木　糖	2.2%
阿拉伯糖	1.1%	蛋白质	5.2%
纤维素	11.8%	其　他	5.3%
合　计	30%		

表 13-4　　美国 ADM 公司报道的玉米皮水解液组成

水解液组成	含量	水解液组成	含量
纤维素	11%	蛋白质	11.8%
葡萄糖	32%	木　糖	18.7%
阿拉伯糖	10.5%	灰　分	1.2%
未知成分	14.6%	合　计	100%

注：玉米皮中 32% 的葡萄糖中，有 23% 来自玉米皮中残余的淀粉。

2. 工业用玉米皮的水解条件

工业应用的玉米皮的水解条件，和实验分析时不同，主要为了节约化工材料硫酸，同时也为了利用水解液时减少除去硫酸的成本。所以一般采用硫酸浓度 0.5%~0.7%，温度 125~130℃，水解 2h，产糖率与 2% 硫酸浓度时一样。其温度之所以要控制在 125~130℃，主要是为了防止五碳糖在水解过程进一步分解成糖醛。实验证明，超过 130℃ 水解，水解液中的糖醛明显增加。它不仅减少了糖分的收率，同时又污染了水解液，这对下一步水解液的处理和利用极为不利。

在采用固液比 1:10，硫酸浓度 0.6%，水解温度 127℃、2h 的条件下，玉米皮的一次水解产糖率达 60.6%。其中水解物料直接过滤得水解液（为玉米皮 6 倍），固形物浓度 10%，还原物浓度 8.05%；然后将滤渣加入 3.6 倍的水煮洗，排出洗液 3.6 倍，固形物浓度 4.5%，还原物浓度 3.42%。一次水解的残渣，分离了易水解物以后再在 180℃ 作二级水解其难水解物，直接排出 6.6 倍二次水解液,固形物含量3%,还原物含量1.09%,糖的得率只有玉米皮的7%左右。鉴于二次水解液得率低,纯度又差,故不宜采用。应将一次水解残渣作饲料利用。

第二节 玉米皮生产饲料酵母

随着养殖业的发展,我国配合饲料工业迅速发展。1997年全国配合饲料生产总量5500万t。众所周知,目前配合饲料原料中,最紧缺的是饲料蛋白,特别是动物性蛋白。世界上比较普遍采用的动物性蛋白质是鱼粉,假使1200万t配合饲料添加3%~5%的鱼粉,总需要36万t至60万t。但我国渔业资源有限,鱼粉产量每年只有几万吨,远远满足不了饲料工业发展的需要,近几年,每年要从国外进口鱼粉10万t左右,花费外汇5000万美元~6000万美元。为了扩大动物性蛋白质饲料的来源,除了开发禽畜加工、皮革加工的下脚制取饲料蛋白外,还应开发单细胞蛋白(主要是饲料酵母),以部分代替鱼粉。而如采用玉米皮水解液作饲料酵母,玉米皮水解液中含糖可达5%以上,实现流加法,有利于提高溶液中饲料酵母的得率,从而能降低成本。

玉米皮所含的糖类品种较多,既有六碳糖,又有五碳糖。有些淀粉厂将粉渣制酒精,只能利用其六碳糖,其他糖类无法利用,所以在对各种糖类单离以前,要充分利用所有的糖类,必须找到一个既能利用六碳糖又能利用五碳糖的办法,这就是生产饲料酵母。因为饲料酵母如热带假丝酵母菌,对六碳糖和五碳糖均能代谢。将玉米皮的水解液培养饲料酵母,就能将水解所获得的糖类,转化成饲料酵母,饲料酵母转化率(对糖)约45%,也就是说每吨玉米皮,产糖率50%,最终产饲料酵母可达22.5%。此外,玉米皮从淀粉厂生产车间筛分出来时,含水达80%~90%,可以采取加入稀酸调节固液比的办法,投入水解反应器,进行水解,以获得水解液,作为培养饲料酵母的原料,这种处理方法,简单易行。比起玉米皮

(湿渣)作其他加工利用,原料处理费用要低得多。

一、玉米皮生产饲料酵母工艺

用玉米皮经水解生产饲料酵母的流程如图 13-1 所示。

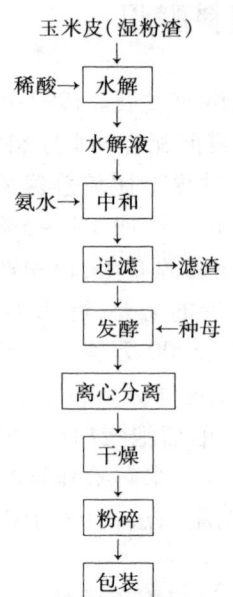

图 13-1 玉米皮生产饲料酵母流程图

（1）玉米皮的水解 玉米皮装入水解反应器,然后按固液比 1:10,加入清水,使水分(包括玉米皮自身含有的水分在内)达到 10 倍于玉米皮的绝干物质。水解用硫酸作催化剂,硫酸的用量是使水解物料中硫酸浓度达到 0.7%~0.8% 为度。一般是先把硫酸加入需补入玉米皮的清水中,配成稀酸溶液,在玉米皮装料完毕时,随即加入稀酸液。然后由水解反应器底部通入蒸汽,使物料翻动均匀,逐渐升温到 125~127℃,水解 2h,使水解完全。

（2）水解液的中和 水解液含有硫酸,可用氨水使之中和。中和是在水解液冷却以后进行。加入氨水中和,使硫酸生成硫酸铵,硫酸铵溶解在中和液中,可以作为下一步发酵的氮源利用。中和剂如没有氨水,也可以用碳酸铵代替,但要注意中和过程产生较多泡沫,防止溢罐。中和终点控制在 pH 5.5 左右。中和完毕,进行过滤,滤出的残渣仍可作为饲料使用。

（3）酵母的繁殖 利用玉米皮水解液培养酵母,需要相应的温度、酸度、培养基浓度等条件,才能顺利繁殖。

饲料酵母生长繁殖的最适宜温度随菌种不同也有所不同,但是一般在 28~30℃ 较合适。在较高的温度时,繁殖速度能加快,但是所得酵母,易于在保存期中自行分解。超过 36℃ 酵母繁殖速度反而减慢。酵母繁殖过程,随着糖类的降解,放出热量,大致每利用1kg糖,要放出5 024kJ热量,因此在酵母繁殖过程,虽有搅拌和通气,能带走一些热量,还需在反应罐中配合冷却系统,以保证酵母在最适的温度下繁殖。

玉米皮水解液经中和,pH在5.5左右,这是大多数酵母菌的适宜pH。除了一些特殊的菌株适合在低pH中繁殖以外,一般的在pH 3时,酵母生长缓慢,细胞蛋白质发生分解,影响酵母质量。当pH大于6时,能促使胶体沉淀,有利于酵母生长,但高pH会使酵母色泽变深,繁殖过程泡沫增加。现在已有适合于pH 3繁殖的菌种。

酵母繁殖是好氧代谢过程,不断消耗培养基液体中的溶解氧,并合成新的细胞。只有培养基中有充分的溶解氧,才能加快酵母的繁殖速度。培养基浓度愈高,所含的酵母细胞量大,则所需的氧也愈多。

玉米皮水解液中所含的糖,一般能达5%~7%,这并不是酵母繁殖的最适浓度。根据试验,糖浓度和酵母的转化率成反比,所以一般饲料酵母生产时培养基浓度不超过2%,这时转化率能达45%~50%。也就是每100g糖能转化成45~50g酵母。如果其他条件如溶解氧、营养盐、生物反应器的结构等有所改善,糖浓度可达3%~4%,这样将大大提高饲料酵母的生产强度,从而提高饲料酵母的经济效益。作为玉米淀粉厂,玉米皮水解可在较小的液比下进行,以节约能源,而饲料酵母培养时,必须对水解液稀释,如加入黄浆水的上清液,使水解液的糖浓度适合饲料酵母的生长,并在繁殖过程及时补入较高浓度的水解液。

饲料酵母是在一个发酵罐中进行繁殖,也称生物反应器,有间歇和连续两种方式进行。间歇式生物反应器是在一个容器中,开始先加入部分玉米皮水解中和液(已经预先调整了浓度),接种后,通风发酵,进入旺盛阶段,出现大量泡沫,此时可持续地向生物反应器中补加入玉米皮水解中和液,称为流加,直到达到一定高度为止。再保持一段时间,总时间在 12~20h。连续法是几个生物反应器串联在一起,在繁殖过程,不断地往第一个加入玉米皮水解中和液,又从最末一个不断地排出成熟醪。整个繁殖过程,液面有一层泡沫,约占去生物反应器体积的 1/3。所以要加入消泡剂,常用磺化蓖麻油,也有采用非离子多元醇类表面活性剂。

(4) 酵母的离心和干燥 发酵完毕的成熟醪,含有 0.2%~0.3% 的残糖和 10g/L 的酵母菌体(以干物质计),通过第一级酵母离心机,使酵母浓度浓缩到 7%~9%,分去醪液。得到的酵母浓缩液,约 20%~30% 回到生产过程,作生物反应器的种母用,而 70%~80% 的浓缩酵母液,用水稀释 2~3 倍,进入第二级酵母离心机,进行洗涤和分去洗涤水,提高酵母浓度到 9%~10% 以上。然后可直接通过压滤机,滤去水分,得到压榨酵母,含水分 75% 左右,可作为商品,就近作配合饲料用。如需将酵母送往远处,则应将第二级分离的酵母液进行干燥。小型厂采用滚筒蒸汽干燥法,使水分干燥到 10% 以下即可。滚筒干燥机表面温度在 140℃,酵母液在表面只停留几秒钟。干燥后的酵母从滚筒上刮下,再经粉碎,即可包装出厂。

二、玉米皮生产饲料酵母主要设备

(1) 水解罐 水解罐常用容积为 12~18m^3,为防止稀酸腐蚀,可用钢板衬耐酸砖制作。工作压力 0.2MPa。水解罐呈圆柱形,锥底底部配有快开阀。当水解完毕时,能一次性喷放。

(2) 中和罐 开口式,亦用耐酸砖衬里。配有搅拌器和冷却系统。为防止中和沉淀物堵塞排料管路,出料口安于侧位,底部中心安有排污阀。

(3) 压滤机 压滤机为板框式,有定型生产,常用 10m^2 过滤面积。过滤压力 0.3MPa。材质可选用聚丙烯,工作温度不超过 120℃。

(4) 酵母繁殖罐(发酵罐) 常用酵母繁殖罐是圆桶形,底部配有空气分配器,以提供繁殖过程的溶解氧。有管式、涡轮配气式、桨式旋转分配器等形式,目的在于用最小的功耗,获得最大的溶解氧。近年经研究已在工业上采用低功耗的自吸式和气升式酵母繁殖罐。一般传统繁殖罐每生产1t饲料酵母商品,在发酵过程要消耗1500kW·h电;而自吸式繁殖罐或气升式繁殖罐,每吨饲料酵母发酵过程耗电在700kW·h左右。

(5) 酵母离心机　成熟醪中的酵母浓度低,不能用过滤机过滤。必须用高速离心机利用重力离心作用,使酵母浓度上升。离心机为蝶式圆盘组合,醪液由中心孔进入圆盘间隙,酵母由圆盘下侧表面下流,醪液则因较轻,上升到转筒中央而由上部排出。

(6) 酵母干燥机　常用水平双滚筒干燥机,滚筒中通入蒸汽,浓缩的酵母液在双滚筒接触的上方的水平带孔管流下,滚筒旋转时,浓缩酵母液呈液膜状粘附在滚筒表面,表面温度达到140℃滚筒旋转2/3转,浓缩酵母液即被蒸发干燥至残留水分10%以下。

三、玉米皮生产饲料酵母的主要原材料消耗

(1) 玉米皮(以绝干计)　玉米皮水解产糖按55%~60%计,经中和损失3%~5%,发酵过程酵母转化率45%,离心分离和干燥损失按10%计,最终商品饲料酵母收率22.3%,即每吨饲料酵母耗玉米皮4.45t。

(2) 硫酸　按玉米皮水解过程液比10,硫酸浓度以0.7%计,投入硫酸311kg。即每吨酵母耗硫酸311kg。

(3) 氨水　采用含氨25%的工业氨水为中和剂,使含硫酸0.7%~0.6%的水解液中和到pH 5.5,每吨饲料酵母耗氨水0.5t。

除上述原材料以外,其他材料和通常生产饲料一样,在蒸汽消耗方面,略高于糖蜜原料。预计每吨由玉米皮生产的饲料酵母成本在2500元左右。

四、饲料酵母的营养价值

饲料酵母含有45%~50%的蛋白质,可消化率高,作为蛋白饲料添加到配合饲料中,具有和鱼粉相同的功效。饲料酵母蛋白质含有20多种氨基酸,其中八种生命必需氨基酸全部含有,饲料酵母和鱼粉蛋白质的氨基酸比较如表13-5所示。

表 13-5　饲料酵母和鱼粉蛋白质的氨基酸含量　　　单位:%

氨基酸	水解饲料酵母	鱼粉	氨基酸	水解饲料酵母	鱼粉
色氨酸	1.5	1	苏氨酸	4.2	4.5
赖氨酸	6.8	8.9	缬氨酸	5.1	5.8
蛋氨酸	1.7	2.9	异亮氨酸	4.5	5.5
精氨酸	5.6	6.7	亮氨酸	7.6	8
组氨酸	0.4	2.3	苯丙氨酸	4.2	4.5

从表13-5可见,饲料酵母和鱼粉蛋白质的氨基酸含量十分相近。饲料酵母的营养价值,还在于饲料酵母含有极丰富的B族维生素,其含量比鱼粉、肉粉含量还高。

饲料酵母中的蛋氨酸略低于鱼粉,但可因含有胆碱而得到补偿。胆碱能在活体内调节脂肪的代谢,使脂肪转化成能溶于血中的卵磷脂,再输送到体内各组织。这对促进禽畜生长极为有利。

酵母中还含有各种酶和激素,能促进动物的新陈代谢,提高幼畜幼禽的抗病能力。配合饲料中添加饲料酵母,能提高饲料的吸收利用率。除了熟知的猪、鸡饲料中可以添加饲料酵母以外,水产养殖中配合饲料加入饲料酵母,更为有效。例如鱼饵料中可加饲料酵母3%~5%,对虾饵料中可加入4%~5%。各种配合饲料中加入饲料酵母,能加快动物增长速度,减少饲料消耗。但应注意,饲料酵母的添加量应是饲料中各种蛋白质总量的25%,或是饲料总重量的5%,其中幼畜幼禽可适当采用,过多地使用对生长也没有多大好处。

第三节 玉米皮生产膳食纤维

膳食纤维亦称食物纤维,作为一种特殊营养食品的添加剂,随着经济的发展和科学知识的普及,人们对此十分关心。膳食纤维能降低血清胆固醇、预防高血脂和肥胖症、促进中毒性物质的排除从而减少直肠癌的发生,所以人们把膳食纤维称为"第七营养素"。

膳食纤维一般可分为不溶性纤维和可溶性纤维两类。不溶性纤维主要是细胞壁的构造物,包括纤维素、半纤维素、木质素和原果胶等。可溶性指能溶于水的果胶、植物胶、植物粘胶和海藻多糖等,也包括水溶性的半纤维素糖醛酸。食品工业用的人工合成羧甲基纤维素,也称可溶性纤维。

玉米淀粉厂的玉米皮已经是从谷物中分出来的纤维物质,但玉米皮在未经生物、化学、物理加工前,难以显示其纤维成分的生理活性。必须要使玉米皮中的淀粉、蛋白质、脂肪通过分离手段除去,获得较纯的玉米质纤维,才能成为膳食纤维,用作高纤维食品的添加剂。此外,如不经分离提纯,不仅缺乏生理活性,而且会使食品的口感变坏。研究证明,玉米纤维的活性部分,主要是半纤维素,特别是可溶性部分。将这一部分作为食品添加剂,其口感要比不溶性部分好。

玉米皮经酶法脱淀粉和蛋白质,再经纤维素酶、木聚糖酶复合处理,能显著提高玉米皮膳食纤维溶胀性至183%,持水性至5.16mL/g,持油性2.67g/g。前后成分变化如表13-6所示。

表13-6 玉米皮与所制的膳食纤维的成分变化 单位:%

比较项	总纤维	不溶性纤维	可溶性纤维	蛋白质	淀粉	脂肪	水分	灰分
原料玉米皮	65.38	65.68	0.58	10.32	17.57	2.65	8	0.69
膳食纤维	88.03	88.18	1	4.07	0.95	2.17	10.23	2.3

1. 玉米皮制膳食纤维工艺

玉米深加工国家工程研究中心用玉米皮制取玉米膳食纤维的

情况简介如下:

以玉米的外种皮为原料,为增加外种皮的表面积,以便更有效地除去不需要的可溶性物质(如蛋白质),可用锤片粉碎机将原料粉碎至大小以全部通过 30~60 目筛。之后加入 20℃ 左右的水使固形物含量保持在 2%~10% 之间,搅打咸水浆并保持 6~8min,以使蛋白质和某些糖类溶解,但时间不宜太长,以免果胶类物质和部分水溶性半纤维素溶解损失掉。浆液的 pH 保持在中性或偏酸性,pH 过高易使之褐变,色泽加深。

将上述处理液通过带筛板(325 目)振动器进行过滤,滤饼重新分散于 25℃、pH 为 6.5 的水中,固形物浓度保持在 10% 以内,通入 100mg/kg 的过氧化氢进行漂白,25min 后经离心机或再次过滤得白色的湿滤饼,干燥至含水 8% 左右,用高速粉碎机使物料全部通过 100 目筛为止,即得天然玉米纤维添加剂。整个过程纤维的最终得率为 70%。

2. 玉米皮制膳食纤维冰淇淋

沈阳师范大学朱晶、李润国等研发了玉米皮膳食纤维冰淇淋。

玉米皮经预处理,生成玉米皮膳食纤维,加上主要辅料奶粉、白砂糖、棕榈油、食用明胶、羧甲基纤维素钠(CMC – Na)、食用淀粉、单甘酯、蔗糖酯等。

玉米皮的预处理:将原料玉米皮加碱使 pH 为 12,浸泡 1h 以除去蛋白,加酸中和。再加酸使 pH 为 2,升温至 60℃ 浸泡 2h,使淀粉水解,再洗至中性。加 5% 的 H_2O_2,在 55℃ 下脱色,过滤后烘干粉碎即可备用。

玉米皮冰淇淋的生产工艺如图 13 – 2 所示。

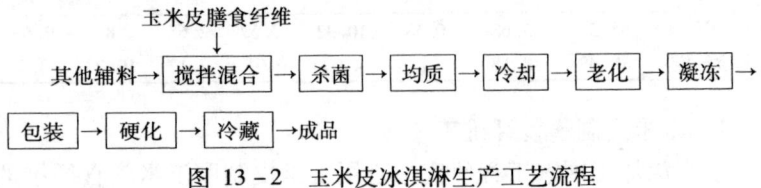

图 13 – 2 玉米皮冰淇淋生产工艺流程

冰淇淋的基本配方如下：白砂糖12%,环己基氨基磺酸钠0.02%,棕榈油4%,奶粉8%,明胶0.3%,CMC-Na 0.2%,单甘酯0.3%,蔗糖酯0.2%,淀粉5%,玉米香精0.04%。

由实验可知,玉米皮的添加量为8%～10%时其效果较好,特别是组织结构以添加量为8%时最好。

3. 日本玉米皮膳食纤维食品

日本用酶制剂酶解除去玉米皮中淀粉、脂肪、蛋白质,精制后玉米纤维中半纤维素含量达60%～80%。将这种食物纤维制成饼干,含量在2%时,口感好。动物试验表明,对抑制血清胆固醇上升有明显效果。

上述玉米膳食纤维具有多孔性,吸水性好,添加到豆酱、豆腐、肉类制品中能保鲜并防止水的渗出;用于粉状制品(汤料)可作载体;用于饼干中可使生面团易于成型。

日本的玉米纤维食品配方如下。

(1) 面包配方

小麦粉	70 份	酵母粉	2 份
酵母激活剂	0.1 份		

加入39份水作为发酵种面。

小麦粉	20 份	玉米纤维	17 份
食盐	2 份	白糖	5 份
起酥剂	4 份		

(2) 乳清饮料配方

浓缩乳清蛋白	3.8%	果胶	0.3%
白糖	6%	柠檬酸	0.65%
柠檬酸钠	0.55%	浓缩果汁	15%
膳食纤维	5%	香料适量	

加水成100%。

(3) 冰棍配方

柠檬酸钠	0.2%	增稠剂(胶料)	0.6%

果葡糖浆	39%	50%柠檬酸液	0.6%
磷酸氢钙	0.08%	膳食纤维	5%

加水和果汁成100%。

4. 美国玉米皮膳食纤维食品

美国玉米制品公司生产一种食物纤维含量高达90%的玉米麸皮制品,可作为面包、饼干、点心、早餐谷物的添加剂,产品为高纤维、低脂、低植酸食品,没有令人厌恶的风味。美国营养食品公司生产的玉米、黑麦、麦芽复合谷物纤维总纤维含量达62%,制成的面包、点心、焙烤食品,外表色泽金黄,具有天然果仁风味。

第十四章 玉米蛋白及其利用

玉米子粒的蛋白质约10%,其中胚芽中含20%,胚乳中含76%。玉米的蛋白质可分为4种,即白蛋白、球蛋白、醇溶蛋白、谷蛋白。根据其溶解度的不同,可分别从玉米中分离出来。首先用水浸提,溶出的是白蛋白,再用盐水浸提,溶出的是球蛋白,再用70%的酒精浸提,溶出的是醇溶蛋白,最后用稀碱浸提,得到的是谷蛋白。

在湿法玉米淀粉的加工过程中,玉米中所含蛋白质分别存在于3种副产品中。

(1) 水溶性的蛋白质 在第一工序浸泡过程,进入了浸泡液,浸泡液浓缩后,得到商品玉米浆,是用于抗菌素生产的营养源。玉米浆的干物质,约为玉米总重的6.5%~7%,其中除了可溶性蛋白质以外,还有在浸泡过程中溶出的其他可溶物,如糖分、灰分、乳酸等物质,一般玉米浆的干物质浓度为70%左右,其中蛋白质44%~45%,灰分15%,植酸3%,糖分3%。

(2) 胚芽饼 经分离出的胚芽榨油后,获得胚芽饼,胚芽一般亦为玉米子粒的10%左右,但在玉米湿法加工中,从胚芽分离器中获得的干胚芽,为玉米质量的7%~8%。干胚芽经榨油后,其胚芽饼含蛋白质25%。胚芽饼蛋白质是玉米蛋白中生物学价值最高的蛋白质,目前也主要用作饲料。国外有研究利用低温浸出胚芽的胚芽粕,制取玉米胚芽蛋白乳饮料。

(3) 玉米蛋白粉 从淀粉胚乳分离蛋白质时得到的黄浆水经过滤得到不溶于水的蛋白粉,俗称黄粉子。玉米蛋白粉含蛋白质60%以上,有的达到70%,其余是20%的淀粉和约13%的纤维。玉米蛋白粉中所含的蛋白质主要是醇溶蛋白。本章将着重讨论从胚乳中分离的玉米蛋白。

第一节　玉米蛋白的性质

玉米醇溶蛋白占玉米蛋白质的40%,水解后含有较多的谷氨酸和亮氨酸,但缺少色氨酸和亮氨酸。水解玉米醇溶蛋白所得氨基酸的构成如表14-1所示。

表 14-1　水解玉米醇溶蛋白所得氨基酸构成　单位:%

氨基酸	含量	氨基酸	含量
蛋氨酸	2.35	谷氨酸	31.3
丙氨酸	9.8	羟基谷氨酸	2.5
缬氨酸	1.9	组氨酸	0.77
亮氨酸	25	精氨酸	1.60
脯氨酸	9	丝氨酸	1
羟基脯氨酸	0.8	色氨酸	0.17
苯丙氨酸	7.6	氨	3.64
天门冬氨酸	1.8	总计	106.07

注:玉米醇溶蛋白的等电点在 pH 5.6~6.4 之间。

玉米谷蛋白占玉米蛋白质的40%,它的水解产物和醇溶蛋白不同,其构成如表14-2所示。

表 14-2　玉米谷蛋白水解产物构成　单位:%

氨基酸	含量	氨基酸	含量
甘氨酸	0.2	亮氨酸	6.2
脯氨酸	5	苯丙氨酸	1.7
天门冬氨酸	0.6	谷氨酸	12.7
酪氨酸	3.8	赖氨酸	2.9
组氨酸	3	精氨酸	7.1
色氨酸	4	氨	2.1

注:谷蛋白的等电点在 pH 6.45。

醇溶蛋白在玉米中含量约4%,是谷物类所共有的一种蛋白质。其特点是不溶于水,而溶于醇类水溶液,如70%~80%的酒精,也溶于十二烷基硫酸钠水溶液。醇溶蛋白分为α-玉米醇溶蛋白和β-玉米醇溶蛋白两种。α-玉米醇溶蛋白能溶于95%的酒精,占醇溶蛋白的80%,其余的为β-玉米醇溶蛋白,能溶于60%的酒精,但不溶于95%的酒精。玉米醇溶蛋白是不均匀的,平均相对分子质量为44000。玉米醇溶蛋白的一部分是由二硫键连接起来,将二硫键还原,相对分子质量便减少。电泳法证明,β-玉米醇溶蛋白的二硫键断裂后,即成为α-玉米醇溶蛋白,其相对分子质量约为21000。实验证明,玉米醇溶蛋白的分子形状是棒形,分子轴比为25:1至15:1,这是它易于形成薄膜的原因。

谷蛋白也是玉米中的主要蛋白质,约占4%,主要是由二硫键连接起来的各种不同多肽所组成的高分子化合物。能溶于稀碱液,不溶于水也不溶于盐和醇溶液。

白蛋白、球蛋白是生物学价值较高的蛋白质,但在玉米中含量极少,不到2%。主要分布在玉米胚芽中。

第二节　醇溶蛋白的生产

在玉米湿法加工生产淀粉的企业,可以从淀粉乳中分离出对玉米5%~6%的玉米蛋白粉。这种玉米蛋白粉,含蛋白质达60%,但因其缺少赖氨酸、色氨酸等人体必需氨基酸,所以其生物学价值低,过去均作低价值饲料蛋白出售。因此研究利用玉米蛋白粉中所含的醇溶蛋白,开发醇溶蛋白的新用途,得到国内外研究人员的注意。据日本报道,用60%的酒精100mL可溶入30g的玉米醇溶蛋白,这种醇溶蛋白具有很强的耐水性、耐热性和耐脂性。在食品工业中,醇溶蛋白可以作为被膜剂,即以喷雾方式在食品表面形成一个涂层,可防潮、防氧化,从而延长食品货架期。喷在水果上,还能增加光泽。据说以90%的乙醇萃取液,可直接用于食品工业。此外,还能用于药物的长效囊膜。现在日本、美国、英国均有玉米醇溶蛋白生产,每千克价格约17.6美元。

制取醇溶蛋白有两条工艺路线:一种方法是先用烯烃除去玉米蛋白粉中所含的脂肪和部分色素,然后用醇类萃取、分离、精制;另一种方法是直接用异丙醇萃取,亦称一步法。

现将一步法制取醇溶蛋白的方法介绍如下:将玉米淀粉生产的副产品玉米蛋白粉,用4倍体积的热异丙醇溶液(浓度86%),混合搅拌以溶出蛋白质。用离心机分离掉不溶性残渣,回收浸出液,其醇溶蛋白浓度为6%。以50%浓度的NaOH,处理浸出液,使pH达11.5,在70℃保持30min,防止凝胶。冷却后用盐酸调节pH至5.6,过滤,用同体积的己烷和滤液混合,分成两层,上层为己烷层,含有溶入的油脂、胡萝卜素等,下层为50%异丙醇层,含醇溶蛋白25.0%,泵入迅速冷却的10℃的水中,醇溶蛋白沉淀,过滤,用冷水洗涤,经喷雾干燥得玉米醇溶蛋白。

为了简化工艺,省去己烷处理,只用异丙醇溶剂处理。其方法如下:88%的异丙醇水溶液,含有0.25%的氢氧化钠,于60℃浸提玉米蛋白粉,用离心机分离掉残渣,澄清的浸出液冷却到-15℃,醇溶蛋白沉淀于底部,将上层清液分去,得到含30%的醇溶蛋白,在真空下干燥,得到产品为玉米蛋白粉的20%~24%。此法获得的醇溶蛋白,含有3%~4%的油脂,可用醇水溶液重新沉淀,使油脂含量降至1%~2%。这种醇溶蛋白易溶于90%的酒精中,当容易挥发的酒精挥发后,就生成透明光亮的高强度的薄膜。这种薄膜耐油,对微生物也有抵抗力。为了提高醇溶蛋白的韧性,可在醇溶蛋白中加入能溶于乙醇的增塑剂,如高级二醇及甘油酯等。利用玉米醇溶蛋白的成膜性质,国外将它大量用于医药的片剂生产,即将90%酒精的玉米蛋白溶液喷于药片上作保护层,要比用糖衣保护节约人力。日本昭和产业公司从玉米中提取的醇溶蛋白称为醇溶谷蛋白,每100g 60%的酒精溶液可溶30g醇溶谷蛋白。这种醇溶谷蛋白具有很强的耐水性、耐热性、耐油性。能喷涂在食品表面,作为可食用的防湿防氧化膜,从而延长食品的保鲜时间。在水果保鲜方面也有一定功效。

第三节 玉米蛋白粉制取谷氨酸

玉米蛋白粉的蛋白质含量,根据加工工艺的不同,为50%~70%。目前玉米蛋白粉大部分作为饲料。由于玉米蛋白的氨基酸构成中,谷氨酸含量较高,所以玉米蛋白可以是谷氨酸的原料或是生产酱油的原料。

在各种不同原料的蛋白质中,以小麦面筋的谷氨酸含量最高,达35%,而大豆蛋白质的谷氨酸只有18%。玉米蛋白质的谷氨酸居中,为26.9%。

谷氨酸和其他氨基酸一样,是典型的两性化合物,分子中既有羧基,也有氨基。在一定条件下,可离解成带正电荷的阳离子或带负电荷的阴离子。

$$R-CH\begin{matrix}COOH\\NH_2^+\end{matrix} \underset{+H^+}{\overset{-H^+}{\rightleftharpoons}} R-CH\begin{matrix}COO^-\\NH_3^+\end{matrix} \underset{+H^+}{\overset{-H^+}{\rightleftharpoons}} R-CH\begin{matrix}COO^-\\NH_2\end{matrix}$$

$$pH < pI \qquad\qquad pH < pI \qquad\qquad pH < pI$$

当溶液的 pH 小于某种氨基酸的等电点(pI),该氨基酸的净电荷为正,反之为负。玉米蛋白经盐酸水解后,生成混合氨基酸溶液,使通过强酸性阳离子交换树脂,使氨基酸吸附在树脂上,然后用氨水为洗脱剂,利用不同氨基酸对阳离子交换树脂的不同亲和力,将其先后洗脱下来。先洗下来的是酸性液,中间是中性液,最后是碱性液。把 pH 4.5 以下的含有酸性氨基酸的洗脱液用阴离子交换树脂处理,进一步分离就能得到纯 L – 谷氨酸。具体制备方法如下:

(1) 玉米蛋白粉的水解　取含蛋白质60%的玉米蛋白粉,以液比3∶1 加入水和6mol/L 的盐酸,于108℃常压水解24h,获得蛋白水解液。

(2) 脱色　由于水解液尚有残渣,色深。须先经过滤,除渣。滤液加入 3% 的活性炭于 70~80℃ 脱色 0.5h,然后过滤,得脱色液。加入一定量的水稀释至 6Bé。

(3) 交换　脱色液先经过阳离子交换树脂,氨基酸被吸附,用蒸馏水洗涤树脂中的氯离子及杂质,后用 0.2mol/L 的氨水洗脱,收集 pH 4.5 以下的洗脱液。

将阳柱洗脱液通过阴离子交换树脂,用蒸馏水洗涤树脂中氨离子至中性,然后用 0.05mol/L 盐酸液洗脱,分别收集洗脱液,可得到主要成分为谷氨酸的组分。

(4) 精制　谷氨酸洗脱液经真空浓缩至有结晶析出,缓冷放置一夜,即结晶完全,经分离得到谷氨酸结晶。

在阳柱的洗脱液中 pH 5~8 部分,可分离提取亮氨酸;在阴柱洗脱液中 pH 2.5 以下部分,可分离天门冬氨酸。

鉴于醇溶蛋白水解物中不仅含有较多的谷氨酸,而且还富含亮氨酸,亮氨酸是必需氨基酸,在医药和临床方面有重要用途。所以从玉米醇溶蛋白中分离亮氨酸,也是十分有价值的工作。

从玉米醇溶蛋白中分离亮氨酸主要步骤:将玉米蛋白水解液中和脱色以后,在不同 pH 的条件下,先分离其他氨基酸,然后浓缩,使生成结晶,由于食盐和亮氨酸易于结晶,而谷氨酸尚溶于浓缩物中,使亮氨酸和谷氨酸分开,然后将食盐和亮氨酸的结晶混合物用盐酸醇化、加热,滤除食盐结晶,滤液为亮氨酸盐酸溶液,再经沉淀提纯分离结晶得到亮氨酸,其得率达玉米蛋白的 10%。

第四节　玉米蛋白粉制取食品配料

玉米蛋白粉虽然是从玉米中分离出来,本来很可以作为食品的配料,以提高食品的蛋白质含量,并且玉米蛋白粉具有鲜艳的黄色,还可以改善食品的色泽。但是玉米蛋白粉有一种不愉快的风味,所以不被食品工业所采用。为此在决定采用玉米蛋白粉作食品添加配料时,一定要先对玉米蛋白粉作脱臭处理。

一般脱臭处理指的是用溶剂处理,只要不使蛋白质溶解,而使油脂及异味去除。常用的溶剂主要有醋酸乙酯或醋酸乙酯和水 (93.9∶1)的二元溶剂,在 70~72℃,液比 8∶1,萃取 0.5~1h,然后将剩余物用热水洗涤,热水用量为 10 倍,洗涤完毕,用真空低温干燥,便能得到安全脱除异味能用于食品配料的玉米蛋白粉。

这种精制过的玉米蛋白粉,吉林省做过不少食品配料的试验,经品评,口感良好,产品质量符合卫生要求。例如:以玉米蛋白粉,配以奶粉、砂糖、淀粉,经巴氏灭菌、均质、冷却、老化、硬化制成冰淇淋,色泽鲜黄,口味良好并降低产品成本。又如将玉米蛋白粉代替 5% 的淀粉加到香肠中,风味良好,弹性及保水性达到原有产品的水平。

考虑到玉米蛋白粉为非全价蛋白,用作食品的蛋白源配料,可以和大豆粉复配,使氨基酸互补。例如用 37% 的玉米蛋白粉和 63% 的大豆粉的混合物,由于大豆中含硫氨基酸相对要少,而玉米蛋白粉中赖氨酸、色氨酸较少,两者配合,其氨基酸构成能和国际粮食和卫生组织推荐的合理氨基酸构成相近,其对比见表 14-3。

表 14-3　　玉米蛋白粉配合大豆粉的氨基酸组成　　单位:mg/100mL

	赖氨酸	色氨酸	蛋胱氨酸	缬氨酸	亮氨酸	异亮氨酸	苯丙氨酸	苏氨酸
国际标准	55	10	35	50	70	40	60	40
玉米蛋白粉配大豆粉	54.69	13.23	34.97	53.26	64.37	53.23	64.66	42.99

除了玉米蛋白粉脱除异味后用于食品配料以外,还可以作蛋白源代替大豆发酵制酱和酱油。例如:以玉米蛋白粉代替部分大豆,再加玉米面、麸皮、盐等。经过混合,在蒸煮锅上煮 30min,待冷却至 40℃时,接种米曲霉,接种量为 0.3%~0.4%,在 32~34℃

保温培养,36h 后出曲。曲放在发酵罐,加盐水,发酵 3d 后,温度控制 45~50℃,14~15d,发酵结束,磨酱得成品。经检测,产品食盐 18%~25%,总酸 0.7%~0.8%,还原糖 4.3%~4.4%,水分 44%~52%,符合国家规定的指标。

第五节 玉米蛋白粉制取可食包装膜

玉米醇溶蛋白独特的氨基酸组成,分子形状是棒形,分子轴比为 15:1~25:1,因而具有较好的成膜性和独特的肠溶性,但单纯的玉米醇溶蛋白膜,其强度、拉伸、隔水、阻氧等性能不理想,需用可食品添加剂改性,才能获得性能良好的玉米醇溶蛋白复合膜。

华中农业大学食品科学技术学院何慧等对玉米粉中醇溶蛋白的提取条件以及玉米醇溶蛋白成膜技术进行了研究。有以下结论。

(1) 玉米醇溶蛋白的最佳提取工艺条件 以 80% 的乙醇为溶剂,温度 50℃、料液比 1:13、pH 7、时间 1h。

(2) 玉米醇溶蛋白成膜溶液的配制 在上述最佳提取条件下提取醇溶蛋白的乙醇溶液中再加入一定量的事先提取的醇溶蛋白固体样,使醇溶蛋白总量与乙醇溶液之比控制在 1:10(g/mL)。

(3) 最佳成膜配方 醇溶蛋白总量与 80% 乙醇溶液之比为 1:10(8/mL),油酸 0.2mL,虫胶 0.3g。

(4) 成膜温度 成膜温度宜大于 70℃,温度太低时成膜不均匀、膜易起皱、性能不理想。

当玉米醇溶蛋白成膜液涂布以后,随着乙醇的挥发、干燥,使得膜液中蛋白质浓度增大。浓度超过一定值时,蛋白质凝聚,形成薄膜。因此,玉米醇溶蛋白成膜,除了受溶剂浓度、用量等因素影响外,还受成膜条件的影响。

山东高密康利公司用玉米醇溶蛋白和酒精生产的 KL-1 型果蔬保鲜剂,常温下成膜速度快,省工省时,食用安全无毒,能同时杀灭果蔬表面细菌。在四川进行的柑橘保鲜表明,每吨使用 KL-1型果蔬保鲜剂,按玉米醇溶蛋白计仅500g,能代替美国进口的果蜡。果实表面透明、有光泽,涂膜对果实有良好的保水性和抑菌性。

第六节 玉米蛋白粉制取玉米黄色素

玉米蛋白粉俗称黄粉子,呈鲜艳的黄色,所以可以加入糕点等起着色作用。但不能使用在油类液态食品的着色,因玉米蛋白粉主要含有的是蛋白质和淀粉,只有把玉米蛋白粉中的黄着色剂分离出来,才能成为一种商品色素,应用于食品加工。玉米蛋白粉中含有的黄着色剂经分离出来后,称玉米黄,这是我国《食品添加剂使用卫生标准》(GB2760—1996)规定使用的一种黄着色剂,标准规定可用于人造黄油、人造奶油、糖果等,最大使用量为5g/kg。

玉米黄是3,3′-二羟基-β-胡萝卜素,分子式为$C_{40}H_{56}O_2$。其次是隐黄素,3-羟基-β-胡萝卜素,分子式为$C_{40}H_{56}O$。

玉米黄的提取工艺一般是溶剂法,因为玉米黄是油溶性色素,从玉米蛋白粉中分离玉米黄,选用油脂的溶剂,即可将玉米蛋白粉中的玉米黄和油脂萃取出来,获得浆状玉米黄产品。常用的溶剂有正己烷、醋酸乙酯、酒精等。其提取工艺流程如图14-1所示。

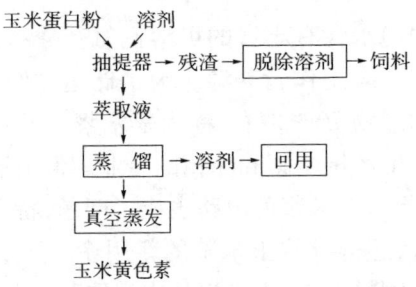

图14-1 玉米黄色素提取工艺流程

提取技术应该注意的问题是玉米蛋白粉的水分不能高于10%,过高的水分,容易影响萃取效果;萃取可以在室温或在60~70℃时进行,温度高时,萃取效果好,但考虑到萃取设备的气密性,溶剂易挥发等安全性,宜在低温下操作;萃取时间,应在1h左右(指浸泡时间),为了提高得率,应反复萃取几次,一般到4次,比较经济。玉米蛋白粉经萃取完毕,集中萃取液,经蒸馏脱除溶剂,蒸发浓缩,便得成品,得率约为玉米蛋白粉的6%。按照食品添加剂的国家标准,产品应符合表14-4所示指标。

表 14-4　　　　　玉米黄色素质量指标

指　标	要　求
$E_{1cm}^{1\%}$ (441nm)	≥0.58
灼烧残渣含量/%	≤0.01
砷含量/%	≤0.0002
铅含量/%	≤0.0005
溶剂(正己烷)残留含量/%	≤0.005
外　观	10℃以上为血红色油状液体,10℃以下为橘黄色半凝固油状物

第七节　玉米浸泡水的利用

由于玉米浸泡水含有丰富的可溶性氨基酸和各种生物素,所以被发酵工业广泛应用作营养源。为了储运方便,必须将玉米浸泡水浓缩至含固形物70%左右,称为玉米浆。玉米浆在国内比较大的使用单位是生产抗生素和味精的企业。但由于近年玉米淀粉生产增长较快,所以玉米浆的出路也成了问题,特别是玉米淀粉厂比较集中的产区,还得寻找玉米浆的新用途。除了直接浓缩后掺入玉米纤维蛋白饲料以外,也可以从中提取菲汀和饲料蛋白。

目前各玉米淀粉厂出产的玉米浆,一般外观呈暗棕色膏状,含固形物70%左右,蛋白质40%左右。经分析,其氨基酸的含量如表14-5所示。

表14-5　玉米浆的氨基酸含量

氨基酸	含量/(mg/100mg 干物质)	氨基酸	含量/(mg/100mg 干物质)
天门冬氨酸	2.95	亮氨酸	2.97
苏氨酸	1.67	酪氨酸	1.19
丝氨酸	1.71	苯丙氨酸	1
谷氨酸	5.35	赖氨酸	1.61
甘氨酸	2.88	组氨酸	1.34
丙氨酸	2.86	精氨酸	2.62
胱氨酸	0.39	色氨酸	0.15
缬氨酸	2.15	脯氨酸	2.92
蛋氨酸	0.84	合　计	36.2
异亮氨酸	1.07		

一、制取沉淀蛋白饲料粉

浸泡水在浓缩以前,固形物含量很低,大厂能到6%以上,小厂只有4%~5%。在没有找到玉米浆的出路以前,很多小厂均将玉米浸泡水直接排放了。不仅浪费了资源,而且造成了环境污染。原轻工业部环境保护研究所提供了小型玉米淀粉厂浸泡水回收蛋白饲料粉的方法,其工艺流程如图14-2所示。

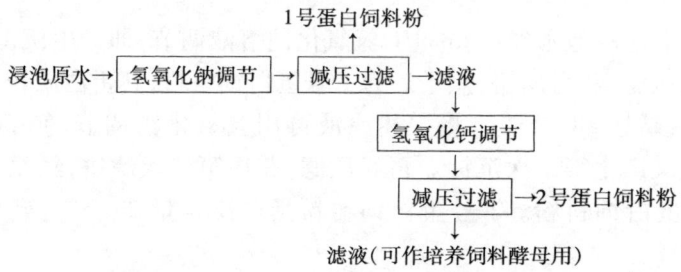

图14-2　浸泡水回收蛋白饲料粉的工艺流程

如表 14-6 所示,浸泡水主要含有蛋白质占 45%,其次为矿物质占 20%,再次为乳酸占 18%。

表 14-6　　　　　　玉米浸泡水的成分

项　目	含量/(mg/mL)	干基质量分数/%
固形物	40~50	
悬浮固体	<5	<10
可溶固体	>35	>80
灰分	11~12	20
磷	4~4.5	8
钾	2~2.5	4
钙	0.3~0.4	0.7
镁	1~1.5	2.5
总酸	8~13	20
乳酸	7~12	18
挥发酸	1~1.1	2
蛋白质	16~30	45
氨基酸	8~12	20
总糖	6~8	12
还原糖	5~7	10
维生素	0.7~1	2

上述浸泡水经用 6mol/L 氢氧化钠溶液调节,即产生沉淀,然后经压滤,获得滤饼,烘干后为 1 号蛋白饲料粉,其蛋白质含量达 41%,磷达 28.75%。将上述滤液再用氢氧化钙调节,使 pH 达 8.4,又产生第二次沉淀。再经压滤,获得第二次滤饼,经烘干为 2 号蛋白饲料粉。2 号蛋白饲料粉蛋白质含量 23.6%,磷含量 45.3%。

浸泡水中各种成分通过两次沉淀,其提取率如表 14-7 所示。

表 14-7　　　　　　各种成分的提取率　　　　　　单位：%

成分	氢氧化钠调节	氢氧化钙调节
固形物	25	40
灰分	25	30
蛋白质	25	40
总糖	0	10
乳酸	30	50

所得两种沉淀干燥的蛋白饲料粉,其成分如表 14-8 所示。

表 14-8　　　　　两种蛋白饲料粉的成分　　　　　　单位：%

成分	1号粉	2号粉	成分	1号粉	2号粉
固形物	88.2	87.8	磷	28.75	45.3
灰分	42.7	53.1	其他	16	23
蛋白质	41.2	23.6			

浸泡水通过上述处理,不仅获得了含有蛋白质和磷的良好饲料原料,同时使排放水的污染负荷(COD)去除70%以上。

根据测算,按每吨玉米产生 $0.8m^3$ 的浸泡水计,用上述工艺可以获得含蛋白质40%的1号蛋白饲料粉8.8kg,含蛋白质20%的2号蛋白饲料粉6.4kg。由于肌醇六磷酸钙镁(即菲汀)在上述处理过程也沉淀析出,所以2号蛋白饲料粉也是提取菲汀的原料。根据沉淀粉的氨基酸构成分析(见表 14-9),不仅是优良的饲料配料,蛋白质和矿物质饲料的原料,而且经精制后有可能成为食品添加剂。

表 14-9　　　　　沉淀粉的氨基酸构成　　　　　　单位：mg/100g

氨基酸	1号粉	2号粉	氨基酸	1号粉	2号粉
缬氨酸	54	50	苯丙氨酸+酪氨酸	52	51
亮氨酸	72	79	蛋氨酸+胱氨酸	44	33
异亮氨酸	28	24	赖氨酸	84	61
苏氨酸	38	39			

二、制取玉米皮浸泡水混合饲料

美国饲料研究者对玉米皮和浸泡水混合饲料进行了饲养牛和鸡的试验,说明玉米淀粉厂的玉米皮和浸泡水混合以后,是良好的牛和鸡的饲料。可以直接湿料喂饲,也可干燥以后使用,但湿的效果更好。其配合比例是玉米皮 2/3,浸泡水 1/3。每 100kg 玉米,经淀粉加工,可获得 22kg 玉米皮浸泡液混合饲料,其营养成分如表 14 – 10 所示。

表 14 – 10　玉米皮、浸泡水混合饲料的营养成分　　　单位:%

营养成分	湿料	干料
干物质	43	90
粗蛋白	21	21
粗纤维	8.4	8.4
总可消化营养	87~89	77~78
脂肪	3.6	3.3
灰分	7.2	7.2

试验结果表明,作为奶牛用饲料,不论湿料或干料,其使用量均可占干物质摄入量的 25%~30%,牛奶产量不会下降,所产牛奶的脂肪相对上升,从 2.9 上升到 3.2。对幼奶牛具有更高的日均增重、饲料效益和消化能力。作为鸡饲料,喂饲 100% 或 50% 的玉米皮浸泡液饲料,比只喂玉米的母鸡产蛋期恢复快,重获体重快。

第十五章 玉米胚芽制取玉米油

玉米油有较好的营养价值,国际上把玉米油称为保健油,其价格略高于其他食用油脂。近20多年来,玉米油的产量有较快的增长。玉米油已成为世界上主要食用植物油品种之一。我国玉米产量虽占世界第二,但是我国的玉米油产量很少,主要是我国以玉米为原料的加工工业,对分离出的玉米胚的利用未列上日程,因而大量的玉米胚随着下脚料排出厂外,未能得到合理利用。目前我国淀粉、淀粉糖、酒精、酿酒工业,每年处理2000多万吨玉米,但能回收玉米油的不多。目前在部分农村,仍以玉米为主粮,有些地方采用280型粉碎机,将玉米一次粉碎成玉米粉,出粉率虽可达96%,原料得到了充分利用。但由于没有脱除玉米胚,这种玉米粉中含有玉米脂肪,在脂肪酶作用下易于腐败,故口味较差。如能将玉米胚分离后制玉米粉,就能克服这一缺点。总之,玉米加工业分离玉米胚,对提高产品质量,合理利用资源,提高经济效益,有重要的意义。

玉米胚芽位于玉米子粒一侧的下部,其质量虽只有子粒的10%~15%,但是是玉米粒中营养成分最好的部分,是玉米子粒发育生长的起点。玉米胚芽集中了玉米粒中84%的脂肪,83%的无机盐,65%的糖和22%的蛋白质。玉米胚芽的成分随着品种的不同,有较大幅度的变化。大致的范围如表15-1所示。

表15-1　　　　　玉米胚芽的成分　　　　　单位:%

粗蛋白	脂肪	淀粉	灰分	纤维素
17~28	35~56	1.5~5.5	7~16	2.4~5.2

从玉米胚芽的成分可知,除了含有较多的脂肪以外,其次是蛋

白质和灰分。此外玉米胚芽还含有磷脂、谷固醇、肌醇磷酸苷、肽类、糖类。

玉米胚芽中含量最高的是脂肪。整个玉米子粒脂肪的 80% 以上含在玉米胚芽中,所以玉米胚芽含油达 40%～50%,而玉米粒其他部分的脂肪含量很少,如淀粉中只含脂肪 0.6%,蛋白质中只含脂肪 7%,纤维中含脂肪 1%～1.3%。玉米脂肪含有 72.3% 的液体脂肪和 27.7% 的固体脂肪,所以是半干性油。还含有少量的蜡。据研究,这种蜡碘价为 42,皂化值 120,非皂化物 26.4%。

由于玉米胚芽是很好的油源,印度、阿根廷、加拿大、美国等国家均有生产玉米油的传统。在美国,随着湿法玉米淀粉工业的发展,玉米胚芽提取得更多,目前还有若干家玉米酒精厂,也用湿法处理玉米,先脱除胚芽,再用湿淀粉生产酒精。分离胚芽的方法主要是利用胚芽含油比重少于胚乳,同时胚芽易吸水膨胀等特性,胚芽比胚乳有较好的抗粉碎能力。在干法脱胚芽时,先将玉米用蒸汽热湿至含水 18% 左右,再用压轧设备轧碎胚乳,而胚芽保持完整,也有采用其他破碎的方法,然后经分筛把胚芽分出来。采用这种方法,可提出对玉米 4%～8% 的胚芽,除胚芽以后的玉米,再加工玉米粉,既改善了玉米粉的风味、延长玉米粉的保存期,又能获得副产玉米胚芽,用于制取玉米油。这种干法分离玉米胚芽,适合于粮食加工厂、饲料加工厂以及酒精和酿酒原料预处理工序分离玉米胚芽。

第一节 玉米胚芽制油

玉米胚芽和其他油料一样,制油过程也需经过清理、轧胚、蒸胚、压榨等过程。浸出法制油是近代先进的制油法,出油率高,其饼粕的利用效果也好。但是由于玉米胚芽一般是在淀粉厂或其他玉米加工厂分离出来,每万吨玉米最多分离出 700t 玉米胚芽。当这些胚芽制油时,也只有 300 多吨的产品。相对来说是一个规模较小的油料加工,所以玉米胚芽制油大部分采用压榨法制油。除非能集中相当量的玉米胚芽,才适于建立一定规模的浸出法玉米油厂。

玉米胚芽榨油工艺流程如图 15-1 所示。

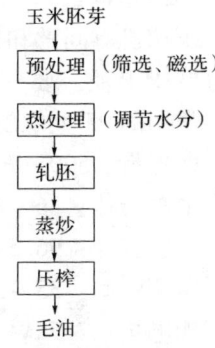

图 15-1 玉米胚芽榨油工艺流程图

（一）预处理

进入制油车间的玉米胚芽有干法或湿法分离的玉米胚芽。干法玉米胚芽虽然能达到玉米质量的4%~8%,但由于干法分离效果差,含杂较多,夹带着很多淀粉和玉米皮。应在榨油前用筛分法尽可能地将夹杂物去除。干法玉米胚芽因有时分离不善,甚至无法应用于制油。湿法分离的玉米胚芽纯度较高,所以出油率也较高。影响出油率的最大杂质因素是淀粉。分离胚芽过程如淀粉分不净,它不仅减少了商品淀粉的收率,而且还因夹带在胚芽中的淀粉在蒸炒过程会糊化,减少了压榨过程油脂流出的流油面积,堵塞了油路;淀粉本身当然也会吸收一部分油脂从而影响玉米胚芽的出油率。此外,在玉米胚芽进入榨油机以前,还应进行磁选处理,以除去磁性金属碎屑,以保护榨油设备。

（二）轧胚

由于玉米胚芽在分离过程吸收了水分,在轧胚以前,必须进行烘烤,以调节水分,降低其韧性。干燥至水分10%以下,才能进行轧胚。轧胚是为了使胚芽破碎,使胚芽的部分细胞壁破坏,蛋白质变性,以利于出油。一般可采用$\phi 200 \times 370$型轧胚机,每小时处理400kg。

（三）热处理

热处理亦称蒸炒。所有热处理的目的是为了破坏细胞壁,使蛋白质充分变性和凝固,同时使油的黏度降低,以及使油滴进一步凝集,以利于油脂从细胞中流出。热处理的效果受水分、温度、加热时间、速度等因素的影响,其中最主要的因素是水分和温度。经热处理的料温在进入压榨机以前,争取达到100℃。

(四) 压榨

压榨机有间歇和连续的两种,现在均采用连续螺旋压榨机,靠压力挤压出油。要获得好的出油率,必须保证压力在69MPa以上。常用的95型螺旋压榨机其主要技术参数如下:

处理量:500~700kg/h

主轴转速:26~28r/min

榨膛直径:96.5~102mm

压榨时间:35~38s

配电机:7.5kW

机重:850kg

干法分离的胚芽,出油率不超过20%,毛油得率占玉米的1%~2%。湿法分离的胚芽出油率40%~45%,对玉米的毛油得率为3%~3.5%。毛油经过沉淀,可作原料油出厂,但不适于食用,作为精炼玉米油的原料。

第二节 玉米油的精炼

玉米油精炼的工艺流程如图15-2所示。

(一) 水化

由于玉米油中含有游离脂肪酸、磷脂结合的蛋白质、黏液质等非甘油酯杂质,以胶体形态存在于玉米油中。这些胶状物质在加热过程会产生泡沫,在碱炼过程会使油脂和碱液乳化,影响玉米油的精炼。所以玉米油在碱炼以前,首先进行水化脱胶处理。水化是在玉米油加热到75~80℃的情况下,加入对油5%~10%的水,加水的同时,必须进行搅拌,并加入适量的食盐,在水化过程,胶体膨

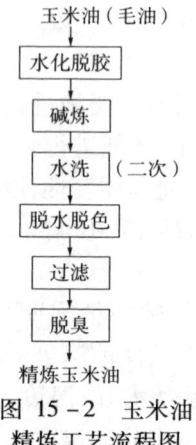

图15-2 玉米油精炼工艺流程图

胀并溶入水中,然后将含有胶体的水和油分离,达到水化脱胶的目的。

(二) 碱炼

玉米油(毛油)往往含有大量的游离脂肪酸,酸价一般在 6 左右,有的高达 10。碱炼过程使游离脂肪酸和碱生成絮状肥皂,并吸附油脂中的杂质,使油脂进一步净化,这对于玉米油下一步的脱色或进行氢化有重要的影响。一般碱炼时采用烧碱,用烧碱脱酸效果好,同时还能提高油脂的色泽。但缺点是会产生少量的皂化。如采用碳酸钠碱炼,能防止中性油脂的皂化,但所得油脂色泽较差。碱炼设备小型厂采用开口式反应罐,碱液用喷淋式加入油脂中,经过碱炼、游离脂肪酸能降至 1% 以下。碱炼过程产生皂脚,沉降于碱炼罐的底部,很容易分离。

(三) 脱色

碱炼以后的玉米油,还要用白土对油脂进行脱色,白土具有吸附作用,脱色过程除吸附色素以外,也能使油脂中少量的皂角等胶体物质除去。脱色工艺一般要求在 70~80℃ 加入白土,然后升温到 110~120℃,脱色 10~20min,白土用量对油脂为 3%~5%。脱色过程也是微量水的脱除过程,因此脱色是在真空下进行。脱色过程的温度适当提高,能提高脱色的效果,但过高的温度,会使油脂酸价上升。所以应按照实际情况,选择最适的操作温度和脱色时间,并取得最好的脱色效果。

玉米油中含有少量的蜡,会影响透明度,为此在脱色以后,有时还需进行冬化,即将脱色油冷却,使蜡结晶析出,然后将其滤除,称为冬化处理,但不是所有的玉米油均必须进行冬化处理。

(四) 脱臭

玉米油经过脱胶、碱炼、脱色以后,游离脂肪酸、磷脂、蛋白质、黏质液、色素等大部分均除去,外观黄色透明,但是还保留一种玉米胚芽油特有的异味,主要是一些帖烯、醛酮等可挥发物质。因而玉米油不经脱臭处理,风味口感较差,即使有较好的营养价值,也不受消费者的欢迎。为此对玉米油的精炼中,脱臭是必不可少的。

为了有效地脱除玉米油中的异味,可采用高温、高真空、蒸汽汽提的办法,一般在温度180℃,真空度100kPa,能达到比较理想的效果。

玉米油经过水化、碱炼、脱色、脱臭精炼过程,获得精炼玉米油。精炼损耗率10%左右。精炼玉米油的质量达到:

外观:浅黄、清亮、透明

色度(罗维朗红):最大3

游离脂肪酸: 0.25%以下

烟点:230~240℃

第三节 玉米油的营养功能和发展前景

(一)玉米油的营养功能

玉米油虽然不是食用油中的大宗产品,但它是食用油中不饱和脂肪酸和维生素 E 含量最高的品种,所以国际上把玉米油称作营养保健油。

玉米油和各常用植物油主要脂肪酸组成如表15-2所示。

表 15-2　玉米油和各常用植物油的主要脂肪酸组成　　单位:%

植物油	棕榈酸 16:0	硬脂酸 18:0	油酸 18:1	亚油酸 18:2	亚麻油酸 18:3	花生酸 20:0
向日葵油	3~8	2~5	15~35	50~75	0~1	—
大豆油	5~12	2~7	20~35	50~57	3~8	0~1
玉米油	7~13	1.7	25~45	50~60	0~3	0~1
花生油	6~13	2~7	35~70	20~40	0~1	1~5
棉子油	20~30	1~5	15~30	40~52	—	0~1
棕榈油	35~48	3~7	37~50	7~11		

注:"—"表示"未知"。

从表15-2可以看出,玉米油是食用油中,亚油酸和亚麻油酸占总脂肪酸含量的50%以上的品种。由于亚油酸是机体生命活动所必须,它是细胞的重要构成物质,特别对细胞膜、线粒体功能的影响;亚油酸也是脂类和胆固醇的代谢的重要因素等。但人类自身不能合成这些不饱和脂肪酸,因此称作必须脂肪酸。值得我们注意的是,玉米油虽然含有大量不饱和脂肪酸,但其稳定性确相当好,不像其他含不饱和脂肪酸高的食用油容易被氧化。这是因为玉米油含有高的维生素E,具有良好的抗氧化作用。现将不同油的维生素E的含量对比如表15-3所示。

表 15-3　　各种精炼食用植物油的维生素E含量　　单位:mg/100g

玉米油	91.1	菜籽油	27.1
玉米油毛油	119.8	红花油	33.5
大豆油	114.1	大豆菜籽色拉油	68.2
大豆油毛油	116.2	芝麻油	32.5

从表15-3可以看出,玉米油和大豆油,均含有较高的天然维生素E,在毛油精炼脱臭过程中,有部分维生素E进入了脱臭冷凝液。因而目前国内天然维生素E的生产单位,大量收购大豆油的脱臭冷凝液为原料。而玉米油由于精炼规模较小,对其脱臭冷凝液的利用研究报道很少。

玉米油和一般常用食用油相比,不仅营养丰富,富含维生素E和人体必须多不饱和脂肪酸,而且易于消化吸收。特别应该指出的是:经常食用玉米油,对调整人体血液中胆固醇含量,有一定作用。国内外有很多研究报告指出,亚油酸能降胆固醇和低密度脂蛋白的含量,这是众所周知的。而玉米油不但含亚油酸较高,还含有其他功能成分,如植物固醇,它是玉米油不皂化物的主要成分。美国FDA发布的健康公告称:"植物固醇及酯、植物固烷醇及酯,能通过降低血中胆固醇水平而有助于减少冠心病的危险。每天从膳食中摄入1.3g植物固醇或3.4g植物固烷醇能达到明显降低胆固醇的作用"。各种常见的植物油中的植物固醇含量如表15-4所示。

表 15-4　　　　植物油中植物固醇含量　　　　单位：g/kg

	菜油固醇	谷固醇	豆固醇	燕麦固醇	合　计
粗玉米油	1.69~2.01	5.41~6.46	0.58~0.68	0.1~0.11	7.8~11.14
精炼玉米油	1.23~1.64	4.54~5.43	0.46~0.59	0.23~0.33	6.86~7.73
冷榨橄榄油	0.02~0.05	1.22~1.3	0~0.03	0.03~0.04	1.56~1.93
精炼花生油	0.24~0.38	1.15~1.69	0.12~0.22	0.03	1.67~2.29
精炼大豆油	0.34~0.82	1.24~1.73	0.37~0.64	0~0.07	2.03~3.28
精炼向日葵	0.27~0.55	1.94~2.57	0.18~0.32	0.04	2.63~3.76

（二）我国玉米油发展前景

我国近年年产玉米在1.06~1.33亿t，占世界第二位。主要消费部门为饲料，约占玉米总量的59%~79%。工业加工量，包括酒精、酿酒、淀粉、淀粉糖、味精、柠檬酸等深加工产品，不包括饲料工业及主食加工，2002年大约加工玉米1500万t。约占玉米总量的13%。我国玉米含油为4.5%~4.8%，玉米油主要含在玉米胚芽中。有玉米胚芽分离装置的企业，一般均能从玉米中分离得6%的胚芽，从胚芽制油，可获得对玉米2%~3%的玉米油。如全国所加工的1500万t的玉米，均进行胚芽分离，按此产率测算的话，每年应可产毛玉米油30多万t。美国目前年加工玉米5000万t，产玉米油约120万t，相当于对玉米产油2.2%左右，但我国实际只有产毛玉米油了10万t左右。因此我国玉米油生产潜力巨大。

第四节　玉米胚芽饼的利用

玉米胚芽榨油以后，获得胚芽饼，其主要组成如表15-5所示。

表 15-5　　　玉米胚芽饼的主要成分

成　分	含量/%	成　分	含量/%
水　分	7.5~9.5	脂　肪	3~9.8
粗蛋白	23~25	粗纤维	7~9
无氮浸出物	42~53	灰　分	1.4~2.6

从以上成分看到,玉米胚芽饼是一种蛋白质为主的营养物质,应该是较好的营养强化剂,但由于玉米胚芽饼中往往掺有玉米纤维,特别是胚芽饼有一种异味,所以一般均作为饲料处理。

如果玉米淀粉企业胚芽分离效果好,胚芽纯度高,再之用溶剂低温萃取玉米油,这样获得的玉米胚芽粉,经过脱溶剂、脱臭,将是一种优良的蛋白营养源。因这种胚芽粉平均约含24.3%蛋白质。其蛋白的主要组成为:79.9%的碱溶蛋白、7.3%水溶蛋白、4.6%盐溶蛋白、醇溶蛋白仅1%。有关玉米胚芽饼粉蛋白质的生物学价值,通过酶解测定,其总蛋白或主要是碱溶蛋白,不低于鸡蛋白和酪蛋白。按其氨基酸构成评定其生物学价值,近似于人奶和鸡蛋生物学价值。此外胚芽蛋白的碱溶蛋白部分,具有由很高的乳化性和乳化稳定性。因此玉米胚芽蛋白粉,是优质的营养强化剂和良好的乳化食品添加剂。可在乳制品、糕点、饼干、面包中使用。在饼干中添加胚芽粉,能提高饼干松脆度;在面包中添加胚芽粉达20%时,使面包的蛋白质大大提高,而外观、膨松度、口感等均和原来无大差异。用胚芽粉提取的较纯的胚芽分离蛋白,还可制取高质量的玉米胚芽蛋白饮料。

第十六章　玉米生产酒精

用含淀粉原料发酵生产酒精,目前仍然是世界上酒精生产的主要方法,它不仅是食品工业饮料、酒类的基本原料,也是许多化工产品的基本原料。近代巴西、美国还大量把酒精代替部分汽油作燃料。

酒精发酵产生的副产物杂醇油和二氧化碳也有广泛的用途。杂醇油主要含高级醇和酯类,可制香料、油漆、增塑剂,亦可作有机溶剂;二氧化碳可用于清凉饮料和制作干冰以及消防材料等。

用玉米生产酒精有三种方法:

(1) 全粒法,即玉米粒不经处理,直接投料,其副产品为玉米酒精糟全干燥蛋白饲料(DDGS)。

(2) 玉米预先进行干法脱胚,副产品为玉米油和玉米胚芽饼及纤维饲料。

(3) 湿法生产酒精,即玉米预先生产湿淀粉浆,再生产酒精,则副产品为玉米油、玉米蛋白粉及玉米纤维蛋白饲料。

第一节　玉米生产酒精工艺

传统的玉米制酒精,均是直接用玉米为原料,经除杂、粉碎即投料,我们称为全粒法玉米制酒精。国内外对玉米制酒精因对玉米进行的预处理不同,又产生了湿法玉米酒精和干法玉米酒精。湿法指的是玉米先经浸泡,像玉米生产淀粉一样,先破碎去皮、去胚,获得粗淀粉乳,用作酒精的原料;而干法指的是玉米预先湿润一下,然后破碎分筛,分去部分玉米皮和玉米胚,获得低脂玉米粉作为酒精的原料。以上三种方法,各有利弊,均应按当地实际情况选用。

一、玉米全粒法酒精生产工艺流程

玉米全粒法酒精生产工艺流程如图 16-1 所示。对工艺流程的简述如下。

1. 原料处理

对原料预处理的目的在于把铁钉、石块、秸秆等杂质在蒸煮前清除,这可提高出酒率,增强设备安全运转。

2. 原料粉碎

采用间歇蒸煮的厂可不经粉碎,直接将料投入蒸煮锅中,进行高压蒸煮。原料粉碎的目的是增加原料受热面积,有利于淀粉颗粒吸水膨胀、糊化,提高热处理效率,缩短热处理时间,粉末原料加水混合后容易流动运输。

其粉碎设备,大多采用锤式粉碎机,它的结构比较简单,更换锤片和筛面的操作方便。为了回收玉米中的胚芽,有一种专用干法脱胚玉米粉碎机可应用于酒精工业。

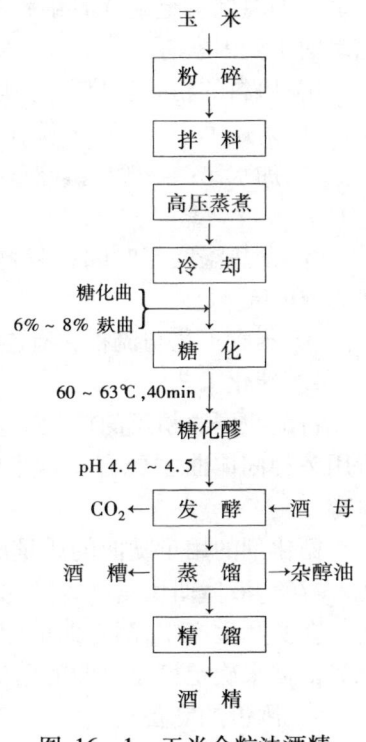

图 16-1 玉米全粒法酒精生产工艺流程

3. 蒸煮工艺

(1) 蒸煮的目的　淀粉质原料,吸水后在高温高压下蒸煮,使植物组织和细胞彻底破裂,原料内含的淀粉颗粒由于吸水膨胀而破坏,淀粉由颗粒变成溶解状态的糊液,目的是使它易受淀粉酶的作用,把淀粉酶分解成可发酵性糖,同时也起着原料的灭菌作用。

（2）影响糊化率的主要因素　淀粉原料经蒸煮后,淀粉膜破裂,内容物流出,变成可溶性淀粉,这一过程称为糊化。整个蒸煮糊化过程可分两步进行;第一步要淀粉颗粒吸收水分而膨胀;第二步是当加温到一定温度时细胞破裂,内容物流出而糊化。影响糊化率的主要因素有:

① 原料的粉碎程度:原则上粉碎愈细愈好,但过细则耗电大,一般采用 1.5~2.5mm 筛孔的粉料。

② 加水比:一般加蒸馏车间回用的热水,加水比为 1:(2.8~3.0)。

③ 预热温度与时间:谷物原料的预热温度为 90℃,预热时间为 60min。

④ 蒸煮工艺与流程:有连续和间歇蒸煮。

4. 糖化工艺

目前我国酒精厂的糖化工艺大部分为固体曲和液体曲两种。所用菌种固体曲主要有乌沙米曲霉、黑曲霉,液体曲使用的是黑曲霉。

糖化剂的用量随曲的质量而不同,一般固体曲用量为原料的 5%~7%,液体曲用量则为糖化醪量的 15%~20%。

在实际生产中,测定曲的糖化力,就能确定曲的质量,同时用此为依据来确定糖化时曲的用量。

5. 酒母的制备

淀粉质原料酒精发酵常用菌种为真酵母属中的啤酒酵母,我国酒精生产实践中常用南阳五号(1300)、南阳混合(1308)等菌株。

6. 酒精发酵工艺

淀粉质原料经过蒸煮,使淀粉呈溶解状态,又经过曲霉糖化酶的作用,部分生成可发酵性糖,再经酵母的作用,将糖分转变成酒精和 CO_2,获得了酒精产品。

这里既有糖化醪中的淀粉和糊精继续被糖化酶分解,生成糖分的作用(即后糖化作用),也还有蛋白质在曲霉蛋白酶进一步分解生成低分子氮化合物为肽和氨基酸的作用,生成的这些物质,有的被酵母吸收利用,合成酵母菌体细胞,一部分被发酵,生成酒精和 CO_2 及其他物质。

酒精发酵过程可分三个不同阶段:

(1) 前发酵期:酵母数不多,是让酵母细胞繁殖到一定数量,温度在 26℃ 不超过 30℃,要防止杂质污染。

(2) 主发酵期:酵母细胞达 1 亿个/mL 以上,氧气耗尽,停止繁殖主要进行酒精发酵作用。温度最好控制在 30~34℃,高于 37℃ 时污染会发生,主发酵一般为 12h。

(3) 后发酵期:醪中糖大部分耗尽,尚残存的糊精继续被淀粉 1,4 - 和 1,6 - 葡萄糖苷酶作用生成葡萄糖。其作用缓慢,产糖很少,所以后发酵亦缓慢。

淀粉质原料生产酒精一般后发酵约 40h 才能完成。

7. 发酵成熟醪的粗馏与精馏

酒精生产中,将酒精和其他所有挥发性杂质从发酵成熟醪中分离出来的过程称为蒸馏。成熟醪所含的各种物质的挥发性不同,将两种或两种以上挥发性不同的物质组成混合溶液,将它加热至沸腾,这时液相组分与气相组分往往不相同,气相比液相含有较多的易挥发组分,剩下的液相就会有较多难挥发组分。加热酒精成熟醪所用的设备称为醪塔,亦称粗馏塔。除去粗酒精中杂质,进一步提高酒精浓度的过程称为精馏。精馏结果得到医药酒精或精馏酒精,所以设备称为精馏塔。

二、淀粉的理论出酒率

淀粉质原料制酒精是在微生物作用下生成的,其化学反应可用下式表示:

$$(C_6H_{10}O_5)_n + nH_2O \longrightarrow nC_6H_{12}O_6$$

淀粉 162　　　水 18　　　葡萄糖 180

$$C_6H_{12}O_6 \xrightarrow{发酵} 2C_2H_5OH + 2CO_2 + 热$$
$$180 \qquad\qquad 2\times46 \quad 2\times44$$

根据上述反应式,可以算出 100kg 淀粉理论上可产无水酒精量 $[162:(2\times46)=100:x]$ 为:

$$x = \frac{2\times46\times100}{162} = 56.78(\text{kg})$$

但实际淀粉出酒率,国家级标准一级为 55%,二级 53%,三级 52%,而且以 95°酒精计。

三、全粒法玉米生产酒精主要原材料和燃料动力消耗

全粒法玉米生产酒精主要原材料和燃料动力消耗如表 16-1 所示。

表 16-1　　生产 1t 酒精的原料及燃料、动力消耗

玉米用量/kg		3100 左右	
固体曲用量/kg		80 左右	
或液体曲用量/kg		180~240	
耗标煤量/kg	一级 600	二级 700	三级 800
耗电量/kW·h	一级 190	二级 220	三级 235
耗水量/t	一级 90	二级 100	三级 180

第二节　玉米制酒精主要设备

玉米制酒精主要设备有锤式粉碎机、高压蒸煮锥形罐(锅)、糖化罐(带搅拌装置)、发酵罐(有排 CO_2 系统)、蒸馏塔(帽式、浮阀式、大孔径塔板式、斜孔塔板、粗馏塔及精馏塔)、制曲设备、酒母设备(卡氏罐、小酒母罐、大酒母罐)。其中制曲设备分三种:

(1) 帘子曲　保温室、帘子架或竹帘。
(2) 通气制曲　机械通风制曲箱、空气压缩机。
(3) 液体制曲　培养罐及一系列通风、种子罐等辅件。

第十七章　玉米酒精糟液综合利用

我国年产200多万t酒精,每1t酒精排放酒精糟液(又称蒸馏废液)13~15t,即每年排放大约3000多万t的酒精废液,成为食品工业对环境造成的重大污染。由于以玉米为原料的酒精糟液营养成分较好,所以多年来,一直是科研工作者化害为利、综合利用的重点。

以玉米为原料制酒精时,玉米所含的成分,全部进入酒精生产过程,但玉米成分中只有糖类和淀粉才能转化成酒精,其余脂肪、蛋白、纤维、矿物质不能转化成酒精而残留在蒸馏废液中,此外,酒精糟液中还含有酒精生产必须加入的糖化曲、酵母。

第一节　玉米酒精糟液的成分

根据酒精生产工艺的不同,其糟液的浓度和成分也有一定的区别。目前每吨酒精产生的糟液13~15t左右,随着工艺的改进,发酵成熟醪中酒精浓度的提高,每吨酒精产生的糟液还会进一步减少,废液的浓度也会提高。现将吉林省某厂的酒精糟液成分列举如表17-1。

表 17-1　玉米酒精糟液的成分

成　分	含　量	成　分	含　量
总固形物含量/%	6.87	总糖含量/%	0.88
水分含量/%	93.12	挥发酸含量/%	0.065
可溶性固形物含量/%	2.63	BOD/(mg/L)	37090
不溶性固形物含量/%	4.23	COD/(mg/L)	55104
还原糖含量/%	0.23		

表 17-2 所示为玉米酒精糟液的具体营养成分。

表 17-2　　玉米酒精糟液的营养成分

原料玉米		糟液干燥物		
		固体	液体	总含量
干物质/%	86.5	32.6	3.7	
必需氨基酸含量/(mg/g)				
精氨酸	5.0	12.0	9.8	21.8
组氨酸	2.7	7.4	5.5	12.9
异亮氨酸	3.4	9.9	7.8	17.7
亮氨酸	11.6	37.5	22.5	60
赖氨酸	3.1	6.6	8	14.6
蛋氨酸	2.2	6.3	5.5	11.8
苯丙氨酸	4.8	14.7	9.5	15.2
色氨酸	3.5	10.5	7.5	18
缬氨酸	7.3	21.2	15.6	36.8
非必需氨基酸含量/(mg/g)				
丙氨酸	6.4	19.2	12.3	
天冬氨酸	6.6	16.2	14.4	
谷氨酸	18.2	52.9	35.5	
甘氨酸	3.4	8.7	7.7	
脯氨酸	8.2	22.3	16.9	
丝氨酸	4.3	11.8	9.5	
酪氨酸	4	12.5	8.4	
游离氨	29	8.7	6.9	
矿物质				
灰分/%	1.3	1.4	5.2	

续表

原料玉米		糟液干燥物		
		固体	液体	总含量
钙含量/%	0.013	0.036	0.174	
钾含量/%	0.267	0.104	0.617	
镁含量/%	0.144	0.082	0.4	
钠含量/%	0.094	0.11	1.76	
铜含量/(mg/kg)	1.5	10.4	23.8	
锰含量/%	4.6	4.3	23.8	
锌含量/(mg/kg)	62.5	68	172.8	

第二节 玉米酒精糟液制取全干燥蛋白饲料

利用玉米酒精糟液作饲料，这在我国已有多年的历史。但处理方法简单，只作筛细过滤，将含水90%以上的滤泥，出售给农民作饲料，剩余的滤液排放至附近水域。

近年来，由于节能技术和设备效率的提高，玉米酒精糟液已成为生产蛋白饲料的重要原料。在国外早已经有成熟经验，即采用玉米酒精废液，用固液分离、浓缩、干燥的办法，获得玉米酒糟颗粒饲料，商品名称为DDGS(Distillers dried grains with solubles)，即含有可溶性固体的干燥蒸馏废液颗粒饲料。因为过去对玉米酒精蒸馏废液的处理简单，只作过滤，将滤渣干燥作饲料，而滤清液排放了。这种滤渣干燥获得的饲料，简称DDG(Dist illers dried grains)，这种饲料将废液中可溶解的营养物全部浪费了。为了能将玉米酒精废液中的可溶物回收，将过滤后的滤清液浓缩干燥，获得的称作DDS(Distillers dtied solubles)，即可溶性的干燥酒糟饲料。现在国际上比较定型的是将玉米酒精蒸馏废液先经过滤，然后滤渣干燥，滤清液同时浓缩，最后将干燥的滤渣和浓缩的滤清液混合干燥，挤压成颗粒，这应称为全价干酒糟，即包括了可溶性的营养物在内的干燥酒糟饲料。其工艺流程如图 17 – 1 所示。

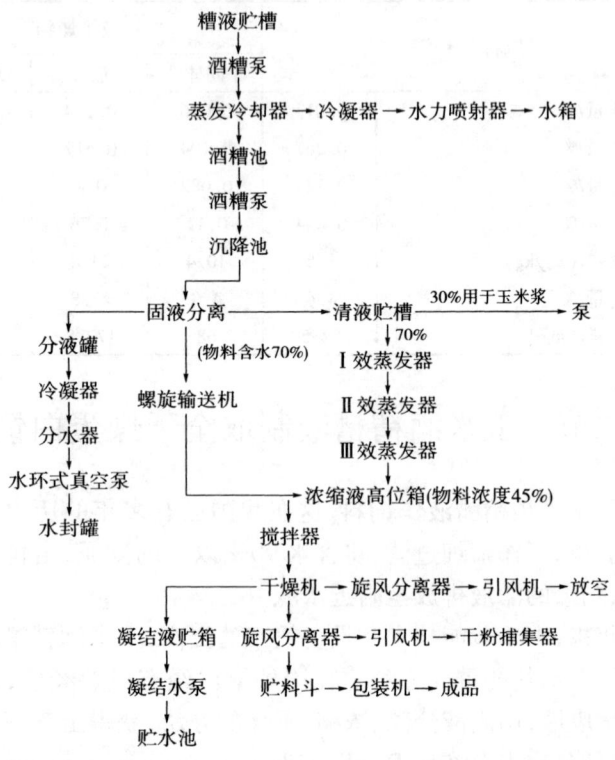

图 17 – 1　玉米酒糟液制蛋白饲料工艺流程

一、工艺流程

（一）酒糟的固液分离

常用的过滤设备如压滤机等均能使玉米酒精废液达到固液分离的目的，但是常用过滤设备过滤效率低、能耗高。一个万吨酒精厂，每天排放不少于 450t 酒糟废液，所以选择高效节能的酒糟固液分离设备，是玉米酒精废液生产干燥酒精饲料的关键设备之一。现在比较成熟的是采用倾析式卧式螺旋离心机（Decanter centrifuger),玉米酒精糟通过倾析离心,使废液中的悬浮物分出,获得的固体滤饼,其水分含量为65%~70%,即固形物含量达30%~35%,可用搅笼输送去干燥装置。滤液则用泵送至蒸发站。据报道,美国Sharples公司生产酒糟固液分离系列离心机,分离效率80%~85%,自动操作,自动清洗,每分离$1m^3$酒糟,耗电$2.5kW·h$。我国目前几处引进的DDGS装置,如北京、安徽宿县酒精厂,均采用这种卧式螺旋离心机。至今国内已消化吸收仿制的卧式离心机,有四川重庆江北机械厂、浙江象山机械厂、江苏苏州化机厂均先后投产,并在国内酒精厂大量使用。但能力较小,处理效率也低,所获滤饼固形物,一般水分在80%以上。

由于我国玉米原料杂质偏多,使玉米酒精糟液中含有大量泥沙,导致卧式螺旋离心机磨蚀,降低设备性能,所以吉林新中国糖厂采用糖业生产常用的真空吸滤机,应用于玉米酒精糟液的固液分离。真空过滤机的面积为$40m^2$,转鼓转数为$0.1~0.15r/min$,滤饼厚度为6~10mm,每小时处理玉米酒精废液$10m^3$。所得滤饼干物质含量超过30%,滤液不溶物0.05%~0.08%。原轻工业部曾于1990年向国内玉米酒精厂推荐作为固液分离的选用设备,主要取其操作稳定安全,不会产生磨蚀等问题;而且滤液的澄清度好,不溶物不超过0.1%,有利于返回重用和进入蒸发系统减少结垢。但真空回转过滤机占地面积大,非封闭操作,附带真空系统的电机功率大,每过滤$1m^3$酒精糟液耗电较多。

最近国内有些酒精厂,引用黄酒压滤的气膜式压滤机,过滤玉米酒精糟液,滤饼的水分可以降到50%以下,这将大大降低DDGS的蒸汽消耗。但压滤机操作难以实现连续化,消耗的劳动力比上述两种过滤方式要多。

(二) 酒精糟滤液的蒸发浓缩

不论是卧式螺旋离心机、真空回转过滤机,还是气膜式压滤机,经过固液分离,还有大量的滤液。在经济条件不具备的地方,只将滤饼烘干作饲料,生产DDG,而将滤液排放了。应该指出,通过固液分离,只是将不溶性固形物分离了,而可溶性固形物仍然留在滤液中。一般来说,可溶性的蛋白质和糖类等营养物质,均是消化吸收较好的物质,所以为了不产生污染,又回收营养物质,国外大量推广用滤液浓缩成浆状配入滤饼中,一起进入干燥设备,生产全干燥蛋白饲料,即 DDGS。据吉林省新中国糖厂酒精车间测定,不论酒精糟液浓度的高低,滤液的不溶性固形物均在 0.02% ~ 0.05% 之间,而可溶性固形物含量在 1.5% ~ 2.5% 之间,其中总糖 0.4% ~ 0.6%。为了能使滤液进入干燥装置,必须预先将滤液蒸发浓缩到 45% 的浓度,呈浆状。鉴于从 2% 左右浓缩到 45% 是一项耗能较高的工程,过去未能实现酒糟干燥的根本原因,就是因为酒糟太稀,浓缩过程耗能太高。传统的节能蒸发器,在我国制糖工业使用的是多效蒸发,一般达到五效,使二次蒸汽再利用,达到节约蒸汽消耗的目的,但即使采用五效蒸发,每蒸出 1t 水也需蒸汽 0.22 ~ 0.25t,年产万吨酒精(日产 30t 酒精),年排蒸馏废液 15 万 t,含固形物只有 6% 左右,要蒸出水分将近 14 万 t,五效蒸发也要 3.5 万 t 汽,相当于消耗 6000t 工业煤,这对酒精厂是一个极大的负担。由于节能技术的进展,国际上开发了蒸汽机械法再压缩装置,亦称热泵,即将蒸发器顶部排出的二次蒸汽,经机械升压,达到升温的目的。例如瑞士苏尔寿公司生产的电动机带动的蒸汽机械再压缩机,牌号 TYPIL/4a,每小时吸入量 97200m^3,进口温度 102℃,出口温度达 135℃,升温差 33℃,这对于蒸发器热源是已经足够的温差,而且二次蒸汽不再用冷却水冷凝,热量绝大部分回用,仅仅是耗用电能。所以目前国外生产全干燥酒精饲料的企业,大部分采用了这一电动机械再压缩机,使稀液浓缩。据报道,用机械再压缩回收二次蒸汽,每回收 1t 蒸汽,需耗电 35 ~ 40kW·h。

(三) 干燥

分离出酒糟悬浮物,稀液经浓缩后,最后要干燥一般采用管式滚筒干燥,但由于干燥性能差,还需将已干燥的产品,返回再次和浓缩稀液酒糟混合,使进入干燥器的混合物控制在水分 25%,因而输送系统复杂。最近国外开发的转盘式干燥器(Rotadiscdryer),可以对被干燥物没有严格的水分要求,转盘之间装有括刀,能搅动物料推向前进。这种新型干燥器,每蒸出1t水,耗汽量1.1~1.3t,而滚筒干燥机为1.7~2t。但转盘干燥机易在盘面产生结垢,影响热效率。

吉林省研制的盘式干燥机性能如表17-3所示。

表 17-3　　　　盘式干燥机性能

性　　能	参　数	性　　能	参　数
加热面积/m^2	150	中段温度/℃	100~102
干燥能力/(t/h)	0.5~0.7(成品)	尾段温度/℃	100~103
圆盘转数/(r/min)	3~5	尾汽温度/℃	95~98
进料温度/℃	30~40	加热面利用率/%	60~70
首段温度/℃	80~88	干燥速度/[kg/($m^2 \cdot h$)]	4~5

该干燥机的热源采用160~170℃过热蒸汽,每小时产冷凝水1~1.1t,产品汽耗约2.2t。干燥配55kW的电动机。

北京酒精厂引进TST-200干燥机两台,配套电机155kW,热源采用150~160℃饱和蒸汽。干燥机物料层工作压力为98~294Pa真空度,出料温度104℃。进料为含水27%~30%的滤饼和含固形物45%的浓缩物混合物。出料水分含量为10%左右。整个干燥过程为封闭式,既保证了环境卫生,又为利用干燥尾气创造了条件。

目前国内采用的管式滚筒干燥机,其干燥产物,需要有50%~70%的产品返回混合器,以便和滤液的浓缩物混合,以调节进入干燥机物料的水分。所以只有大约30%的干燥物才能成为商品,以粉状或挤压成颗粒出厂。

二、生产全干燥蛋白饲料的能耗

从酒糟废液离心、蒸发、干燥到挤压成型,均是物理过程。生产中的消耗是蒸汽、电。所以干燥酒糟的成本,关键是燃料动力消

耗。据美国报道,年产酒精18万t的干燥酒糟饲料,其燃料动力消耗为(按每1t成品耗用煤折算):

(1) 蒸汽消耗用煤73.2kg。
(2) 电机耗电111kW·h折煤45.18kg。
小计:206kg标煤/t干燥酒糟饲料。
据法国报道,每吨干燥酒精饲料耗煤266kg。

三、生产全干燥蛋白饲料主要设备

生产全干燥蛋白饲料的主要设备如表17-4所示。

表17-4 生产全干燥蛋白饲料的主要设备

设备名称	台数	设备名称	台数
酒糟贮罐	2	蒸发冷却器	1
酒糟泵	4	冷凝器	3
水力喷射器	1	喷射水泵	1
滤液贮槽	2	固液分离机	3
凉水塔	2	水环式真空泵	3
输送机	3	第二预热器	1
Ⅱ效蒸发器	1	强制循环泵	3
水槽大气腿	2	化碱罐	1
碱液输送泵	2	混合搅拌机	1
旋风分离器	3	贮料斗	1
循环水箱	1	酒糟池	1
沉降池	1	清液泵	2
分液罐	1	汽液分离器	4
循环水泵	2	水封罐	3
第一预热器	1	Ⅰ效蒸发器	1
Ⅲ效蒸发器	1	浓缩液输送泵	1
第二冷凝器	1	凝结罐	1
水环式真空泵	1	浓碱回收罐	1
碱液计量罐	1	干燥机	2
引风机	3	干粉捕集器	1
包装机	1		

四、全干燥蛋白饲料营养成分

据美国报道，用玉米和酒糟混合喂牛，在不增加饲料玉米的总量下，取其20%制酒精，不仅不减少牛的体重，相反还能增重。这对于如何提高玉米饲料的利用率，具有重要意义。

全干燥蛋白饲料营养成分如表17-5所示。

表 17-5　　全干燥蛋白饲料营养成分

成 分	单 位	中国吉林	美 国	成 分	单 位	中国吉林	美 国
干物质	%	90.98	91	亮氨酸	%	2.46	2.77
粗蛋白	%	31.68	27.0	酪氨酸	%	0.98	1.00
粗脂肪	%	12.71	8.0	苯丙氨酸	%	1.30	1.19
粗纤维	%	7.08	8.5	赖氨酸	%	0.58	0.87
灰分	%	4.42	4.5	组氨酸	%	0.68	0.59
天冬氨酸	%	1.81	1.71	精氨酸	%	0.91	1.10
苏氨酸	%	0.98	0.95	脯氨酸	%	3.43	—
丝氨酸	%	1.29	1.01	色氨酸	%	0.33	—
谷氨酸	%	5.64	4.24	无机物			
甘氨酸	%	0.97	1.01	磷（P）	%	0.60	0.69
丙氨酸	%	2.02	1.91	钙（Ca）	%	0.34	0.35
胱氨酸	%	0.23	—	镁（Mg）	%	0.29	0.37
缬氨酸	%	1.35	1.31	铁（Fe）	mg/kg	300.00	195.0
蛋氨酸	%	0.38	—	锌（Zn）	mg/kg	80.03	80.0
异亮氨酸	%	1.00	1.00	锰（Mn）	mg/kg	28.01	30.0

第三节　玉米酒精糟液生产沼气

一、厌氧发酵概况

采用厌氧发酵处理工业有机废水，既能减轻污染，又能制取沼气，扩大新能源，变废为宝。近几年来，在国内外已引起广泛重视，并已有了很大发展。

厌氧发酵是一群混合的生酸菌和甲烷菌,在一定的温度、酸度和隔绝空气的条件下,降解有机物产生沼气的过程,其一般机理是复杂有机物、淀粉、多缩戊糖、纤维、脂肪、蛋白质等先分解成为脂肪酸类,然后由脂肪酸生成甲烷。

$$CH_3COOH(乙酸) \longrightarrow CH_4 + CO_2$$

$$CH_3CH_2COOH(丙酸) \longrightarrow 4CH_3COOH + 3CH_4 + CO_2$$

$$2CH_3CH_2CH_2COOH(丁酸) + CO_2 + 2H_2O \longrightarrow 4CH_3COOH + CH_4$$

由乙醇生成甲烷

$$2CH_3CH_2OH + CO_2 \longrightarrow 2CH_3COOH + CH_4$$

由 CO_2 还原生成甲烷

$$CO_2 + 4H_2 \longrightarrow CH_4 + 2H_2O$$

厌氧发酵主要分两个阶段,第一阶段是将(废水中)有机物通过生酸菌的作用分解为低级脂肪酸等。第二阶段是甲烷细菌将上述有机酸发酵分解成甲烷和二氧化碳。

厌氧发酵可分为中温发酵(30~38℃)、高温发酵(50~55℃)二种,高温比中温单位容积设备处理量要高2.5倍。

一般厌氧处理能去除有机废液中 COD 和 BOD 的 80%~90%,1kg BOD 可生产沼气 $1m^3$,处理 1kg BOD 所需的电力,比活性污泥法可节约近 70%。厌氧处理后的消化污泥,容易和污水分离,一般用作肥料,是很好的土壤改良剂。

厌氧处理法也有缺点:主要是厌氧菌繁殖较慢,厌氧发酵后的消化液还不能达到水质排放标准,出水有一定臭味,需经好氧处理再排入水体。另外,沼气的产值低,企业经济效益也低。

二、罐式厌氧处理玉米酒精废液

厌氧发酵装置的类型很多,例如:池式、罐式、厌氧过滤器(AF)、上流式污泥床(UASB)等。目前,已应用于处理酒精废液的大生产装置是有大量池式装置。这里介绍的是罐式厌氧装置,工艺流程如图17-2所示。

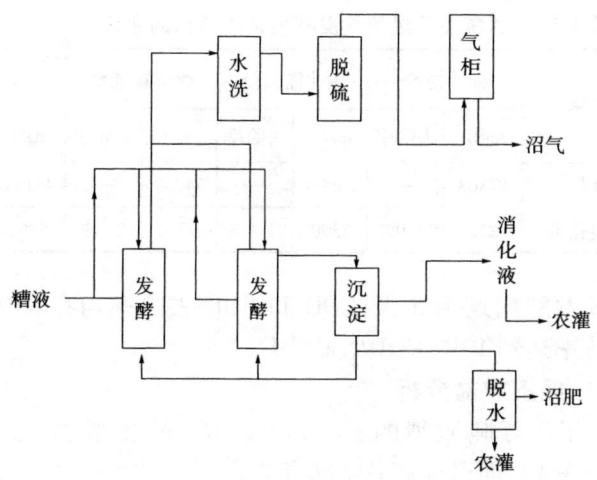

图 17-2 罐式厌氧装置流程示意图

酒精糟液进入贮料槽,用冷却器调节至适温,进入厌氧发酵罐,保持53~55℃高温发酵。搅拌采用离心泵将罐底部发酵液抽出,经顶部压入罐内喷射泵进行液流搅拌,以使厌氧菌群与发酵胶的营养基质更充分接触,防止消化污泥在罐内沉降,从而加快发酵速度。发酵所产生的沼气经水洗塔降温用于烧锅炉,或进入脱硫罐,去除硫化氢后入贮气柜贮存,然后用于烧锅炉或民用。

由厌氧发酵罐排出的消化液进入沉淀槽,上层消化液可混水稀释后作肥料或者直接进行后处理。沉淀槽底部消化污泥可回流入消化罐内,保持污泥浓度或经脱水,得干污泥为优质肥料。

三、罐式厌氧处理效果

(一) 环保效果

酒精废液经沼气发酵后,pH 达到排放标准。有机负荷可以得到大幅度去除,各项排放指标和去除率如表 17-6 所示。

表 17-6　酒精废液经沼气发酵后有机负荷的变化

物料名称	悬浮物 SS		生化需氧量		化学耗氧量		有机物	
	mg/L	去除率	mg/L	去除率	mg/L	去除率	mg/L	去除率
原废料	17308	—	28000	—	54000	—	43131	—
发酵后消化液	230	95.9%	2300	91.8%	9000	83.3%	5361	87.6%

厌氧发酵周期为 5 天, COD 和 BOD 去除率均在 83% 以上。COD 负荷率达到 10kg COD/($m^3 \cdot d$)。

（二）经济效益分析

一个年产万吨酒精的工厂,产 13 万 m^3 的废液,建设一个 2000m^3 厌氧罐,即可处理其全部废液。

每 1m^3 酒精废液产沼气 22m^3（CH_4 含量 55%～57%）,按热值计算,每 1m^3 沼气（含甲烷 60%）折合标准煤 0.8kg。

按 5d 发酵周期计,每处理 1m^3 玉米酒精废液产沼气 22～25m^3。

按 2000m^3 厌氧罐计算,年产沼气 240 万 m^3 相当于 2400t 工业煤。

（三）消化液的利用

酒精糟液经厌氧发酵后,酒精液中的大部分氮、磷、钾几乎全部残留在消化液中,并且消化液还有着适当的 pH,所以是一种很好的有机肥料。

经中试分析结果,每 1m^3 消化液,相当于氮、磷、钾复合肥 10kg 以上,若把消化液中污泥沉降后,脱水烘干,则为优质肥料,其肥效比活性污泥高 1 倍。此外,经过干燥的沼肥,尚是一种好饲料,在养鱼试验中,取得了良好的效果。

第四节　玉米酒精糟液培养饲料酵母

玉米原料发酵制取酒精时,排出的酒精废液虽可浓缩干燥作蛋白饲料饲养禽畜,但由于水分含量高,生产过程能耗高,为此有一种方案是使固液分开,将滤饼烘干作饲料,而滤液不必浓缩,用来培养酵母。

在采用丝状菌为菌种时,菌体蛋白得率为1%～1.5%,如果用热带假丝酵母为菌种,其得率在1%以上,含蛋白质40%～50%,其蛋白质由十几种氨基酸组成,并含有多种维生素是一种优良的蛋白饲料。

一、饲料酵母的营养价值

饲料酵母、鱼粉和豆饼的主要氨基酸成分如表17-7所示。

表17-7　饲料酵母、鱼粉和豆饼的主要氨基酸成分　　单位:g氨基酸/100g蛋白质

氨基酸	饲料酵母		鱼粉	豆饼
	水解液及酒精废液	糖蜜酒精废液		
色氨酸	1.5	1.2～2.6	1.0	1.4
赖氨酸	1.0	3.9～5.6	8.9	6.3
蛋氨酸	1.7	0.4～1.2	2.9	1.3
赖氨酸	5.6	2.3～4.7	6.7	7.6
组氨酸	2.4	0.6～1.2	2.3	0.4
苏氨酸	4.2	3.7～4.1	4.5	3.9
缬氨酸	5.1	2.5～3.9	5.8	5.3
异亮氨酸	4.5	2.5～3.6	5.5	5.5
亮氨酸	7.6	3.1～6.5	8.0	7.7
苯丙氨酸	4.2	2.2～3.7	4.5	4.9
胱氨酸	1.3	2.3～2.5	1.7	1.4

如表 17-8 所示,饲料酵母的特殊营养价值还在于含有丰富的 B 族维生素,其含量比其他饲料都高。

表 17-8 饲料酵母、鱼粉、肉粉、豆饼中的 B 族维生素含量　　单位:IU/100g

维生素	饲料酵母		鱼粉	肉粉	豆饼
	木材水解液	糖蜜酒精废液			
硫胺素(维生素 B_1)	5.0~2.0	5.0~6.3	0.4	0.3~1.1	5.8
核黄素(维生素 B_2)	40~127	42~48	9.1	3.7~4.6	4.1
泛酸	60~100	85~110	11.4	3.8~4.3	—
胆碱	2500~4500	3800~7500	4000	1900~2025	922~3912
烟酸(维生素 B_3)	400~500	375~450	90	17.6~51.4	39
吡哆醇(维生素 B_6)	10~20	7.0~12.1	1.3	4.8	—
生物素(维生素 B_7)	0.6~2.3	0.3~1.6	—	0.1	
肌醇	1200~4800	445~3100			

二、饲料酵母的饲养效果

饲料酵母含有多种酶和激素,能促使动物的新陈代谢及消化、吸收作用。提高植物饲料的吸收率 10%~15%,刺激动物的食欲,提高饲料的利用率,并可降低幼畜、雏禽的死亡率,促进畜禽的繁殖及生长速度。

试验表明,加入 10% 的饲料酵母时,养猪可增重 15%~20%,饲料耗重减少 10%,其效果超过豆饼、玉米等精饲料。每 1kg 饲料酵母可增产牛奶 6~7kg,奶汁中的脂肪提高 0.4%~0.7%,每 1kg 饲料酵母可多产鸡蛋 30~40 个。养猪的效果可缩短出栏时间 50% 左右。

饲料酵母中胆碱是重要的生理活性物质,能合成氨基酸和磷脂,输送到体内各部,使脂肪酸不积蓄在肝脏内,使鸡加速生长,提高产蛋率和孵化率,亦是好的鱼饵,可改进貂、狐狸的皮毛质量,使光洁、挺拔,并促进繁殖,使发育效果良好。

饲料酵母作为生物活性添加剂的通常用量:对饲料蛋白为25%或对饲料重量的5%,作为复合浓缩饲料的成分可达10%,但饲料酵母的用量超过25%时便使得禽畜的生长减慢。

三、培养饲料酵母的工艺流程

培养饲料酵母的工艺流程如图17-3所示。

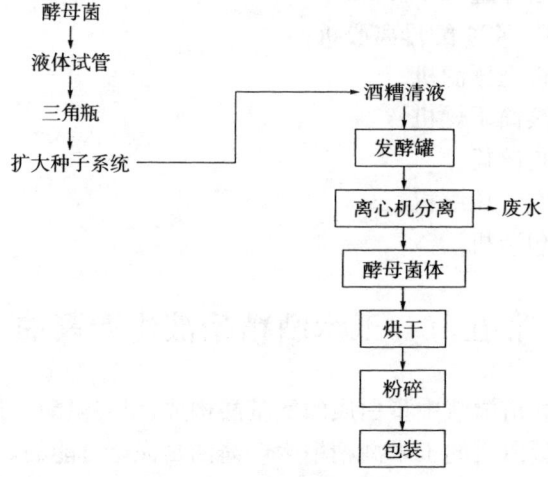

图17-3 培养饲料酵母的工艺流程图

(一) F-1系状菌培养工艺条件

培养温度32~34℃,pH 3.5~4.6,培养时间12~16h,种量10%。

培养终了,将培养液直接用尼龙振动筛滤取菌体,再以压榨机压去水分,菌体于热风中烘干或滚筒烘干机烘干,经粉碎包装即为成品。

(二) 酵母培养工艺条件

以经过过滤的清液为原料,pH 4~5.5,接入 10% 酵母菌种液,培养温度 32℃,培养时间 12h 左右,测定还原糖及酵母得率到终点(菌体不再增大、糖度已很低不再下降、pH 稳定)即可出罐离心分离、烘干、粉碎、包装,即为成品酵母。

四、培养饲料酵母主要设备

培养饲料酵母的主要设备如下:
(1) 种子罐($1~2m^3$);
(2) 培养罐($20~50m^3$);
(3) D-424 酵母离心机;
(4) 板框压滤机;
(5) 滚筒干燥机;
(6) 粉碎机;
(7) 空气压缩机;
(8) 包装机。

第五节　玉米酒精糟液生产酱油

根据酒精糟液中蛋白质的氨基酸构成,以谷氨酸含量最多,因此利用含蛋白质的玉米酒精糟生产酱油是完全可能的。山东省食品发酵工业研究设计院经研究筛选了酶活力高,适合于玉米酒精糟液生产酱油的优良菌株,并研究确定了适合的工艺路线,经过工业规模试验,所产酱油的质量,其指标达到国内先进水平。每 1t 干料可产酱油 3t。

一、工　艺　流　程

玉米酒精糟液生产酱油工艺流程如图 17-4 所示。

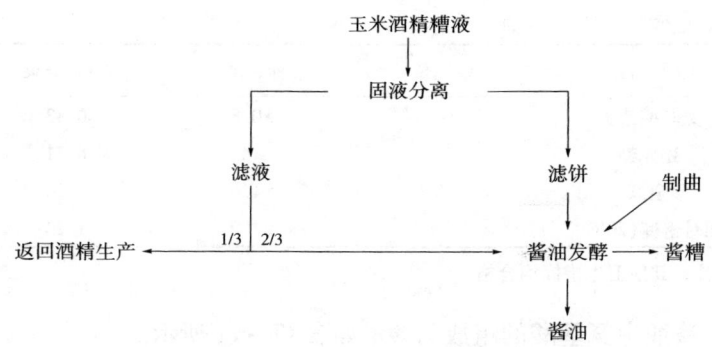

图 17-4 玉米酒精糟液生产酱油工艺流程图

二、生产酱油的主要原材料及动力消耗

生产1t酱油的主要原料及动力消耗如表17-9所示。

表 17-9　　生产1t酱油的主要原料及动力消耗

原料	消耗	原料	消耗
干燥玉米酒精糟	300kg	水	2.6t
食盐	190kg	电	30kW·h
种曲	0.75kg	煤	135kg

三、酱油质量指标

酱油质量指标如表17-10所示。

表 17-10　　酱油质量指标

项目	单位	标准	检验结果
无盐固形物	g/100mL	≥20	27.6
食盐	g/100mL	≥19	19.07
总酸(以乳酸计)	g/100mL	≤2.5	2.14

续表

项 目	单 位	标 准	检验结果
氨基酸态氮	%	≥0.8	0.83
还原糖	%	≥4	6.71
全氮	%	≥1.6	1.74
相对密度(20℃)		≥1.2	1.23

注：其他卫生指标均合格。

酱油中氨基酸的组成与含量如表 17-11 所示。

表 17-11　　酱油中氨基酸的组成与含量　　单位：mg/100mL

名 称	含 量	名 称	含 量
天冬氨酸	944.6	异亮氨酸	320
苏氨酸	329.68	亮氨酸	491.94
丝氨酸	409.67	酪氨酸	300.12
谷氨酸	2297.48	苯丙氨酸	620
甘氨酸	365.7	赖氨酸	422.57
丙氨酸	511.27	组氨酸	231.89
胱氨酸	105.41	精氨酸	132.81
缬氨酸	405.96	脯氨酸	170.82
蛋氨酸	128.9		

第十八章 玉米淀粉制取味精

第一节 概 况

味精是玉米深加工发酵产品中规模较大的品种。味精生产以淀粉为原料，2005年我国味精产量达136万吨，耗用玉米淀粉250多万吨，占全国淀粉产量的25%左右。我国历年味精产量如表18-1所示。

表 18-1　　　　　　　　　我国历年味精产量

年 份	产量/t	年 份	产量/t	年 份	产量/t
解放初	500	1975	12300	1995	523000
1957	1000	1978	21000	2000	845044
1960	2000	1980	30700	2002	1100000
1965	4000	1985	61500	2005	1360000
1972	6900	1990	173100		

味精是 L-谷氨酸钠盐，为白色柱状结晶，含有一分子的结晶水。分子式为 L-$C_5H_8NO_4Na \cdot H_2O$。具有旋光性，有 D-型及 L-型两种光学异构体。当 D-型及 L 型相等时，发生消旋，称为 DL-型。

分子结构式如下：

L-谷氨酸钠　　　　　　　　D-谷氨酸钠

第二节 淀粉发酵制取味精工艺

以淀粉(酸法、酸酶法、双酶法制糖)、大米(酶酸法、双酶法制糖)水解糖为原料,发酵法生产谷氨酸的基本要素,是采用优良的菌株和控制合适的环境条件。谷氨酸生产菌所以能够在体内合成谷氨酸,并排出于体外,关键是菌体的代谢异常化,即长菌型细胞在生物素贫乏条件下,转变成伸长、膨大的产酸型细胞。这种代谢异常化的菌种对环境条件是敏感的。条件控制适当,高产谷氨酸,只有极少量的副产物;否则,条件控制不合适,代谢途径发生变化,少产或几乎不产谷氨酸,代之得到的则是大量菌体,或者由谷氨酸发酵转换为积累乳酸、琥珀酸、α-酮戊二酸、缬氨酸、丙氨酸、谷氨酰胺、乙酰谷酰胺等发酵。由此可见,谷氨酸发酵是一个复杂的生化过程。它是建立在容易变动的代谢平衡上的,经常受到环境条件的影响。菌种的性能越高,使其表达接近它应有的生产潜力所必须的条件就越难满足,对环境条件的波动更为敏感。故要想获得高酸、高转化率、高效益的谷氨酸发酵生产,除了选择优良的谷氨酸生产菌外,还必须按所用菌株的特性,选择适宜的工艺条件。

一、工艺流程

淀粉发酵制味精工艺流程如图18-1所示。

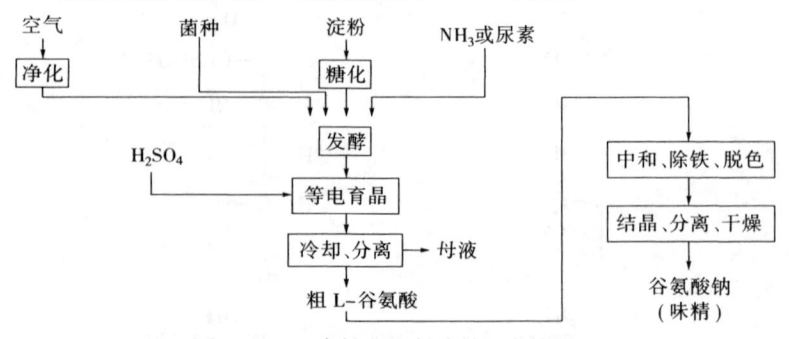

图 18-1 淀粉发酵制味精工艺流程图

二、酶法糖化

生产味精用的原料淀粉,首先要进行糖化。20世纪90年代以前,基本上是以无机酸催化剂使淀粉转化成葡萄糖。由于酸法转化有各种副反应和产生糖类的复合反应,导致糖液不仅收率低,而且糖液纯度下降。所以,自90年代以来,味精行业陆续将酸法淘汰,转为酶法糖化。酶法的转化率一般比酸法高8%以上。

酶法糖化分成两个步骤,先是使淀粉液化成糊精,控制DE 10～18。然后再进行糖化成葡萄糖,所以亦称双酶法糖化。

(一) 液化工艺流程

液化工艺流程如图18-2所示。

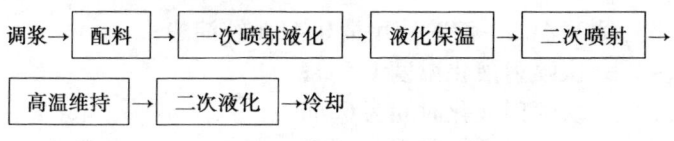

图18-2 淀粉液化工艺流程

在配料罐内,把粉浆乳调到17～25°Bé,用Na_2CO_3调至pH 5.0～7.0,并加入0.15%～0.30%氯化钙,作为淀粉酶的保护剂和激活剂,最后加入耐高温α-淀粉酶0.5L/t,淀粉料液搅拌均匀后用泵把粉浆打入喷射液化器,在喷射器中粉浆和蒸汽直接相遇,出料温度95～105℃。从喷射器中出来的料液,进入层流罐保温30～60min,温度维持在95～97℃,然后进行二次喷射,在第二只喷射器内料液和蒸汽直接相遇温度升至120～145℃,并在维持罐内维持5～10min,把耐高温α-淀粉酶彻底杀死,同时淀粉会进一步分散,蛋白质会进一步凝固。然后料液经真空闪急冷却系统进入二次液化罐,温度降低到95～97℃,在二次液化罐内调节pH至6.5,加入耐高温α-淀粉酶0.2L/t,淀粉液化约30min,碘试合格,液化结束。

(二) 糖化工艺流程

糖化工艺流程如图18-3所示。

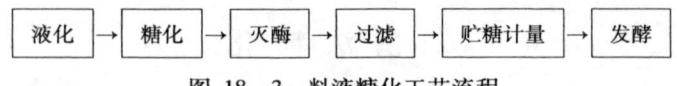

图 18-3 料液糖化工艺流程

液化结束时,迅速将料液用酸调至 pH 4.2~4.5,同时迅速降温至 60℃,然后加入糖化酶 150IU/g 淀粉,60℃ 保温 32h。当用无水酒精检验无糊精存在时,糖化结束将料液 pH 调节至 4.8~5.0,同时,将料液加热到 80℃,保温 20min。然后料液降温降到 60~70℃,开始过滤,滤液进入贮糖罐,在 60℃ 以上保温待用。

(三) 某工厂酶法糖化生产实绩

1. 液化工艺
(1) 淀粉浆浓度 17°Bé;
(2) pH 6.5~7.0;
(3) 耐高温 α-淀粉酶用量 0.4L/t 纯淀粉;
(4) 一次喷射液化温度 105℃;
(5) 一次喷射液化时间为 60min;
(6) 二次喷射液化温度 ≥120℃;
(7) 二次喷射液化时间 10min。

2. 糖化工艺
(1) pH 4.2~4.5;
(2) 温度 (60±2)℃;
(3) 糖化酶用量 120~150IU/g;
(4) 糖化时间:32h。

连续投料 15 批,平均每批投淀粉 26.27t,糖化体积 72.27m^3。平均转化率 98.37%,DE 98.5%,透光度 93.9%,糖浓度 34.13%,纯糖 24.265t。过滤面积 (2×70)m^2,过滤时间 2.58h,过滤速度 200L/($m^2 \cdot h$)。

三、发酵工艺条件控制

1. 温度

菌体生长最适温度 30~34℃,产酸最适温度 34~38℃。

2. pH

一般为6.5~8.0,发酵前期7.5,中期7.2,后期7.0,放罐时6.5~6.8。

3. 接种量

中糖发酵接料1%~2%。

4. 供氧和排CO_2

菌体代谢产生CO_2,用测定排CO_2的方法,来调节通风量,一般控制CO_2 13%。一次糖法通风比1:0.2 V/V流加法高1倍。

四、发酵液的主要成分

发酵液的主要成分如下。

(1) 谷氨酸含量　7%~9%。

(2) 湿菌体含量　3%~4%。

(3) 乳酸、琥珀酸等有机酸含量　<0.8%。

(4) 酮酸　0.06%左右。

(5) 残糖　0.8%以下。

(6) 铵离子　0.6%~0.8%。

(7) 核酸和核苷酸类物质、腺嘌呤化合物0.02%~0.05%,尿嘧啶化合物0.01%~0.03%。

(8) 残留的阴阳离子　微量。

　　阴离子:SO_4^{2-},Cl^-,PO_4^{3-}。

　　阳离子:K^+,Na^+,Ca^{2+},Mg^{2+},Mn^{2+},Fe^{2+}。

(9) 有机着色剂　少量。

(10) 残留的消泡剂和其他培养基杂质。

(11) 少量的谷氨酸类似物质　谷氨酰胺、乙酰谷氨酰胺、焦谷氨酸等。

(12) 其他氨基酸　丙氨酸、天门冬氨酸、脯氨酸、丝氨酸、亮氨酸、缬氨酸等,总量为0.6%~0.8%。

五、等电点提取谷氨酸

谷氨酸发酵液加入无机酸调节pH至谷氨酸等电点,使其结晶析出,经分离获得粗品,此法比其他提取工艺简单,操作简便,设备不复杂,投资少,为国内多数味精厂所采用。发酵液在等电点前可以除去菌体或不除菌体,可以先经浓缩或不浓缩,无机酸可以用盐酸或硫酸。目前国内较多工厂采用不除菌体,不经浓缩,在低温条件下,用盐酸(或硫酸)调节 pH 至等电点的工艺路线。等电点母液中谷氨酸含量随等电点温度高低而异。通常母液中谷氨酸含量在 1.0% ~ 1.8% 之间。母液可以用离交法或锌盐法再回收,或综合利用培养酵母获取单细胞蛋白(SCP),用作饲料。母液也可制造肥料或作其他处理。

用等电点沉淀析出谷氨酸,其收率可达 90% 以上。然后用离心分离机,将谷氨酸顺利回收。

六、谷氨酸制造味精

从谷氨酸发酵液中提取的谷氨酸,加水溶解,用碳酸钠或氢氧化钠中和,经脱色,除铁、钙、镁等离子,再经蒸发、结晶、分离、干燥、筛选等单元操作,得到高纯度的晶体或粉体味精。这个生产过程统称为"精制"。

精制得到的味精称为"散味精"或"原粉",经过包装则成为商品味精。谷氨酸制造味精的生产工艺流程如图 18 -4 所示。

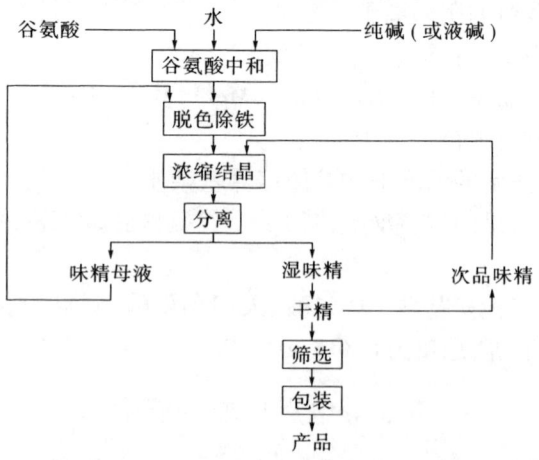

图 18 -4 谷氨酸制造味精的工艺流程

第三节 工程设计主要经济技术参数

一、生产规模及产品规格

以年产商品味精 10000t 为例。其中 99% 规格的味精占 80%,即 8000t/a;80% 规格的味精占 20%,即 2000t/a。

折算为 100% 味精为:

$$8000 \times 99\% + 2000 \times 80\% = 9520 \text{ (t/a)}$$

99% 味精质量符合 GB8967—1988;80% 味精质量符合 QB1500—1992。

全年生产日 320d,2~3 班作业,连续生产。

二、主要工艺技术参数

淀粉原料生产味精的主要工艺技术参数(指标)如表 18-2 所示。

表 18-2　　主要工艺技术参数(指标)

序号	生产工序	参数名称	指标 淀粉质原料
1	制糖(双酶法)	淀粉糖化转化率/%	≥98
2	发酵	产酸率/(g/dL)	≥8.0
3	发酵	糖酸转化率/%	≥50
4	谷氨酸提取	提取收率/%	≥86
5	精制	Glu-MSG 收率/%	≥92
6	发酵	操作周期/h	≤8

三、原(辅)料及动力单耗

由于味精生产所用的原料不同,其单耗也不相同。生产 1t 100% 味精,所消耗的原(辅)料及动力如表 18-3 所示。

表 18-3　　　　　生产味精的原辅料消耗

物料名称	规格	单耗/(t/t)	
		淀粉原料	大米原料
玉米淀粉	含淀粉86%	2.12	—
大米	含淀粉70%	—	3.0
糖蜜	含糖50%	—	—
硫酸	98%	0.45	0.45
液氨	99%	0.35	0.35
纯碱	98%	0.34	0.34
活性炭		0.03	0.02
水		309	309
电		2000kW·h/t	200kW·h/t
蒸汽		11.4	11.4

注：以生产1t 100%的味精计算。

第四节　味精的清洁生产

味精清洁生产是在谷氨酸母液进行全封闭循环的同时,保证生产工艺不排放污染物,联产的产品不对环境构成二次污染,并使副产物作到最大限度的开发和利用,使三废资源化。

本清洁工艺由无锡轻工大学从1993年开始,在中国发酵工业协会支持下先后对该项目进行了近四年研究,并于1996年和青岛味精厂正式签定了技术合作合同。1996年8月份开始,双方进行了中试的研究和开发,中试结束,1997年完成了轻工部级技术鉴定效果显著,这一项目的研究成功,使长期以来困扰味精行业的高浓度有机废水得到了根本解决,味精清洁生产工艺,是指在谷氨酸发酵生产中,对谷氨酸提取工序进行闭路循环的工艺,通过晶体分离、除菌、浓缩、脱盐、水解等各单元的组合和衔接,达到无限循环的全过程,具体流程如图18-5所示。

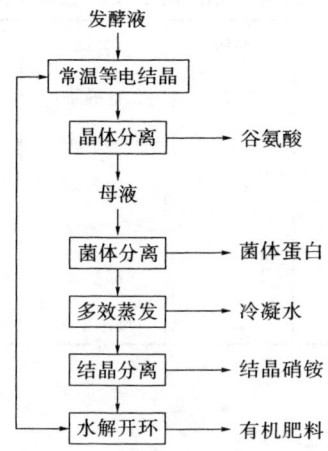

图 18-5 味精清洁生产工艺流程

味精清洁生产工艺的研究成功,不仅从根本上解决了味精废水的排放问题,同时其生产指标高于现有水平,其提取收率由原来的 91% 提高到 95%,收率提高 4%。清洁生产中产生的各种副产物,菌体蛋白、硫酸铵、腐殖质可全部利用,不对环境构成污染,菌体蛋白可作饲料或饲料酵母,硫酸铵可作肥料,腐殖质是一种优良的有机肥,是土壤改良剂,该工艺具有开发潜力。主要技术经济效益为(按年产万吨味精计):

(1) 谷氨酸收率从 91% 提高到 95% 以上,增产味精 400t。
(2) 菌体蛋白 0.15t/t 味精,1500t/年。
(3) 硫酸铵 0.8t/t 味精,8000t/年。
(4) 有机肥 0.3~0.4t/t 味精,3000~4000t/年。

万吨级味精厂实现清洁生产,可不改变其原有生产体系,只从发酵液酸析等电工序排出母液的部位,外加一个新的设备系统,或者将母液泵到新的处理场所,完成其处理分离过程,最后将水解清液泵回酸析等电工序,实现封闭循环。其主要设备如表 18-4 所示。

表 18-4　　年产万吨味精厂清洁生产主要设备

名称	规格/m³	个数	名称	规格/m³	个数
等电罐	60	22	育晶罐	20	4
絮凝罐	100	4	水解罐	30	4
带式过滤	10	2套	脱色罐	30	4
浓液贮罐	100	3	酸贮罐	100	3
蒸发器	36 m³/h	1套	高位槽	40	4
脱盐罐	20	7	母液贮罐	130	5

第十九章 玉米秸秆生产酒精

第一节 概 况

　　燃料乙醇是目前生物燃料中最成熟的品种。添加 10%酒精的汽油,国外称为"Gasohol",意指含酒精的汽油。在汽油中添加酒精,不仅可替代和节约石油资源,还可改善汽油辛烷值,减少震动和尾气的排放。含酒精的汽油在美国、南美洲使用较普遍。虽然玉米生产酒精在世界上是批量最大的品种,在我国早已产业化,近年国家也为消化陈粮以试点方式推广玉米生产燃料酒精。但玉米生产燃料酒精生产成本高,用于汽油造成亏损,几年来,财政部为此给玉米燃料酒精生产补贴 20 亿元。长远来看,我国大量用玉米生产酒精特别是用作燃料的酒精,并不适合我国的国情。因为美国年产玉米 3 亿 t,人均达 1000kg,我国玉米资源虽达 1.4 亿 t,居世界第二,但人均仅 100kg,大量用玉米作燃料酒精,必然会造成和畜牧业发展用饲料产生矛盾,造成和其他工业加工争原料,产生不必要的市场危机。国家发改委已于 2006 年 12 月下文,明确表明"十一五"期间,不再发展玉米原料生产燃料酒精。国家有关部门已提出用甜高粱、木薯等非食用的粮谷来制取燃料酒精。此外,国家发改委、财政部、税务总局、国家林业局、农业部已正式下文,鼓励和资助利用农林植物纤维废料生产酒精。

　　玉米秸秆和有关其他植物纤维废料,包括玉米芯、农作物秸秆以及林业下脚料、城市纤维废料的来源远比玉米丰富,是一年一生的可再生资源,是生产燃料酒精的理想资源,已在世界范围引起人们的广泛关注。从 1996 年开始,为加强美国经济可持续发展美国能源部同玉米湿磨协会(CAR)、国家玉米种植协会(NCGA)以及杰能科国际有限公司、诺维信公司等企业合作,制订了"2020 农作物可再生资源可持续发展规划",使用来源广泛的可再生农作物资源,如玉米秸秆生产酒精。

美国现有生产 27 亿加仑(800 万 t)的玉米酒精装置能力,但美能源专家认为,玉米酒精只是过渡性产品,要从根本上解决全国 10% 乙醇汽油的需要,还必须开发农林植物废料制燃料,包括生物燃料和气化燃料。美国玉米秸秆主要用于制造青贮牛饲料,尚有 1.35 亿 t 玉米秸秆待利用。

美国能源部投资 3000 万美元研发如何降低农林植物废料制燃料酒精的成本,包括新纤维素水解酶的开发,玉米秸秆是纤维原料的首选。美国能源部和诺维信公司合作,资助 1480 万美元,研究使玉米秸秆酶解成糖,再发酵制酒精。经三年努力,玉米秸秆酶解产 1 加仑 3.78541L 燃料酒精的纤维素酶成本从 5 美元降至低于 30 美分,计划再经两年,降至 10 美分。美国杰能科国际有限公司日前表示,降低纤维素酶的生产成本方面,已降至 10~20 美分/加仑,且该公司称,此研究成果很快将在试验装置上得到证实。

美国国际生物能公司和佛罗里达大学,最近成功利用重组大肠杆菌作发酵剂,把玉米秸秆的五碳糖直接精制成乙醇,这样玉米秸秆纤维素和半纤维素均转化为乙醇,预计成本只有玉米制乙醇的一半。

加拿大 2005 年初报道,Iogen 公司和石油公司合作,加工 1.5 万 t 麦秆、玉米秸秆,通过化学和生物化学技术,转化为 400 万 L 乙醇,残余木质素可替代燃煤。

据报道,2000 年美国各地计划建设的农林植物废料制酒精项目如表 19-1 所示。

表 19-1　美国正在建设中的生物制乙醇项目

地　　点	产量(百万加仑/年)	原　　料
Southeast Arkansas	8	废木料
Chester, Calif.	20	森林残积物
Gridley, Calif.	20	稻草

续表

地　点	产量(百万加仑/年)	原　料
Mission Viejo, Calif.	8	稻草
Northeast California	15	森林残积物
Philadelphia, Pa.	15	城市固态废物
Black Hills, Wyo.	12	森林残积物
Middletown, N.Y.	10	城市固态废物
Central Oregon	30	废木料

资料来源：BryanandBryan（摘自 2000 年 3 月 AUS 公司为乙醇地方管理联盟准备的咨询报告"美国乙醇工业的能力可以取代 MTBE"）

国内在植物纤维制酒精这方面也做过不少工作。南京林业大学于黑龙江肇东进行了日处理 5t 纤维原料的试验，经蒸汽喷放预处理，纤维素和半纤维素同步降解，酶法生产酒精，结果为 6~7t 原料产 1t 酒精。河南天冠集团进行了年产 300t 秸秆纤维素酶法制酒精的试验，原料转化率 18%，相当于 6t 多原料制 1t 酒精。安徽丰原生化有限公司也进行了年产 300t 秸秆纤维素酶法制酒精的试验，结果近似。山东泽生生物科技有限公司进行了 3000t 秸秆发酵制乙醇试验，已完成 $5m^3$ 气爆系统 100 纤维素酶固态发酵 $110m^3$ 固相酶解同步发酵装置。

植物纤维素酶法水解已获得了大的进展，但每 1t 酒精所需纤维素酶的费用，估计液相酶每 1t 1000~2000 元；固相酶用量为纤维原料 20% 时，费用约为 800~1000 元/t。因此进一步研究如何降低酶的费用仍是今后研究工作的重点。

酸法水解纤维素转化为葡萄糖再发酵制酒精，我国 20 世纪 60 年代就有生产装置，因成本比粮食原料的高而停产。近年国内外有不少单位在酸回收和节能防腐等方面进行了大量的工作，酸回收利用技术有重大突破，因而酸法水解制酒精尚值得进一步研究。另外，国内外对植物秸秆瞬时高温气化处理获得产油和产气

(氢和一氧化碳)总收率50%的可喜成果,被誉为低成本生物燃料新途径。这些均应是进行生物燃料研究者值得认真对照和借鉴。

我国常见的植物纤维原料及主要成分如表19-2所示。

表 19-2 我国常见的植物纤维原料及主要成分含量

编号	原料名称	半纤维素(多缩戊糖)含量/%	纤维素含量/%	木质素含量/%	灰分含量/%
1	玉米芯	35~42	32~36	17~20	1.2~1.8
2	甘蔗髓	29.07	48.05	19.07	8~10
3	甘蔗渣	25.6~29.1	48.2~55.6	18~20	2~4
4	稻壳	16~22	35.5~45	21~26	11.4~22
5	油茶壳	24~27	—	—	2~5
6	向日葵壳	26~28	30~40	27~29	1.8~2.0
7	玉蜀黍秆	24.6	37.70	18.40	4.60
8	玉米秸秆	24.58	37.68	18.38	4.66
9	稻草	19~24	38~43	14.21	12~14
10	小麦秆	25.56	40.40	22.34	6.04
11	芦苇	18~25	43~58	21~24	3~6
12	高粱秆	22.03	48.83	20.12	7.56
13	荻	21.79	48.52	18.88	2.75
14	棉秆	20.76	41.42	23.16	9.47
15	向日葵秆	21.58	53.67	16.91	4.89
16	毛竹	21.12	45.50	30.67	1.10
17	柏木	10.69	44.16	32.44	0.41
18	杉	11.86	48.37	32.47	0.35
19	白皮桦	23.96	59.02	23.84	0.36
20	辽东桦	23.40	50.26	19.23	0.11
21	白杨	19.50	59.00	20.60	0.52
22	枞木	9~11	51~54	28	1.0

第二节　植物纤维废料生产酒精基本原理

玉米秸秆和各种植物纤维废料主要组成是纤维素、半纤维素、木质素。纤维素是一种有 β-D-吡喃型葡萄糖单体,以 β-1,4 糖苷键连接的直链多糖,属难水解多糖,水解后获得以葡萄糖为主的还原物。半纤维素主要由木糖、阿拉伯糖、半乳糖、糖醛酸等组成,和淀粉相似,是易水解多糖,水解后获得以五碳糖为主的还原物。而木质素是以苯丙烷及其衍生物的高分子芳香族化合物,在纤维素、半纤维素水解过程中不被降解,成为水解以后的残渣。

过去普遍利用玉米、甘薯生产酒精,只是利用了其中65%～70%的淀粉质,使其转化成葡萄糖,然后再发酵获得酒精。而利用植物纤维原料生产酒精,主要利用原料中的纤维素部分,使其糖化成葡萄糖,然后和玉米原料淀粉转化成的葡萄糖一样,再发酵成酒精。所以玉米秸秆和其他植物纤维废料制酒精的技术要点是:如何从植物纤维废料中获得能用于发酵的廉价葡萄糖。

纤维素制酒精,第一步是纤维素的糖化。纤维素的糖化是将植物纤维废料中的纤维素在有催化剂存在和一定的温度条件下,加水分解为葡萄糖,转化式如下所示:

$$(C_6H_{12}O_6)_n \longrightarrow nC_6H_{12}O_6$$

纤维素糖化用的催化剂主要分为无机酸类,如硫酸盐酸,称酸解;或用酶制剂水解,称酶解。但是纤维素转化为葡萄糖的难度要比玉米中所含的淀粉转化为糖难得多。第二步是选择适当的酵母菌,将水解获得的葡萄糖发酵成酒精葡萄糖液的酒精发酵反应式如下:

$$C_6H_{12}O_6 \longrightarrow 2CH_3CH_2OH + 2CO_2$$

用葡萄糖液采用酵母进行酒精发酵,技术相对成熟。所以植物纤维废料生产酒精,着重在纤维素的糖化技术的研发,这是能否实现植物纤维废料生产酒精产业化的关键。

第三节 酸法糖化工艺

世界上最早利用植物纤维原料酸法糖化生产酒精的国家是前苏联,苏联在1935年于列宁格勒就建成了第一个以木材为原料的水解酒精厂,1961年笔者曾有机会参观这一酒精厂。1965年苏联有18个木材水解酒精厂和11个农业植物纤维原料水解厂(主要原料有玉米芯、棉籽壳、向日葵壳等),包括21个亚硫酸纸浆废液制酒精车间,共有45个酒精车间应用非食用原料生产酒精。至1986年,苏联有38个水解工业企业。水解工业除酒精产品外,还生产糠醛、饲料酵母、木糖醇、二氧化碳、木质素等关联产品。苏联水解工业部门每年消耗木材700万m^3,农业植物纤维废料88万t、其中玉米芯30万t、向日葵壳14万t、稻壳17万t、棉籽壳31万t。目前水解酒精年产约35万t。

20世纪50年代,根据苏联经验,我国轻工业部也曾制定了植物纤维原料水解制酒精的技术政策。于60年代初组织研究力量,开展了蔗渣,稻草、稻壳等水解制酒精和酵母的试验工作。试验结果表明,用蔗渣、稻草分级水解,小试结果酒精和饲料酵母的得率分别能达到9%~10%。1965年,由国家科委拨款于苏州油脂化学厂开展棉壳制糠醛及酒精的中间试验,中试证明用棉壳糠醛渣制酒精,得率在7.7%(对原棉籽壳为5.4%)最后通过了部级鉴定,已在文革期间被拆迁。另一个项目,我国从苏联引进部分设备在黑龙江南岔建立了一个木材水解酒精车间,60年代建成,至今已运转20年,年产2500t水解酒精,成为我国惟一的植物纤维原料水解酒精厂。其他还有吉林省石砚、开山屯等也有利用亚硫酸木浆废液生产酒精。

利用植物纤维原料生产酒精,由于原料中含有大量的半纤维素,所以必须对原料进行综合利用,同时生产饲料酵母或糠醛,这样才能取得较好的经济效益。

现将几种植物纤维原料的主要成分含量及酒精产率列于表19-3。

表 19-3 几种植物纤维原料的主要成分含量及酒精产率　　单位：%

植物纤维原料	水分含量	灰分含量	木质素含量	戊聚糖含量	纤维素含量	酒精产率
麦草	10.6	6.04	22	25	40	8
蔗渣	7.8	2.4	24	32	44	8.8
玉米秆	9.6	4.6	18.3	21.5	37.5	7.8
棉籽壳糠醛渣	11.3	3.18	29	2.06	33	7.7
稻草	17.4	30	23.9	38.6	38	10

为了探讨植物纤维原料生产酒精的可行性，现将其和薯干原料生产酒精的工艺流程及主要技术经济指标介绍如下。

植物纤维制酒精的工艺流程如图19-1所示，薯干制酒精的工艺流程如图19-2所示。

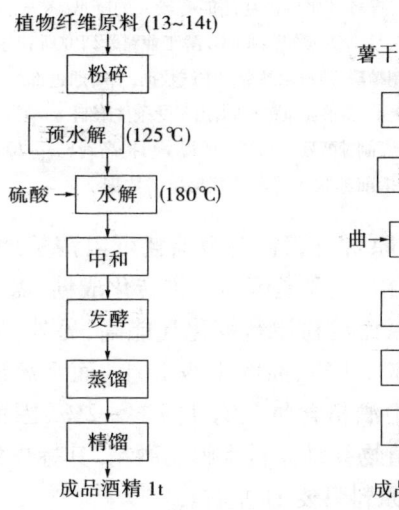

图 19-1　植物纤维制酒精工艺流程

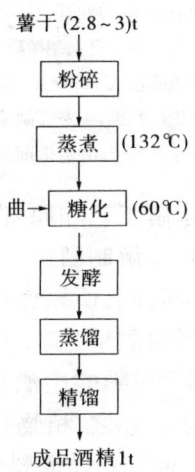

图 19-2　薯干制酒精工艺流程

含淀粉原料和植物纤维原料制酒精的技术经济指标(原材料及燃料动力消耗)如表19-4所示。

表 19-4　含淀粉原料和植物纤维制1t酒精的原料、动力消耗

原料名称	薯干	玉米	木材	糠醛渣	麦草
原料出酒精率/%	33~35.5	30~32	14	5	8
生产1t酒精原料单耗/t	2.8~3	3~3.2	7.14	20	13.8
主要材料液体曲/kg	150~300	200~350			
硫酸/kg			1000	860	1250
标煤单耗/kg	750~1100	50~1150	5700	5400	4000
电单耗/kW·h	240~300	260~300	600	600	550
水单耗/m³	80~110	90~120	500	930	500

注：(1) 薯干和玉米发酵制酒精数据指我国目前生产平均先进水平。
　　(2) 木材原料水解酒精是指目前我国黑龙江南岔木材水解厂实际生产水平，如进行技术改造，煤耗和水电消耗还能有较大的降低。
　　(3) 糠醛渣水解制酒精是1965年轻工业部发酵工业科学研究所和苏州油脂化学厂进行的棉籽壳制糠醛，残渣制酒精的中试数据，当时通过部级鉴定的结论，每吨酒精成本800元，和粮食原料相同，由于受条件限制，酒精得率偏低，按国外生产数据，棉籽壳制糠醛残渣制酒精的得率可提高到8%~10%。
　　(4) 麦草水解酒精是指前苏联水解设计院提出的数据。

由上述水解工艺和原材料燃料动力消耗可以清楚地看出，用植物纤维废料水解制酒精，主要是因为纤维转化成糖，需要较高的温度和较长的时间，所以比淀粉原料糖化耗能高，另外，发酵成熟醪淀粉质原料含酒精7%~9%，高的12%以上，而水解液中含糖低，所以发酵后成熟醪中酒精含量只有1.5%~2%，因而蒸馏过程所耗蒸汽多。总之，植物纤维原料水解制酒精，其标煤消耗每吨酒精要5t多，而淀粉质原料只要1t左右。

目前淀粉质原料制酒精的成本一般在4700元左右，用植物纤维原料制酒精有没有可能达到和淀粉质原料相仿呢？作者认

为是有可能的。关键是两点,第一是原料价格,第二是燃料价格。植物纤维原料如玉米秸秆、蔗渣、糠醛渣,每吨的单价不会超过100元,即使用14t制1t酒精,原料费只要1400元,也比3t玉米(1300元/t计)4000元做1t酒精的原料费低。而水解酒精多耗的能源费用按5t计(400元/t计)不会超过2000元,再者水解酒精还残余对原料30%~40%的木质素,即生产1t水解酒精,可以副产4~5t的木质素,这是一种发热量达到25200kJ以上的好燃料。可以代替煤炭,这样水解酒精的燃料费用还能进一步降低。

为了全面合理利用资源,植物原料水解制酒精,还副产预水解液,这是生产饲料酵母的好原料。假如以蔗渣、麦草为原料水解生产酒精,其预水解液可以制取8%~10%(对原料重量)的饲料酵母。由于饲料酵母利用的是水解酒精生产过程的预水解液,等于原料不要钱,因饲料酵母的成本比较低廉,按目前价格估计,饲料酵母成本不会超过2500元/t。而国内市场由于养殖业的发展,饲料酵母有较大的需求量,市场价在3000元/t以上。所以用植物纤维原料水解联产酒精和饲料酵母,将是比较可行的生产方案。

综上所述,开发利用植物纤维原料生产酒精,以节约粮食,只要原料易于集中,价格便宜,又在能源供应充足的地区,就有可能建立有一定经济效益的水解酒精厂,其成本有可能和含淀粉原料酒精相竞争。

第四节 酶法糖化工艺

(一) 预处理

由于原料中纤维素、半纤维素不但被木质素包裹,而且半纤维素部分共价和木质素结合,难以让纤维素酶纤维素发生反应。必须进行预处理,使得纤维素、半纤维素、木质素分离开,切断它们的氢键,破坏晶体结构,利于催化剂和接触反应。主要预处理方法有以下几种。

1. 气爆法

气爆法将玉米秸秆在温度 160～260℃,相对蒸汽压力 0.69～4.83MPa 条件下,经过几秒到几分钟的时间,瞬时排放。经这种爆破器爆破的玉米秸秆,纤维素水解转化率可达 70% 以上。

2. 碱预处理

用低浓度碱液蒸煮原料使半纤维素溶解,同时也溶出部分木质素。据报道这是提高纤维素水解转化率最有效的方法,但碱预处理液难以利用。

3. 酸水解预处理法

和前面酸法水解类似,只是水解掉半纤维素,保留纤维素。酸浓度可降低,但蒸汽压应提高。总之要根据酸水解预处理液的利用途径确定预处理条件。

(二) 酶解

2002 年李秋园等利用玉米芯制木糖的残渣进行了纤维素的酶解糖化,并进行了酶解液发酵酒精的研究。木糖残渣由唐山市冀东溶剂有限公司提供,粒度约 20 目,其各成分的含量为:纤维素 58.5%,半纤维素 11.7%,木质素 20.2%,其他 9.6%。

采用分批式酶解,在 250mL 三角瓶中进行,除特别情况,木糖渣浓度控制为 10%,并根据实验要求加入一定量的纤维素酶和纤维二糖酶粗酶粉。在 pH 4.8,50℃ 条件下水解 12～48h,酶解 48h,水解结束后,测定还原糖含量,过滤并收集酶解液,用于酒精发酵。

1. 不同浓度木糖渣酶解比较

根据试验需要选择不同浓度木糖渣进行酶水解,结果如表 19 - 5 所示。

第十九章 玉米秸秆生产酒精

表 19-5　　　不同浓度木糖渣酶解结果

项目	1	2	3	4	5
底物浓度/%	8	10	12	14	16
水解糖浓度/%	4.53	5.53	6.43	7.11	7.19
酶解得率/%	87.9	85.8	83.2	78.8	69.7

注：酶用量为 FPA,30 IU/g（底物）；CB,7.5 IU/g（底物）。

从表 19-5 可知，当底物浓度 <14% 时，随着底物浓度的增加，糖浓度明显增加，而酶解得率则下降；底物浓度超过 14%，酶解得率急速下降，因而应控制木糖渣酶解浓度在 10%~14%。

2. 不同酶用量对木糖渣酶解的影响

根据试验需要，选择不同纤维素酶用量进行酶水解，结果如表 19-6 所示。

表 19-6　　　不同用量纤维素酶的酶解木糖渣结果

序号	酶用量 （IU/g 底物）	木糖渣浓度 /%	总还原糖浓度 /%	酶解得率 /%
1	50	10	6.22	96.5
2	40	10	6.11	94.8
3	30	10	5.58	86.6
4	20	10	4.59	71.2
5	10	10	3.27	50.7

结果表明，在底物浓度相同的情况下，不同的酶用量对酶解效果有较大的影响，糖浓度随着酶用量的增加而增加；当纤维素酶的加入量超过 40IU/g 时，酶解得率已无明显增加。

总之，木糖渣酶解时，其渣浓度以不超过 14% 为宜，在木糖渣浓度 10% 时，获得酶解液的还原糖浓度 5.53%，酶解得率 85.8%；纤维素酶的加入量超过 40IU/g 时，酶解得率已无明显增加，当纤维素酶的加入量 30IU/g 时,可以获得酶解液还原糖浓度 5.85%,酶解得率 86.6%。

(三) 发酵

用纤维素酶水解纤维素,收集酶解后的糖液发酵,原理和工艺与淀粉质糖化液雷同,本章不作详细介绍。

吉林省年产 1200 万 t 秸秆,除各种途径使用后尚剩余 900 万 t。2006 年吉林省轻工业设计研究院和丹麦瑞索国家实验室合作,进行了玉米秸秆湿式氧化预处理,再酶法水解,然后发酵制酒精的中试,酒精可提纯至 99.5%,试验表明每 1t 酒精用玉米秸秆 7.88t。

2006 年山东大学曲音波和山东龙力生物科技有限公司获国家科技部支持合作,利用玉米芯制木糖的残渣酶法糖化制酒精正在中试中。

参 考 文 献

1. 尤新. 食品发酵论文选. 北京:中国轻工业出版社,2005
2. Pamela J. White and Lawrence A. Johnson. Corn Chemistry and Technology St. Paul: American Association of Cereal Chemists, Inc., 2003
3. T. H. Grenby. Advances In Sweeteners. London: Blackie Academic & Professional, 1997
4. 尤新. 功能性发酵制品. 北京:中国轻工业出版社,2001
5. 尤新. 淀粉糖品生产和应用手册. 北京:中国轻工业出版社,2001
6. 王镜岩等. 生物化学. 北京:高等教育出版社,2003
7. 张力田. 碳水化合物化学. 北京:中国轻工业出版社,1988
8. 刘亚伟. 淀粉生产及深加工技术. 北京:中国轻工业出版社,2001
9. 王家勤. 生物化学品. 北京:中国物资出版社,2001